―― 新 版 ――

医・生物学系のための

電気・電子回路

工学博士　阪本捨已　著

コロナ社

新 版 の 序 文

初版を上梓してから 18 年余りが経過した。この間生体医工学の進歩は著しく，新しい知見を取り込んだ医療機器・システムが開発され人類の福祉に貢献している。これと並行して機器の規格変更，新しい回路技術の導入，JIS の電気回路図の改訂などが行なわれた結果，現行版には現状にそぐわない点がでてきており，最新の知見に後れをとられないように新たに加筆・修正を行なって内容の充実を図った。

初版は当初から民生機器や工業計測を対象とした電気・電子回路の解説書とは一線を画し，生体医工学や臨床工学などの医・生物学系の読者に軸足をおき，扱う内容や重要度を実用に即して記述した。幸い著者の意図が理解され，多くの方から初版を評価して頂いたことは大変幸甚なことであると同時に責任を感じている。

新版にするにあたって，基本的には初版の章立て，節立てを踏襲したが，なおつぎのような改訂をおもに行なった。

① 本文中の電気回路図の部品図記号をすべて新 JIS に準拠して修正した。
② ディジタルの心電計や脳波計で採用されているフローティング回路についてやや詳しく解説した。
③ 機器の規格変更，例えば出力波形が単相式から 2 相式に置き換わった除細動器などについて，その回路構成や動作原理を説明した。
④ 心電図などの生体情報のモニタリングが普及しているので，情報伝送の基本である「変調と復調」について新規に章を立てて解説した。
⑤ 初版で抜けていた用語や記述内容を加筆・修正し，各章を充実させた。

最近，生体に電気や磁気のエネルギーを作用させる治療機器が普及しており，電気や磁気の振る舞いをしっかり理解する必要に迫られている。それには電気や磁気の基礎となる原理や法則，すなわち電磁気学をひもとく必要がある。そこで，新版の読者に必要と思われる静電気や磁気の基本的性質を，副読本として「電磁気の基礎」の書名で提供することとした（p. 1 参照）。

副読本を読むことによって電気・電子回路の動作原理も電磁気学で裏打ちされることになり，知識の整理がなされ確実な知識を自分のものにすることができる。副読本は電子媒体の形をとっているので，新版と併せて活用して頂ければ電気工学全般を一貫して習得できるものと確信している。

終わりに，新版執筆の機会を与えてくださった株式会社コロナ社の方々に謝意を表する。

2016 年 8 月

堀川　宗之

初 版 の 序 文

　生体電気信号は微小で低周波成分に富み，外乱に反応しやすい性質をもっているため，その検出には民生機器や工業計測を対象とする電気・電子回路とは異なった回路技術が使われている。したがって，工学系の学生を対象としたこれまでの電気・電子回路の参考書では扱われる内容や重要度が必ずしも妥当とはいえず，医・生物学系の読者に適した内容の解説書が望まれている。

　最近，医療情報や実験データはディジタル処理され，容易にグラフ作成や統計処理がなされる環境にあるが，出力された結果の内容の解釈や意味づけができない学生が増えているように思える。ディジタル処理の重要性は論を待たないが，基本的なアナログ回路の必要性も軽視できない。

　このような背景から，著者自身が医学を修めた後に電気を学んだ過程で理解に苦しんだ経験を生かし，医・生物学系の学生を対象に生体計測に必要な電気・電子回路について解説した。総花的で，通り一遍の説明にとどまらないよう，また結果のみを羅列するのでなくその導出過程も示し，読者が式の内容をそしゃくできるように配慮した。医・生物学系に多い「電気嫌い」の人達にも理解できるように，図，表を多く活用し，各項の内容と関連の深い生体物理現象や，医療機器に関する事項を「ME ノート」としてまとめ随所に織りこんで味わいを添えた。

　浅学非才を省みず読者諸氏に少しでも役立つようにと執筆した。厳密さを欠く記述や不測の誤りもあるかと思われるが，大方のご批判やご指導をいただければ幸いである。

　著者の後半生を東海大学開発工学部において，医用生体工学の教育に携われる機会を与えていただいた東海大学名誉教授 沖野　遙先生に心から謝意を表したい。著者自身の回路設計・製作技術の実践的修得は，日本光電工業株式会社に負うところが大きい。同社名誉会長 医学博士 荻野義夫先生はじめ，技術員の方々に感謝申し上げたい。

　1997 年 5 月

堀川　宗之

目　　　　次

① 直 流 回 路

1.1 電　　　　　　　流 ………………………………………………………………… 1

1.2 電位，電位差（電圧）と電界 …………………………………………………… 2

1.3 回　　路　　図 ……………………………………………………………………… 3

1.4 オ ー ム の 法 則 …………………………………………………………………… 4

　　ME ノート 1 血液循環系は閉鎖開路 *7*

1.5 抵抗の直列接続と並列接続 ……………………………………………………… 8

　　1.5.1 直 列 接 続 *8*　　　　　　　　1.5.2 並 列 接 続 *9*

1.6 電池の起電力と内部抵抗 ………………………………………………………… 10

　　ME ノート 2 細胞膜の電気的等価回路 *11*

1.7 電池の接続方法 …………………………………………………………………… 12

1.8 キルヒホッフの法則 ……………………………………………………………… 12

　　1.8.1 キルヒホッフの第一法則 *13*　　　　1.8.2 キルヒホッフの第二法則 *13*

　　1.8.3 キルヒホッフの法則の使い方 *13*

1.9 電　　　　　　　力 ………………………………………………………………… 14

　　ME ノート 3 大人 1 人は 60 W *16*

1.10 ホイートストンブリッジ ………………………………………………………… 17

　　ME ノート 4 圧力センサとブリッジ回路 *18*

1.11 分流器と倍率器 …………………………………………………………………… 19

② 交 流 回 路

2.1 直 流 と 交 流 ……………………………………………………………………… 21

2.2 正弦波交流を表す式 ……………………………………………………………… 22

　　2.2.1 振幅，周波数，角速度 *22*　　　　　2.2.2 位　　　相 *24*

2.3 正弦波交流の平均値と実効値 …………………………………………………… 26

　　ME ノート 5 交流の診断・治療への応用 *29*

iv 目 次

2.4 受 動 素 子 ……………………………………………………………………………… 30

2.4.1 抵 抗 器 *30* 2.4.2 コンデンサ *34*

ME ノート 6 細胞膜は平行板コンデンサ *37*

ME ノート 7 静電エネルギーを利用した除細動器 *40*

2.4.3 コ イ ル *41*

ME ノート 8 電磁血流計 *45*

ME ノート 9 SQUID 磁束計 *47*

2.5 R, C, L の交流に対する性質 …………………………………………………………… 48

2.5.1 R のみの回路 *48* 2.5.2 C のみの回路 *49*
2.5.3 L のみの回路 *51* 2.5.4 力 率 *52*

2.6 交流のベクトル表示 …………………………………………………………………… 54

2.6.1 ベクトルの直角座標表示 *55* 2.6.2 ベクトルの極座標表示 *55*
2.6.3 正弦波交流の極座標表示 *57* 2.6.4 複素インピーダンスと $j\omega$ 法 *58*

ME ノート 10 容量因子と強度因子 *61*

2.6.5 複素インピーダンスの直列接続と並列接続 2.6.6 $j\omega$ 法を用いた交流回路解析 *63*
  62

2.6.7 $j\omega$ 法の計算例 *65* 2.6.8 力率の改善法 *67*

ME ノート 11 接地とシールドの効用 *69*

2.6.9 コンデンサの誘電損失 *71*

ME ノート 12 高周波電気療法 *72*

  1. 誘 電 加 温 *72* 2. 誘 導 加 温 *73*
  3. マイクロ波加温 *73*

③ 電気回路の基礎

3.1 重ね合わせの定理 …………………………………………………………………………… 74

ME ノート 13 細胞内は負電位 *75*

3.2 テブナンの定理 …………………………………………………………………………… 76

3.3 ノートンの定理 …………………………………………………………………………… 77

3.4 定電圧源と定電流源 ……………………………………………………………………… 78

3.4.1 電 圧 源 *78* 3.4.2 電 流 源 *79*
3.4.3 電圧源と電流源の相互変換 *79*

ME ノート 14 定電圧刺激と定電流刺激 *80*

3.5 インピーダンス整合 ……………………………………………………………………… 81

ME ノート 15 クロナキシーとエネルギーの効率 *82*

3.6 共 振 回 路 ··· 83
    3.6.1 直列共振回路　*85*　　　　　3.6.2 並列共振回路　*88*
    MEノート 16　呼吸インピーダンス　*90*

4　過渡現象

4.1 *CR*回路の充電 ·· 92
    4.1.1 充電式と電荷保存則　*92*　　　4.1.2 過渡応答曲線と時定数　*93*
    4.1.3 応答曲線の定性的説明　*95*　　4.1.4 グラフから時定数を求める方法　*95*
4.2 *CR*回路の放電 ·· 96
    4.2.1 放電式（1）　*96*　　　　　　4.2.2 放電式（2）　*98*
4.3 時定数の性質 ·· 99
    4.3.1 過渡応答曲線の接線と時定数の関係　　4.3.2 時定数と遮断周波数の関係　*99*
    　　　　99
    4.3.3 時定数と立上り時間の関係　*100*　4.3.4 時定数とサグの関係　*100*
4.4 *RL*直列回路 ··· 102
    4.4.1 充 磁 式　*102*　　　　　　4.4.2 放 磁 式　*103*
    MEノート 17　生体情報と時定数　*104*
4.5 ランプ関数応答と微分/積分回路 ··· 105
    4.5.1 *CR*回路のランプ関数応答　*105*　4.5.2 微 分 回 路　*105*
    4.5.3 積 分 回 路　*107*　　　　　4.5.4 *jω*法を用いた微分/積分動作の説明
    　　　　　　　　　　　　　　　　　　　　　109
    4.5.5 時定数の大小と心電図波形のひずみ　*110*
    MEノート 18　生体組織の力学特性　*113*
4.6 方形パルスの過渡応答 ··· 115
    4.6.1 方形パルス応答波形　*115*　　4.6.2 時定数の大小による方形パルス応答
    　　　　　　　　　　　　　　　　　　　の変化　*118*
    MEノート 19　心電図の基線は 0 V ではない　*119*

5　ダイオード

5.1 整流作用とスイッチング作用 ·· 121
5.2 静　特　性 ··· 122
    MEノート 20　生体とダイオード　*123*
5.3 動　特　性 ··· 124

vi　　目　　　　　　　次

5.4　定電圧電源回路 ……………………………………………………………………… 127

5.5　波 形 の 整 形 ……………………………………………………………………… 129

5.6　定電圧ダイオード ……………………………………………………………………… 130

　　MEノート 21　心臓弁膜症の電気的アナロジー　132

⑥　トランジスタ

6.1　半 導 体 と は ……………………………………………………………………… 133

　　MEノート 22　半導体と生体微量元素　134

6.2　pn　　接　　合 ……………………………………………………………………… 135

6.3　トランジスタの構造と動作原理 ……………………………………………………… 135

6.4　増 幅 作 用 ……………………………………………………………………… 137

　　MEノート 23　冠循環とベース接地　140

6.5　スイッチング回路 ……………………………………………………………………… 141

　　MEノート 24　心臓刺激装置とカエルの心電図　143

6.6　電界効果トランジスタ ………………………………………………………………… 144

6.7　その他の半導体素子 …………………………………………………………………… 145

　　6.7.1　発光ダイオード（LED）　145　　　　6.7.2　フォトダイオードとフォトトラン
　　　　　　　　　　　　　　　　　　　　　　　　　　　ジスタ　145

　　6.7.3　サーミスタ，硫化カドミウム　146　　6.7.4　可変容量ダイオード　146

　　6.7.5　サイリスタ　146

⑦　周波数伝達関数

7.1　デ シ ベ ル ……………………………………………………………………… 149

7.2　ボ ー ド 線 図 ……………………………………………………………………… 150

　　7.2.1　*CR* 微分回路のボード線図　151　　　7.2.2　*CR* 積分回路のボード線図　152

　　7.2.3　生体用増幅器のボード線図　154

　　MEノート 25　病気の診断と伝達関数　155

⑧　演 算 増 幅 器

8.1　差 動 増 幅 器 ……………………………………………………………………… 156

8.2　オ ペ ア ン プ ……………………………………………………………………… 158

目 次 vii

8.3 帰 還 回 路 ·· 160
　8.3.1 正帰還増幅回路 *160*　　　8.3.2 負帰還増幅回路 *161*
　ME ノート 26 生体制御機構と負帰還 *163*

8.4 反 転 増 幅 器 ·· 163

8.5 非 反 転 増 幅 器 ·· 166
　ME ノート 27 インピーダンス変換器としての心臓 *167*

8.6 オフセットとスルーレート ··· 169
　8.6.1 オフセットの発生原因 *169*　　　8.6.2 スルーレート *170*
　8.6.3 実用回路例 *170*

8.7 差動（演算）増幅器 ··· 172
　8.7.1 同相信号除去比 *174*　　　8.7.2 信号源インピーダンスと同相信号
　　　　　　　　　　　　　　　　　　　　　除去比 *175*

8.8 ミ ラ ー 効 果 ·· 177

8.9 微 分 回 路 ·· 178
　8.9.1 微分回路のボード線図 *178*　　　8.9.2 血圧用微分器の設計 *181*

8.10 積 分 回 路 ·· 183

8.11 発 振 回 路 ·· 185
　8.11.1 *LC* 発振回路 *185*　　　8.11.2 水晶発振回路 *186*

8.12 フローティング回路 ··· 187
　8.12.1 ディジタル心電計の回路構成とその動作　　8.12.2 フローティング回路における
　　　　　　　　　　　　　　　　　　　　187　　　　　　同相信号の抑制 *190*
　8.12.3 ディジタル脳波計のフローティング回路
　　　　　　　　　　　　　　　　　　　　191

⑨ 能 動 フ ィ ル タ

9.1 最大平坦形低域通過フィルタ ··· 193
　9.1.1 2次低域通過フィルタ *194*　　　9.1.2 3次低域通過フィルタ *197*

9.2 最大平坦形高域通過フィルタ ··· 198

9.3 インディシャル応答 ··· 200
　ME ノート 28 観血式血圧測定法 *202*
　　1. 測定系の伝達特性 *202*　　　2. 導管系の特性試験 *204*
　ME ノート 29 除細動器の出力 *206*
　　1. 単相性出力波形 *206*　　　2. 2相性出力波形 *207*

9.4 帯域遮断フィルタ ··· 209

viii 目　　　　次

9.4.1　伝達関数とボード線図　*209*　　9.4.2　ノッチフィルタのインディシャル
　　　　　　　　　　　　　　　　　　　　　　　応答　*212*

9.5　帯域通過フィルタ ·· *213*

9.5.1　伝達関数とボード線図　*213*　　9.5.2　帯域通過フィルタのインディシャル
　　　　　　　　　　　　　　　　　　　　　　　応答　*215*

⑩　変　調　と　復　調

10.1　変　　　　　　調 ·· *217*

10.1.1　振　幅　変　調　*218*　　10.1.2　周波数変調　*221*
10.1.3　位　相　変　調　*223*

10.2　復　　　　　　調 ·· *224*

10.2.1　AM　復　調　*224*　　10.2.2　FM　復　調　*225*

⑪　分　布　定　数　回　路

11.1　集中定数と分布定数 ··· *227*
11.2　特性インピーダンス ··· *228*
11.3　反　射　係　数 ··· *230*
11.4　電磁波（電波）の放射と伝搬 ··· *232*
11.5　電磁波の送受信 ··· *234*

索　　　　引 ··· *237*

1 直流回路

1.1 電　　流

　乾電池の陽極（＋）と陰極（−）に豆電球を接続すると電球は明るく輝き続ける（**図1.1**）。これは乾電池の陽極から陰極へ豆電球を通って電気が移動し続けるからで，この移動し続ける電気を**電流**といい，記号 I で表す。この電流の正体は，200 年以上も前に正の電気を帯びた粒子の移動とみなされ，以後この正電荷の流れる方向が電流の向きと決められた。しかし今日では，負電荷をもった電子が正電荷の向きとは逆に移動していることがわかっている。いずれにしても電流の向きに矛盾は生じない（1.3 節参照）。

　電流は電荷の移動で生じるから電流の強さは，ある導体の断面を単位時間にどれだけの電荷が通過したかで表すことができる。この単位を**アンペア**〔A〕という（**図1.2**）。詳しくいうと，1 A とは毎秒 1 C（クーロン，6.24×10^{18} 個の電子）の電荷の通過に相当する。長さ，質量，時間の単位をそれぞれ m，kg，s とする。この MKS 単位系に電流の単位を加えた MKSA 単位系では，1 A は静電気力の大きさから定義される（「電磁気の基礎」の 2.6.3 項参照）。

　単位面積当たりの電流を電流密度 J〔A/m^2〕と定義するが，本書では使用しない。

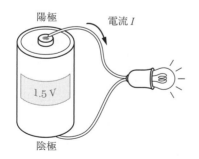

図1.1　豆電球の点灯と電流

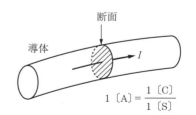

図1.2　電流の単位

副読本「電磁気の基礎」
http://www.coronasha.co.jp/np/isbn/9784339008876/ 本書の書籍ページからダウンロードできる。コロナ社の top ページから書名検索でもアクセスできる。ダウンロードに必要なパスワードは「008876」。

1.2 電位，電位差（電圧）と電界

電流の正体は電荷の移動であったが，それでは電荷の移動はどうして起こるのか？　水が低いほうへ流れるように，電流も電気の水位の高いほうから低いほうへ流れる。この電気の水位を**電位**と名づける。この電位を生じる力をもった空間を**電界**（**電場**）という。

2点間に水位の差があると水圧が生じ水を押し流すと同様に，2点間に電位の差があると電気（電荷）の移動が起こり，電流を生じる原因となる（**図1.3**）。水位の差，すなわち電位の差がなければ電流は流れない。この2点間の電位の差を**電位差**または**電圧**という。電位差や電圧を記号 V で表し，単位の記号には〔V〕（ボルト）を使う。距離 d〔m〕の2点間の電位差が V〔V〕であれば，2点間の電界の強さ E は，$E = V/d$〔V/m〕である。電位差（電圧）は2点間，前述の電流は1点で定義されることを確認しておこう。なお，電界と電位の定義はそれぞれ「電磁気の基礎」の1.7節，1.13節に解説してあるので見ておこう。

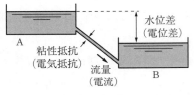

（a）水位（電位）差がある場合　　　（b）水位（電位）差がない場合

図1.3　2点間の水位（電位）差

V と〔V〕は一見まぎらわしい記号であるが，一般的に電圧や電流のような変化量を表す記号（量記号）には斜体（イタリック体）を用い，単位の記号には立体の活字を使う約束になっている。

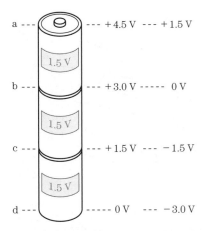

図1.4　基準点の選択による電位（差）の違い

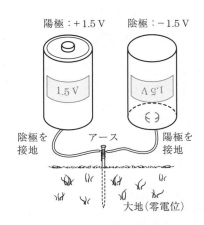

図1.5　基準点の接地

また，単位記号には慣習で〔〕をつけるが，具体的な数値を表すときは〔〕をとって，例えば1.5ボルト，または1.5Vと表記するのがふつうである。

乾電池の電圧が1.5Vといっているのは，陽極と陰極の電位差のことで，陰極を基準にとって電圧を測ると陽極は＋1.5V，陽極を基準にとると陰極は－1.5Vとなり基準点のとり方により極性が異なる。基準点より高い電圧には＋，低い電圧には－符号をつける。

図1.4のように3個の乾電池を重ねた場合，点a，点cの電圧は点dを基準点にとるとそれぞれ＋4.5V，＋1.5Vであるが，点bを基準にすると点aは＋1.5V，点cは－1.5Vとなる。基準点を図1.5のように大地に接続（接地）すると，大地はとてつもなく大きな地球の一部であり，電気をよく通すので電位の絶対的基準点（零電位）が得られる。しかし，実際の回路で絶対的電位（地球との電位差）を問題にすることはまずない。

1.3 回　路　図

図1.6(a)の豆電球を点灯する実験回路を，図記号で表すと図(b)のようになる。これを**回路図**と呼ぶ。乾電池や豆電球のような素子を電気的に接続する線状の導体は**導線**（リード線）と呼ばれる。導線もいくらかの抵抗をもっているが無視できる程度なので，抵抗は0とみなして回路図では実線で示す。導線上（回路図では実線上）はどこでも同じ電位であるが，これは抵抗が0なので電圧降下が生じないためである。

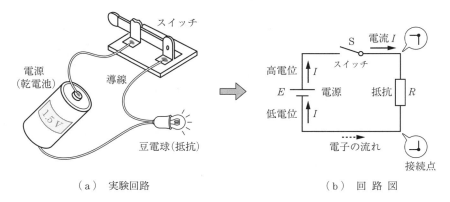

図1.6　豆電球点灯実験とその回路図

また，結線（接続）されているところはドット（点）をつけて示すが，通常は分岐点以外では省略する。その他の素子の図記号もJIS（日本工業規格：Japanese Industrial Standard）で決められている。徐々に覚えていこう。

豆電球のように電気（エネルギー）を消費するものを**負荷**という。図の負荷は，具体的には豆電球のフィラメント抵抗で，**電気抵抗**と呼ばれ，記号Rで表す。抵抗の単位には〔Ω〕（オーム）を用いる。

豆電球を点灯するにはスイッチSを押して電流を流すが，このように回路に電流を流すことを「**回路を閉じる**」といい，そのときの回路を**閉回路**という。また，スイッチを切ることは「**回路を開く**」という。

図の閉回路において，電流のもとになる正電荷は電位の高い陽極から流れ出し，豆電球を通って陰極に流れこむ。そして，乾電池の内部では，正電荷は化学エネルギー（二酸化マンガンや亜鉛など）によって電位の低い陰極から電位の高い陽極に持ち上げられ，再び陽極から負荷を通って移動し電流の閉回路をつくる。このように電池には，ある電位差を維持して電流を流し続ける駆動力が存在する。これを**起電力**といい，E（あるいは V）で表す。また，起電力をもっている電池や発電機などを**電源**と呼ぶ。

これまで，電流は陽極から正電荷が流れ出て生じると説明してきたが，実際は電池の陰極から電子（負電荷）がリード線に流れ出て，負荷を通って陽極に戻り電池内を陰極まで運ばれて，再び陰極から流れ出ている。このように電流の向きは実際の電子の移動方向と反対になっている。

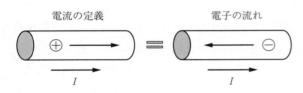

図1.7 電流の定義と電子の流れ

この矛盾は正電荷の流れる方向を電流の向きと約束したことに始まるが，負電荷が正電荷と逆に移動することは電流の向きとしては同じ結果になるので（**図1.7**），今後も電流は電位の高い点から低い点に向かって正電荷が流れると理解し，電子の実際の動きにいちいち立ち戻って考えないことにする。これで不都合を生じることはない。

回路図で電流を表すには流れる方向に矢印を記入して示す。一方，電圧は測定する2点間を矢印で示し，矢印の根元を基準点に一致させる。これについては電圧降下のところで説明する。

1.4 オームの法則

図1.6の実験回路において，豆電球を流れる電流や豆電球の両端の電圧を測定してみよう。

電流を測定するには**電流計**（アンメータ）を使用する。電流計の図記号にはⒶを用いる。電流計は，測定したい回路に直列に（回路の途中に）挿入する（**図1.8**）。電流計には＋端子と－端子があるので，回路に接続するときは＋端子に電流が流れこみ，－端子から電流が流れ出るように，あるいは電位の高いほうに＋端子を接続する。

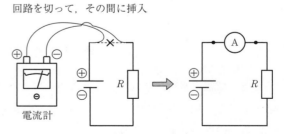

図1.8 電流計の接続方法

電流は電位の高い点から低い点に流れることを考えれば，「電流の流入点」と「電位の高い点」は同一でどちらで考えてもよいことがわかる。電流計の内部の抵抗（内部抵抗）は小さくつくられ

であり，回路の途中に接続しても影響を受けないようになっている。

電圧の測定には**電圧計**（ボルトメータ）を使う。電圧計の図記号には Ⓥ を用いる。電圧計は，測定したい2点間に並列に接続する（**図1.9**）。電圧計の内部抵抗は大きいので，回路につないでも電圧計に流れこむ電流はわずかで回路にほとんど影響を与えない。電圧計を接続するときは，＋端子は電位の高いほうに，－端子は電位の低いほうにつなぐ。電流計も電圧計も間違って接続すると，指針が逆に（目盛のないほうに）振れて測定できない。電流計と電圧計の両方の機能を兼ね備えた測定器は**テスタ**と呼ばれる。最近はディジタル式が普及し，電流値や電圧値を直読できるようになっている。

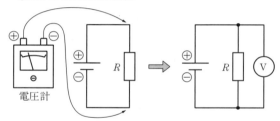

図1.9　電圧計の接続方法

図1.6の電気回路の電圧電流測定法を回路図で示したのが**図1.10**である。乾電池が1個の場合の測定結果は，$V = 1.5\,\mathrm{V}$，$I = 1.0\,\mathrm{A}$ であった。つぎに，電池を1個ずつ重ねて接続（直列接続）したときの電圧と電流の値は**表1.1**のようになった。この結果をグラフにすると**図1.11**が得られる。

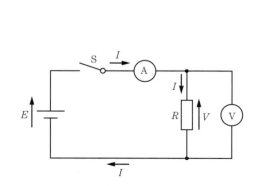

図1.10　電圧電流測定回路

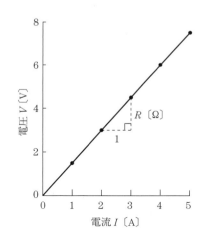

図1.11　電圧と電流の関係

表1.1　図1.10の回路の測定データ

電池の個数	1	2	3	4	5
電圧 V 〔V〕	1.5	3.0	4.5	6.0	7.5
電流 I 〔A〕	1.0	2.0	3.0	4.0	5.0

グラフから，電圧と電流は原点を通る直線の関係にあることがわかるので

　　　電圧 ＝ 比例定数 × 電流

の関係式が得られる。電圧を一定としたとき，比例定数を大きくすると電流は減少し，この比例定

数は電流を妨げる働きをする。このことから比例定数は**抵抗**と呼ばれ，上式は

　　　　電圧 = 抵抗 × 電流

と書き換えられる。これを**オームの法則**（Ohm's law）という。

電圧，電流の単位をそれぞれ〔V〕，〔A〕とすると，抵抗の単位は〔Ω〕となる。オームの法則は記号を使ってつぎのように書ける。

$$V〔\text{V}〕= R〔Ω〕\times I〔\text{A}〕 \tag{1.1}$$

$$I〔\text{A}〕= \frac{V〔\text{V}〕}{R〔Ω〕} \tag{1.2}$$

$$R〔Ω〕= \frac{V〔\text{V}〕}{I〔\text{A}〕} \tag{1.3}$$

電圧，電流および抵抗の値が大きいときや小さいときは，**表1.2**のような単位で表す。

表1.2 V, I, R の基本単位と倍数単位

単位＼電気量	M（メガ）×10^6	k（キロ）×10^3	基本単位 ×1	m（ミリ）×10^{-3}	μ（マイクロ）×10^{-6}	n（ナノ）×10^{-9}	p（ピコ）×10^{-12}
電圧 V	MV	kV	V	mV	μV	nV	pV
電流 I	*	kA	A	mA	μA	nA	pA
抵抗 R	MΩ	kΩ	Ω	mΩ	μΩ	*	*

*：ふつうは使用しない

抵抗 R に電流 I が流れると，抵抗の両端にオームの法則から $R \times I = V$ の電圧が発生する。電流は電位の低いほうへ流れるので抵抗中でも電位が下がると考えて，$R \times I$ を**電圧降下**と呼ぶ。電圧降下は矢印の根元を基準とし，矢印の矢を電位の高いほうに向けて表す（**図1.12**(a)）。したがって，電圧降下の矢印と電流の矢印の向きはたがいに逆になる。

一方，電源では図(b)のように起電力（電圧）E の矢印は電位の高い陽極を向き，電流の矢も陰極から陽極に向かうので起電力と電流の矢印の向きは一致する。図1.10に見るように，起電力と電圧降下の矢印の向きは一致し，回路内で両者は釣り合う。

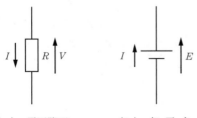

（a）電圧降下　　（b）起電力

図1.12 抵抗および電源内の電流と電圧の向き

オームの法則は流体力学系に類似性が見い出せる。図1.3ですでに学んだように，水位の差は電位差（電圧）に，流れこむ水の量（流量）は電流にアナロジー（analogy, 類推）できる。管の太さや長さによって流量が異なるので，管は抵抗に当たる。これらをまとめると

　　　　　　　　（電気系）　　　　　　（流体系）

　　　　　　　電位差 V ⟷ 水位差（圧力）

　　　　　　　電　流 I ⟷ 流　量

　　　　　　　抵　抗 R ⟷ 粘性抵抗

のようになる。

　抵抗 R は流れにくさを表すが，逆に流れやすさに注目して抵抗の逆数 $1/R$ を G で表し**コンダクタンス**と呼ぶ。単位には S（$=1/\Omega$，ジーメンス）を用いる。すると，式(1.2)のオームの法則は

$$I \,[\text{A}] = G \,[\text{S}] \times V \,[\text{V}] \tag{1.4}$$

となる。

ME ノート 1

血液循環系は閉鎖回路

　心臓から拍出された血液は大動脈，動脈，細動脈を通って毛細血管に至り，ここで物質交換を行い，細静脈，静脈，大静脈を経て右心房に戻ってくる。

　心臓から拍出されるときの平均血圧は約 90 mmHg であるが，全身を循環するうちに血管抵抗で圧降下が生じ右心房に達するあたりでは数 mmHg となる。しかし，心臓で再びエネルギーが与えられ高い圧力で拍出を続ける。このように心臓と血管系は閉じた回路をつくり，**閉鎖循環系**と呼ばれる。血圧降下の様子を**図 1.13** に示す。

　心臓を電源，血管系を電気抵抗とみなすと閉鎖循環系は，**図 1.14** のような電気回路にアナロジーされる。図中の D（ダイオード）は心臓の大動脈弁を模擬する素子で，拡張期に血液が心室に逆流するのを阻止する働きを表す。ダイオードについては後で学ぶ。C は，血管の**コンプライアンス**を模擬する。流体系の，圧力＝流量×粘性抵抗，の関係は電気系では，電圧＝電流×抵抗，に変換されている。詳細は ME ノート 16 で述べる。

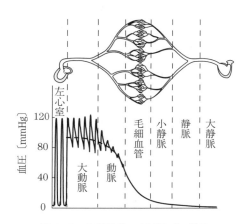

図 1.13　体循環系の血圧降下の様子

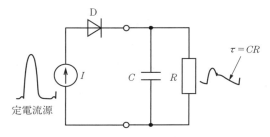

図 1.14　心臓と血管系の等価回路

1.5 抵抗の直列接続と並列接続

これまでの実験回路では豆電球，すなわち抵抗は1個しかなかったが，豆電球を複数個，例えば，3個接続するときの抵抗値を求めてみよう。接続方法には豆電球を連続的につなぐ方法と，個々の豆電球の二つのリード線をそれぞれまとめる方法とがある（**図1.15**）。前者は**直列接続**，後者は**並列接続**と呼ばれる。

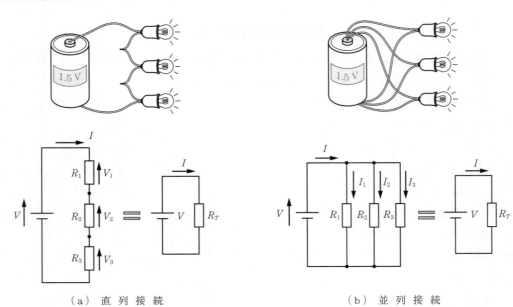

図1.15 抵 抗 の 接 続 方 法

1.5.1 直 列 接 続

直列接続では，電流の道すじが一つしかないので各抵抗を同じ電流が流れる。図1.15(a)の回路において，抵抗 R_1, R_2, R_3 には同じ電流 I が流れるのでそれぞれ電圧降下を V_1, V_2, V_3 とすると，オームの法則より

$$\left.\begin{array}{l} V_1 = R_1 I \\ V_2 = R_2 I \\ V_3 = R_3 I \end{array}\right\} \tag{1.5}$$

となる。それぞれの電圧降下の和は，加えた電圧（起電力）V に等しいので式(1.6)が得られる。

$$V = V_1 + V_2 + V_3 = R_1 I + R_2 I + R_3 I = (R_1 + R_2 + R_3)I = R_T I \tag{1.6}$$

ここで，$R_T (= R_1 + R_2 + R_3)$ を**合成抵抗**（全抵抗）と呼ぶ。

一般的に各抵抗を R_1, R_2, R_3, $\cdots$, R_n とし，合成抵抗を R_T とすると

$$R_T = R_1 + R_2 + R_3 + \cdots + R_n \tag{1.7}$$

と表され，抵抗の直列接続の合成抵抗は各抵抗の和となる。各抵抗がすべて等しい場合は

$$R_T = nR_1 \qquad (\text{ただし，} R_1 = R_2 = R_3 = \cdots = R_n) \tag{1.8}$$

である。また

$$\begin{aligned} V_1 : V_2 : V_3 &= R_1 I : R_2 I : R_3 I \\ &= R_1 : R_2 : R_3 \end{aligned} \tag{1.9}$$

の関係より，直列接続においては各抵抗の電圧降下はそれらの抵抗値に比例する。あるいは，加えられた電圧（印加電圧）は，抵抗比に分圧（分割）されるともいえる。分圧比を自由に変えられるようにしたのが，ボリウム（可変抵抗器，図 2.16）である。

1.5.2 並 列 接 続

並列接続では，各抵抗の二つの端子がそれぞれ一つにまとめられるので，各抵抗の端子電圧は印加電圧 V に等しくなる（図 1.15(b)）。各抵抗を R_1, R_2, R_3, それらを流れる電流を I_1, I_2, I_3 とすると

$$V = R_1 I_1 = R_2 I_2 = R_3 I_3 \tag{1.10}$$

である。各抵抗を流れる電流の和が回路の全電流になるのでこれを I とおくと

$$I = I_1 + I_2 + I_3 = \frac{V}{R_1} + \frac{V}{R_2} + \frac{V}{R_3} = V\left(\frac{1}{R_1} + \frac{1}{R_2} + \frac{1}{R_3}\right) \tag{1.11}$$

が導かれる。合成抵抗を R_T とすると，オームの法則より $V = R_T I$ であるから

$$R_T = \frac{V}{I} = \frac{1}{1/R_1 + 1/R_2 + 1/R_3} = \frac{R_1 R_2 R_3}{R_1 R_2 + R_2 R_3 + R_3 R_1} \tag{1.12}$$

が得られる。これより，並列接続の合成抵抗は，各抵抗の逆数の和の逆数に等しいといえる。

一般的に各抵抗を R_1, R_2, R_3, $\cdots$, R_n とすると，並列接続の合成抵抗 R_T は

$$R_T = \frac{1}{1/R_1 + 1/R_2 + 1/R_3 + \cdots + 1/R_n} \tag{1.13}$$

となる。並列接続を $/\!/$ の記号を使って $R_T = R_1 /\!/ R_2 /\!/ R_3 /\!/ \cdots /\!/ R_n$ と表記することもある。各抵抗がすべて等しい場合は

$$R_T = \frac{R_1}{n} \qquad (\text{ただし，} R_1 = R_2 = R_3 = \cdots = R_n) \tag{1.14}$$

である。2 個の抵抗を並列接続したときの合成抵抗を求める必要がよくあるので，式(1.15)を覚えておくとよい。

$$R_T = R_1 /\!/ R_2 = \frac{1}{1/R_1 + 1/R_2} = \frac{R_1 R_2}{R_1 + R_2} \tag{1.15}$$

ここで，**図 1.16**(a)のように抵抗を直並列接続したときの合成抵抗値を求めてみよう。a–b 間は直列接続なので $2\,\Omega$ と $4\,\Omega$ を足して $6\,\Omega$ になる。b–c 間は $20\ (= 12 + 8)\ \Omega$ と $5\,\Omega$ の並列接続なのでこの部分の合成抵抗は，式(1.15)から

$$\frac{20 \times 5}{20 + 5} = 4\,\Omega$$

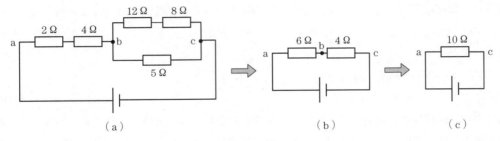

図 1.16 抵抗の直並列接続と等価回路

である。a–c 間を書き換えると図 (b) のようになる。図 (b) は図 (a) に比べ簡単ですっきりした回路図になっている。しかも，本質的な性質を失っていない。このように，元の回路に比べ簡単に理解しやすくした回路を**等価回路**と呼んでいる。けっきょく，a–c 間の合成抵抗値は $6 + 4 = 10$ Ω となる。

1.6 電池の起電力と内部抵抗

「乾電池の電圧は 1.5 V である」とよくいわれるが，これは乾電池の電気エネルギーのもとになっている二酸化マンガン，亜鉛および電解質溶液（NH_4Cl, KOH）の電気化学反応で決まる電圧のことで，正しくは起電力と呼ばれるものである。この起電力の中を電流は陰極から陽極に流れるが，その際いくらかの抵抗が存在する。これを**内部抵抗**という。

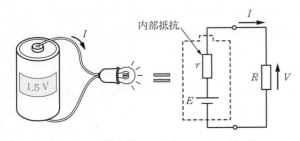

図 1.17 乾電池の等価回路（破線内）と端子電圧

したがって，起電力を E〔V〕，内部抵抗を r〔Ω〕とすると乾電池は**図 1.17** のような等価回路で表せる。図 1.6 も乾電池に豆電球をつないだ回路であるが，この回路では内部抵抗 r が無視されている。ふつう r は，負荷抵抗に比べ十分小さいので考慮しないこともある。

図 1.17 の回路を流れる電流 I は，起電力を全抵抗 $(R + r)$ で割って

$$I = \frac{E}{R + r} \tag{1.16}$$

である。抵抗 R の**端子電圧** V はオームの法則より

$$V = RI = E\frac{R}{R + r} \tag{1.17}$$

となる。式 (1.17) はつぎのように書き換えられる。

$$V = E \frac{1}{1 + r/R} \quad \begin{cases} R \gg r \text{のとき } V \fallingdotseq E \\ R > r \text{のとき } V < E \end{cases} \tag{1.18}$$

乾電池が新しいうちは内部抵抗は非常に小さく，負荷抵抗に比べ $R \gg r$ の条件が成り立ち V はほぼ E と等しくなる．この条件下では r を無視してもよい．

しかし，豆電球を点灯して電流を流し続けると内部抵抗は次第に大きくなり $R > r$ となって V は E より小さくなる．これは内部抵抗による電圧降下 rI が電池内部に生じ，その分だけ端子電圧が起電力より小さくなるためである．また，乾電池を消費すると内部抵抗増大以外に，起電力そのものも減少する．

日頃乾電池を使っていて，あとどれだけ使えるかを知りたいことがよくある．これは，消費につれて内部抵抗が増大することを利用すればある程度わかる．例えば，乾電池に $100\,\Omega$ の抵抗を負荷して端子電圧が $1.3\,\mathrm{V}$ 以上あればまだ使用可能と判断できる．

乾電池だけでなく，自動車のバッテリーや発電機にも必ず起電力と同時に内部抵抗がある．

ME ノート 2

細胞膜の電気的等価回路

図 1.18（a）は，興奮性細胞のイオンチャネルの**電気的等価回路**である．E_i はあるイオンの濃度差による**平衡電位**，r_i は膜のイオンに対する通りにくさを示す**膜抵抗**，V_m は**膜電位（細胞内電位）**で，V_m は細胞外を基準にとると静止時には $-60 \sim -80\,\mathrm{mV}$ の負電位を維持している．この回路は，図 1.17 の電池の等価回路と一致し，平衡電位，膜抵抗，膜電位はそれぞれ起電力，内部抵抗，端子電圧に相当する．電池の起電力と端子電圧が一致しないように，平衡電位と膜電位も一致しない．図の等価回路は，膜電位の理解を容易にする．

図（b），図（c）はそれぞれ Na^+，K^+ のイオンチャネルの等価回路である．各イオン単独では V_{Na} は正電位，V_K は負電位を示すが，静止時に両イオンが合わさると負電位を保持する．この理由については ME ノート 12 で説明する．

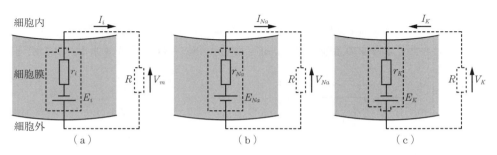

図 1.18 細胞膜の電気的等価回路（a）．（b），（c）は，それぞれ Na^+ と K^+ のイオンチャネルの等価回路を表す

1.7 電池の接続方法

大きな電圧（または起電力）が欲しい場合は，乾電池を直列に接続する。同じ種類の電池を n 個接続した場合，起電力は n 倍，内部抵抗も n 倍になる（**図 1.19**(a)）。1個でも古い電池をつなぐと，その電池の内部抵抗でエネルギーが消費されて不経済であるし，端子電圧も下がる。

大きな電流を取り出したい場合は同じ起電力の電池を並列に接続する。n 個つないだ場合，起電力は同じであるが内部抵抗は $1/n$ 倍に，流せる電流は n 倍に増える（図(b)）。

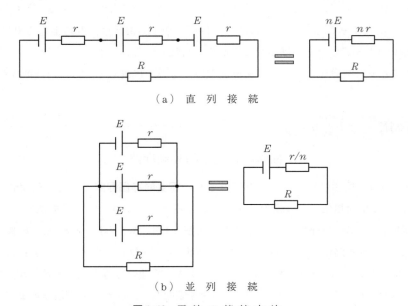

(a) 直列接続

(b) 並列接続

図 1.19 電池の接続方法

1.8 キルヒホッフの法則

これまでに学んだような簡単な回路は，オームの法則だけで電圧や電流が求められるが，複雑な回路の解析には**キルヒホッフの法則**（Kirchhoff's law）が用いられる。キルヒホッフの法則には以

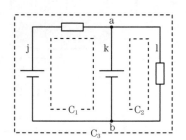

図 1.20 接続点 (a, b)，枝路 (j, k, l)，閉回路 (C_1, C_2, C_3) の説明図

下の二つの法則があるが，法則を学ぶ前に回路解析の約束ごとについて説明しておく。

図1.20のような電気回路において，点aや点bのように導線（リード線）を接続（結合）した点を**接続点**あるいは**節点**という。また，接続点と接続点をつなぐ導線（j, k, l）を**枝路**と呼ぶ。一つの接続点から出発し，同じ枝路を二度通らないで回路を一巡し，もとの接続点に戻る回路を**閉回路**（**閉ループ**）という。図にはC_1，C_2，C_3の三つの閉回路がある。

1.8.1 キルヒホッフの第一法則

電気回路の接続点に合流する電流の代数和は0である。電流の符号は，接続点に流入する電流を正（＋），流出する電流を負（－）と約束する。この法則を**図1.21**の回路に適用してみる。

I_1, I_4は接続点に流入する電流，I_2, I_3は流出する電流であるからそれぞれ＋，－の符号をつけて和を求めると

$$I_1 - I_2 - I_3 + I_4 = 0$$

が得られ，I_2, I_3を右辺に移項して

$$I_1 + I_4 = I_2 + I_3 \tag{1.19}$$

（流入する電流）＝（流出する電流）

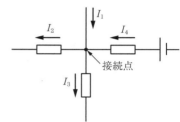

図1.21 接続点の電流

となる。けっきょく，**キルヒホッフの第一法則**は，接続点において電流が増えたり減ったりすることはないことを意味する。

1.8.2 キルヒホッフの第二法則

閉回路において，起電力の代数和と電圧降下の代数和は等しい。起電力の符号は，閉回路を一巡する方向と起電力の向きが同方向，すなわち起電力を陰極から陽極にたどるときは正（＋），反対方向のときは負（－）とする。

$$\text{起電力の代数和} = \text{電圧降下の代数和} \tag{1.20}$$

電圧降下の符号は，電流の方向と閉回路を一巡する向きが同じときは正（＋），反対方向のときは負（－）にとる。論より証拠，実際の回路でこの法則を適用してみよう。

1.8.3 キルヒホッフの法則の使い方

手順1：各枝路に流れる電流の量記号（I_1, I_2, I_3, …）とその方向を決める。

図1.22のように電流の記号と向きを決めて点aに注目しキルヒホッフの第一法則を適用すると

$$I_1 + I_2 = I_3 \tag{1.21}$$

が得られる。電流の方向は仮に決めておき，計算の結果，負の値が出たときは，仮定とは逆向きの電流が流れることなので，後で正しい向きに直せばよい。

手順2：閉回路について一巡する方向を決め，**キルヒホッフの第二法則**を適用する。

このとき閉回路を一巡する方向はどちらでもよいが，すべての枝路を少なくとも一度はたどるよ

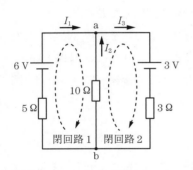

図1.22 キルヒホッフの法則の実例

うにする。図1.22の回路では3個の閉回路が存在するが，そのうち2個を使えばすべての枝路をたどることになりそれで十分である。閉回路1について電圧降下は$5I_1$，$10I_2$であるが，I_2に関しては一巡する方向と仮に決めた電流の向きとが逆なので，－符号をつけて式(1.22)が成り立つ。

$$6.0 = 5I_1 - 10I_2 \tag{1.22}$$

閉回路2についても

$$-3.0 = 10I_2 + 3I_3 \tag{1.23}$$

が得られる。この場合，一巡する方向と起電力の向きが反対方向なので－符号をつける。

手順3：手順1，2で得られた3式を連立方程式として解く。

式(1.21)，(1.22)，(1.23)から

$$\left. \begin{array}{l} I_1 + I_2 = I_3 \\ 5I_1 - 10I_2 = 6.0 \\ 10I_2 + 3I_3 = -3.0 \end{array} \right\} \tag{1.24}$$

の連立方程式が得られるので，まずI_3を消去して

$$\left. \begin{array}{l} 5I_1 - 10I_2 = 6.0 \\ 3I_1 + 13I_2 = -3.0 \end{array} \right\} \tag{1.25}$$

が導かれる。式(1.25)を解くと

$$I_1 = 0.505 \text{ A}, \quad I_2 = -0.347 \text{ A} \tag{1.26}$$

が得られ，式(1.21)からI_3も求まる。

$$I_3 = 0.158 \text{ A} \tag{1.27}$$

I_2には，－符号がつくので，実際の電流は最初の仮定とは反対，すなわち接続点aから点bに流れることがわかる。

以上のように，キルヒホッフの法則を用いるとどんな複雑な回路も必ず解くことができる。

1.9 電　　　力

電気は，抵抗のあるところを流れると熱や光や音を出してエネルギーを消費すると同時に，仕事をする。電気が単位時間にする仕事の量，すなわち**仕事率**（power）を**電力**といいPで表し，単位にはワット〔W〕を用いる。

電力Pと電圧V，電流Iとの間には

$$P\text{〔W〕} = V\text{〔V〕} \times I\text{〔A〕} \tag{1.28}$$

の関係がある。電圧1Vのところに1Aの電流が流れたときになされる仕事量の割合が，1Wである。R〔Ω〕の抵抗にI〔A〕の電流が流れV〔V〕の電圧降下を生じたとすると，式(1.28)に

$V = RI$ を代入して

$$P = RI^2 \text{ [W]} \quad (I\text{ が一定のとき},\ P\text{ は }R\text{ に比例する}) \tag{1.29}$$

$$= \frac{V^2}{R} \text{ [W]} \quad (V\text{ が一定のとき},\ P\text{ は }R\text{ に反比例する}) \tag{1.30}$$

とも表せる。また，1 W は毎秒 1 J（ジュール）の仕事に当たる。

$$1 \text{ [W]} = 1 \text{ [J/s]} \tag{1.31}$$

電気がある時間内 t [s] にする仕事量 W は**電力量**（= 電力 × 時間）と呼ばれ，電力と電流を流した総時間の積で求まる。

$$W = Pt = VIt \tag{1.32}$$

$$= RI^2 t \text{ [Ws, J]} \tag{1.33}$$

1 W の電力を 1 秒間働かせたときの仕事量を 1 Ws（ワット秒）という。1 kW の電力を 1 時間使ったときの仕事量は 1 kWh（キロワット時）と呼ばれ，家庭で使う電気量は kWh で測定され，その量に基づいて電気代が支払われる。

$$1 \text{ [Ws]} = 1 \text{ [W]} \times 1 \text{ [s]} = 1 \text{ [J]} \tag{1.34}$$

$$1 \text{ [kWh]} = 10^3 \text{ [W]} \times 3\,600 \text{ [s]} = 3.6 \times 10^6 \text{ [J]} \tag{1.35}$$

例えば 250 Ω の抵抗に 100 V の電圧を加えると 0.4 A（= 100 V/250 Ω）の電流が流れ，そのときの電力 P は

$$P = 100 \text{ V} \times 0.4 \text{ A} = 40 \text{ W}$$

となる。これは 100 V，40 W の白熱電球に相当する（**図 1.23**）。白熱電球は実際は 100 V の商用交流で用いられるが，抵抗成分のみのときは交流電力も直流と同じ式で計算できる（2.3 節参照）。この電球 5 個を 24 時間点灯すると 4.8 kWh（40 W × 5 × 24 h = 4.8×10^3 Wh）の電力量となり，1 kWh の単価を 20 円とすると電気代は 96 円と計算される。

電気エネルギー [J] がすべて熱になったとすると，その熱量 Q [cal] は

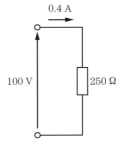

図 1.23 40 W 白熱電球の等価回路

$$Q = 0.24\,Pt = 0.24\,RI^2 t \text{ [cal]} \tag{1.36}$$

で表される。1 cal（カロリー）は 1 g の純水の温度を 1 気圧下で，14.5 ℃から 15.5 ℃まで 1 ℃上げるのに必要な熱量である（国際単位系では，熱量の単位にはジュールを使用することが推奨されている）。式(1.33)と式(1.36)を比べると

$$1 \text{ [J]} = 0.239 \fallingdotseq 0.24 \text{ [cal]} \tag{1.37}$$

$$1 \text{ [cal]} = 4.19 \fallingdotseq 4.2 \text{ [J]} \tag{1.38}$$

の関係があることがわかる。これはジュールによって実験的に求められた。式(1.38)は**熱の仕事当量**と呼ばれる。電気ストーブや電気コンロは抵抗で発生する熱を利用したものであるが，これを**ジュール熱**と呼んでいる。

P〔W〕の電力を t 秒間与えて,質量 m〔g〕,比熱 c〔cal/g℃〕の物体の温度が $\Delta\theta$〔℃〕上昇したとし,電流の熱作用がすべて物体の温度上昇に使われたとするならば

$$0.24\,Pt = mc\Delta\theta \tag{1.39}$$

が導かれる。これより上昇温度 $\Delta\theta$ が求められる。

MEノート 3

大人1人は60 W

　私たちが静かに座っているときの**酸素消費量**は1分間に体重1 kg 当たり3.5 mL とされ,これを MET(metabolic equivalent)と呼んでいる。一方,酸素が1 mL 消費されると4.83 cal の熱量が生じることもわかっているので,体重50 kg のヒトの1秒間の熱産生量は

$$4.83 \times \frac{3.5 \times 50}{60} \fallingdotseq 14.1\ \mathrm{cal} \tag{1.40}$$

となる。

　これを式(1.38)を使ってジュールの単位に直すとおよそ60 J となる。1秒間に60 J の仕事がなされるので,これは60 W の仕事率に当たる。すなわち,ヒトの体を熱産生の面からみると,静かにイスに腰かけているときは,60 W の電球が光を放ち,発熱する仕事に等しいことがわかる(**図1.24**)。

　例えば火の気のない部屋でも,大人が数人集まると次第に部屋が暖まってくるのを経験したことがあるであろう。

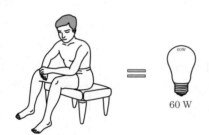

図1.24 ヒトの安静時の仕事率

　60 W の電球を1日点灯すると電力量は,1.44 kWh となる。1 kWh の単価を20円で計算すると1日の電気代は29円かかる。一方,ヒトの熱源は食物であるが,医療保険で認められている入院時の1日の食事代は,およそ1 900円である。したがって,両者のエネルギーコストを単純に比較すると,ヒトのほうが66倍高いことになる。

　しかし,ヒトは光と熱のみを発生する生命体でないことは自明で,コストパフォーマンスの面からは計り知れない。

1.10 ホイートストンブリッジ

　未知の抵抗の値は，電流計や電圧計あるいはテスタを用いてオームの法則から求めることができるが，いずれも計器の指示を読みとって測定するため誤差が生じる。

　また，計器の内部抵抗による誤差も問題となる。最近急速に普及したディジタルテスタも内部で電圧値を数字に変換している（A-D 変換）だけなので，本質的に誤差は残る。これらの誤差を除いて正確な抵抗値を求める方法として，**ホイートストンブリッジ**（Wheatstone bridge）**回路**あるいは単に**ブリッジ回路**と呼ばれる方法がある。

　図 1.25 のように抵抗 R_1，R_2，R_3，R_x をひし形に接続し，a-b 間に電源 E，c-d 間に**検流計**（ガルバノメータ）G を接続する。R_1，R_2，R_3 はいずれも既知抵抗で R_x は未知の抵抗とする。

　図において点 c の電位は，点 b を基準にすると，$ER_x/(R_1 + R_x)$，点 d の電位は $ER_3/(R_2 + R_3)$ であるから点 c と点 d の電位が等しい条件は

$$E \frac{R_x}{R_1 + R_x} = E \frac{R_3}{R_2 + R_3} \tag{1.41}$$

である。よって

$$R_1 R_3 = R_2 R_x \tag{1.42}$$

または

$$\frac{R_1}{R_2} = \frac{R_x}{R_3} \tag{1.43}$$

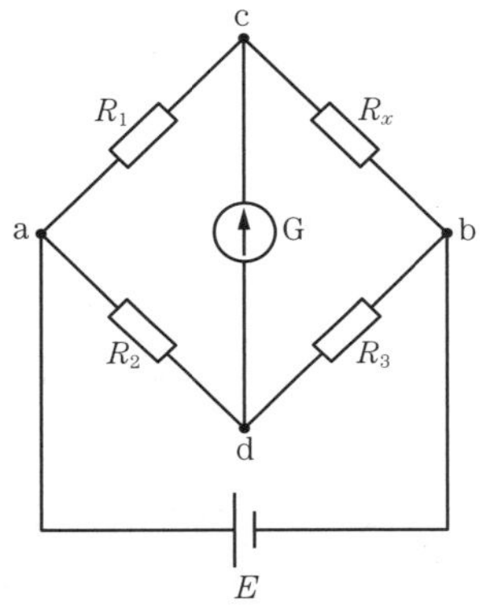

図 1.25　ブリッジ回路

が得られ，これをブリッジ回路の**平衡条件式**という。ブリッジが平衡していれば点 c，点 d の電位は等しいため c-d 間に電流は流れず，検流計 G は 0 を指示する。この原理を応用した抵抗測定を**零位法**ともいう。

　具体的には R_x に未知の抵抗をつなぎ，R_1，R_2 を適当な値に調節し，検流計が 0 を指示するように R_3 をこまかく調整する。検流計が 0 を指示したときの R_1，R_2，R_3 の値から次式によって R_x が求められる。

$$R_x = \frac{R_1 R_3}{R_2} \tag{1.44}$$

　検流計は電流が 0 であることが正しく表示される感度のよいものであれば，べつに電流値が正確である必要はまったくない。したがって，計器の読みとり誤差や，内部抵抗に影響されないで精度の高い抵抗測定ができる。R_1，R_2，R_3 が可変になったブリッジ測定器が市販されている。

ME ノート 4

圧力センサとブリッジ回路

観血式血圧測定に用いられる**圧力センサ**にはブリッジ回路が用いられ，圧力変化を電気信号に変換する働きをしている。カテーテルによって導かれた圧力（血圧）は，**図 1.26** に示すような構造の圧力センサの**ダイアフラム**（受圧膜）に加えられる。

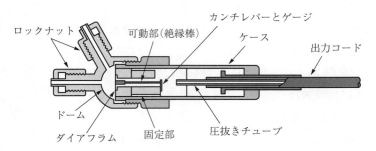

図 1.26 圧力センサの構造

ダイアフラムのひずみ（変位）は可動部によって，一端を固定された**片持ちばり（カンチレバー）**と呼ばれる板状のばねに伝えられる。このばねの上には半導体ひずみゲージが**図 1.27**（a）（b）のようにブリッジ回路にパターン化され接着されている。半導体を用いると，ピエゾ抵抗効果のため金属のひずみゲージに比べて感度が数十倍よくなる。

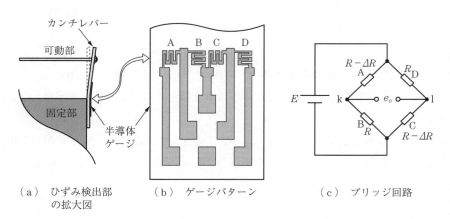

（a）ひずみ検出部の拡大図　　（b）ゲージパターン　　（c）ブリッジ回路

図 1.27 片持ちばりと半導体ひずみゲージ

図（b）に見るように，方形波状の半導体ゲージは 90°向きを変えて並び，ブリッジ回路の辺 A，B，C，D に対応している。方形波状のゲージの細くて長いセグメントに注目すると，片持ちばりが手前（図上で右方）にたわむ陽圧時は，A，C ではセグメントがわずか縦（長軸）方向に圧縮され断面積が大きくなり抵抗が減少する。B，D のセグメントは横方向に力を受けるが，縦方向の長さと体積がほぼ一定なので抵抗値は変わらない。

ゲージ抵抗（500〜1500Ω）をR，変化分をΔR，印加電圧をEとすると，ダイアフラムに陽圧が加わった場合の出力e_oは点kと点1の電位差から

$$e_o = E\frac{R}{(R-\Delta R)+R} - E\frac{R-\Delta R}{R+(R-\Delta R)} \fallingdotseq E\frac{\Delta R}{2R} \tag{1.45}$$

となる（図(c)）．陰圧の場合はまったく逆の変化が起こり，$e_o \fallingdotseq -E(\Delta R/2R)$が得られ，圧変化は電位（差）変化として検出される．圧力が加わらなければ点kと点1の電位は，等しく$e_o = 0$である．温度が変化した場合，各ゲージの抵抗が同じように変化すれば点kと点1の電位は変わらないので，温度変化の影響は打ち消される．これがブリッジ回路の利点である．

1.11 分流器と倍率器

テスタに使われている直流電流形は**可動コイル形**と呼ばれ，永久磁石のN，S極の間に置かれたコイルに電流が流れると，電磁力が働いて指針が電流の大小に比例して振れ平均値を指示するようにつくられている（「電磁気の基礎」の2.6.2項参照）．指針を最大目盛まで振らせるのに1mAを要するメータを使っているとき，測定範囲をn〔mA〕まで広げるにはどうすればよいであろうか．1mAの電流計にn〔mA〕の電流が流れるとコイルが焼き切れるので，**図1.28**のようにコイルには1mAだけ流し，残りの電流$(n-1)$〔mA〕はコイルをバイパスさせればよい．

このように電流を分流させる目的で挿入する抵抗R_sを**分流器**という．コイル自身の抵抗をR_m（数十Ω）とすると，R_mとR_sの端子電圧は等しいので式(1.46)が導かれる．

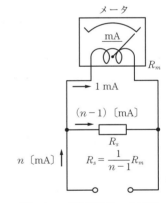

図1.28 直流電流計の分流器

$$\frac{n-1}{n}R_s = \frac{1}{n}R_m$$

$$\therefore \quad R_s = \frac{1}{n-1}R_m \tag{1.46}$$

直流電圧計は，**図1.29**(a)のように直流電流計に直列抵抗Rを接続して構成されている．このRとメータ自身の抵抗R_mとの合成抵抗を電圧計の内部抵抗といい，$R_i(=R+R_m)$で表す．測定電圧E，内部抵抗R_i，電流をIとすると，$I=E/R_i$が成立する．R_iが一定なので電流Iは電圧Eに正比例し，電流目盛に電圧目盛を付け加えれば電圧計となる．1mAの電流計を100Vの電圧計にするには

$$R_i = \frac{100\text{ V}}{1\times 10^{-3}\text{ A}} = 100\text{ k}\Omega$$

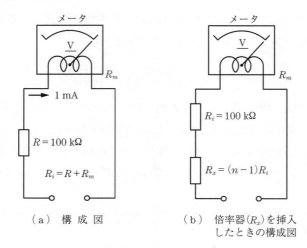

(a) 構成図　　(b) 倍率器(R_x)を挿入したときの構成図

図1.29 直流電圧計の倍率器

となる。$R_m \ll R_i$ なので直列抵抗として100 kΩを接続すればよい。

内部抵抗 R_i、最大測定電圧 E の電圧計の測定範囲を n 倍に拡大するには、R_i に直列に R_x の抵抗を挿入して分圧すればよいので、式(1.47)が導かれる。

$$\frac{E}{nE} = \frac{R_i}{R_i + R_x}$$

$$\therefore \quad R_x = (n-1)R_i \tag{1.47}$$

R_x は、測定範囲を拡大する働きをするので**倍率器**と呼ばれている（図(b)）。

2 交 流 回 路

2.1 直 流 と 交 流

　これまで学んできた電圧や電流は，時間の経過で電圧の極性や電流の流れる方向が変わらないので**直流**（direct current, DC）と呼ばれる。直流の中には，電圧や電流の流れの向きは変わらないが，大きさが時間とともに変化するものがある（**図2.1**）。大きさが一定な電圧や電流を**平流**（図(a)），大きさが変化する電圧や電流を**脈流**（図(b)）と呼んでいる。

　図2.2のように，極性や大きさが周期的に ⊕ になったり ⊖ になったりして変動する電圧や電

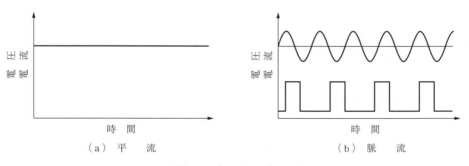

図2.1 直 流 波 形

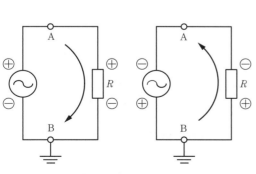

図2.2 交 流 電 源

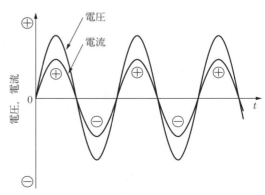

図2.3 交流（正弦波）波形

22　2. 交流回路

流もあり，これらは**交流電圧**や**交流電流**（alternating current, AC）と呼ばれる。交流電源の図記号は ⊖ である。

　図の回路で時計方向を ⊕ 方向の電流の向きとし，点Bを基準にとると点Aには正電位（⊕）が現れる。一方，反時計方向の電流では，電流の向きは⊖，点Aの電位も負電位（⊖）になる。

　このことを時間軸を横にとって表すと**図2.3**のように，横軸を境に上下に振れる周期的波形（関数）となる。この波形は**正弦波（sin波）**と呼ばれ，私たちの家庭に電力会社から供給されている**商用交流電源**の波形でもある。

　周期的波形で一番身近なのは，正弦波であるが，これ以外にも**方形（矩形）波**，三角波，のこぎり（鋸歯状）波などがある（**図2.4**）。ふつう，交流といえば**正弦波**を指す。正弦波以外の交流は**非正弦波交流**，あるいはひずみ波交流と呼ばれる。あらゆる波形は，いくつかの正弦波が合成されてできていることがわかっているので，まず交流の基本波形である正弦波について学ぶ。

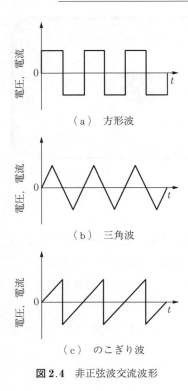

図2.4　非正弦波交流波形

2.2　正弦波交流を表す式

2.2.1　振幅，周波数，角速度

図2.5に示すように，反時計方向に等速円運動をする点Pを y 軸上へ正射影し，その点をP'とすると，P'は y 軸上で上下に動き**単振動**と呼ばれる運動をする。このとき線分OP'はつねに回転角の正弦（sin）になっている。

$$\mathrm{OP'} = 半径 \times \sin(回転角) \quad (2.1)$$

この線分OP'を時間 t を横軸にとったグラフにプロットして

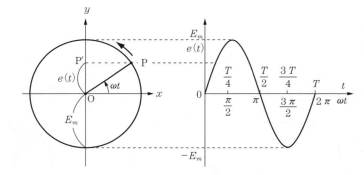

図2.5　単振動と正弦波形

得られるのが正弦波である。正弦波を単に波としてではなく，等速円運動，単振動とも関連づけて理解しておこう。なお，点Pの回転速度は**角速度**，または**角周波数**と呼ばれ，ω（オメガ）で表す。また，線分OPを**回転ベクトル**と呼ぶが，これについては後で学ぶ。

　ふつう角度を表すのに度数法（1°，2°，…）を用いるが，交流理論ではもっぱら弧度法を使う。

弧度法では，図 2.6 のように円の半径 r に等しい長さの弧 $\widehat{AB}$ が円の中心につくる角度 θ を無次元量であるが，1 rad と決める。よって

$$\theta = \frac{\widehat{AB}}{r} = \frac{r}{r} = 1 \text{ rad} \quad (2.2)$$

となる。rad はラジアン（radian）と読む。円周の長さは $2\pi r$ なので度数法で $360°$ は，弧度法では $\theta = 2\pi r/r = 2\pi$ rad となる。半円周（$180°$）では π rad に等しくなる。

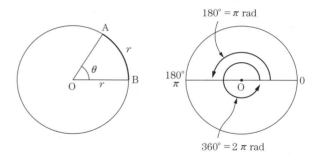

図 2.6　角度と弧度

ここで，もう一度図 2.5 に戻って考える。点 P が 1 回転するごとに正弦波が 1 回描かれ，同じ波形が繰り返される。正弦波が 1 回描かれるのに要する時間を**周期**といい，ふつう T〔s〕で表す。点 P の角速度 ω を〔rad/s〕の単位で表すと，T は 2π を角速度で割れば求まるので

$$T = \frac{2\pi}{\omega} \text{〔s〕}, \quad \omega = \frac{2\pi}{T} \text{〔rad/s〕} \quad (2.3)$$

の関係が得られる。

けっきょく，点 P の回転角は（角速度×時間）で表されるので，式 (2.1) を参考にして，正弦波は $\sin$（角速度×時間），すなわち $\sin(\omega t)$ と書ける。ここで回転半径を E_m とすると，角速度 ω の正弦波交流の起電力（電圧）$e(t)$ は

$$e(t) = E_m \sin \omega t \quad (2.4)$$

と表せる。E_m は交流理論では**振幅**と呼ばれ，正弦波の最大値を与える。式 (2.4) の t にいろいろな値を入れると，交流電圧や交流電流の瞬時値を表現できる。このような瞬時値表示には英小文字の斜体を用い，さらに時間の関数であることを示して $e(t)$ のように表記する。ただし，極座標表示（後出）では大文字が用いられるので注意する。

一方，直流にはこれまででてきたように，英大文字の斜体を用いる。端子電圧や電流の瞬時値はつぎのように書ける。

$$v(t) = V_m \sin \omega t \quad (2.5)$$
$$i(t) = I_m \sin \omega t \quad (2.6)$$

V_m や I_m は端子電圧や電流の**最大値**と呼ばれるものである。

式 (2.4) に $\omega = 2\pi/T$（式 (2.3)）を代入すると

$$e(t) = E_m \sin \frac{2\pi}{T} t \quad (2.7)$$

となり，時間が T の整数倍（$t = 0, T, 2T, \cdots$）のとき $e(t) = E_m \sin 2\pi = 0$ となって，1 周期ごとに同じ波形が繰り返されることもこれまでの説明から自明である（**図 2.7**）。

交流回路では，1 周期よりもむしろ 1 秒間に 1 周期の変化が何回繰り返されるかが重要で，これ

24　　2. 交 流 回 路

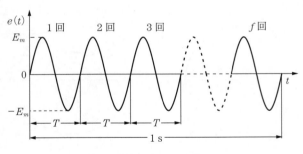

図 2.7　周期 T と周波数 f

を**周波数**といい，量記号に f，単位にヘルツ，単位記号に〔Hz〕を用いる。したがって，T と f の間には

$$f \,[\mathrm{Hz}] = \frac{1}{T \,[\mathrm{s}]} \tag{2.8}$$

$$T \,[\mathrm{s}] = \frac{1}{f \,[\mathrm{Hz}]} \tag{2.9}$$

の関係がある。この関係を使うと

$$\omega = \frac{2\pi}{T} = 2\pi f \,[\mathrm{rad/s}] \tag{2.10}$$

となり，$e(t)$ の式も

$$e(t) = E_m \sin \omega t = E_m \sin \frac{2\pi}{T} t = E_m \sin 2\pi f t \tag{2.11}$$

と書き換えられる。

　家庭に供給されている電気は交流で，その周波数は東日本では 50 Hz，西日本では 60 Hz になっている（全国同一周波数のほうがなにかと便利だったのであるが，明治時代に発電機をそれぞれ異なった国から輸入したためこのような結果になった）。これらの周波数を**商用周波数**と呼ぶこともある。それぞれの周期 T は

50 Hz の場合

$$T = \frac{1}{50\,\mathrm{Hz}} = 0.02\,\mathrm{s} = 20\,\mathrm{ms} \tag{2.12}$$

60 Hz の場合

$$T = \frac{1}{60\,\mathrm{Hz}} = 0.017\,\mathrm{s} = 17\,\mathrm{ms} \tag{2.13}$$

と計算される。

　周波数 f や周期 T には，**表 2.1** のような記号が使われるので覚えておくと便利である。

表 2.1　f，T の倍数単位

	倍　　数	×1	×10^3	×10^6	×10^9
f	単位記号	Hz	kHz	MHz	GHz
	単 位 名	ヘルツ	キロヘルツ	メガヘルツ	ギガヘルツ

	倍　　数	×1	×10^{-3}	×10^{-6}	×10^{-9}
T	単位記号	s	ms	μs	ns
	単 位 名	セカンド	ミリセカンド	マイクロセカンド	ナノセカンド

2.2.2 位　　　　相

　式 (2.11) の波形は $t = 0$ のとき $e(t) = 0$ となり必ず原点を通る。図 2.7 において $t = 0$，すなわ

ち原点を現在とすれば，$t>0$（原点より右のほう）は未来であり，$t<0$（原点より左のほう）は過去となるが，観測している現象の開始時刻を $t=0$ と考えるとき以外は原点に特に意味はない。

したがって，実際見られる一般的波形は，原点で正や負の値をとり時間的にずれている波形がほとんどである（**図 2.8**）。このずれを**位相**と呼び，ずれの程度を示す ϕ（ファイ）を式(2.11)の ωt に加えてつぎのように表す。

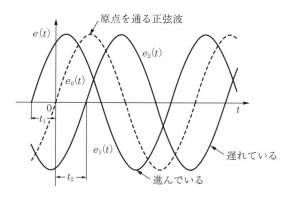

図 2.8 進み位相と遅れ位相

$$e(t) = E_m \sin(\omega t + \phi) \quad (2.14)$$
（瞬時値）（最大値）（正弦波）（角速度）（時間）（位相）

正弦波交流電圧や交流電流の瞬時値はすべて式(2.14)で表すことができる。式(2.14)において，$e(t)=0$ とおくと，原点近くで波形が時間軸をよぎる時点の t が求まる。この値を求めると，$\omega t + \phi = 0$ より $t = -\phi/\omega$ が得られる。角速度 ω は反時計方向に回転しこれを正としているので，式(2.14)で ϕ が正の場合は $t(=t_1)$ は負となり，原点を通る波形（$\phi=0$）に比べ早く時間軸をよぎるので「進んでいる波形」になる。逆に ϕ が負の場合は $t(=t_2)$ が正となり，時間軸をよぎるのに余計時間がかかり，原点を通る波形に比べ「遅れている波形」となる。この様子を図で確認してほしい。

つぎに位相の異なる二つの波形 $e_1(t)$，$e_2(t)$ を例にとって具体的に検討してみよう（**図 2.9**）。

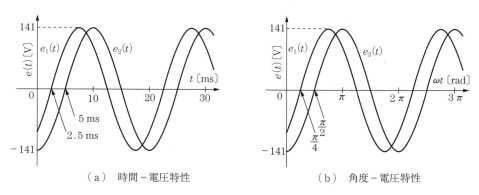

（a）時間−電圧特性　　　（b）角度−電圧特性

図 2.9 位相差が 2.5 ms（$\pi/4$ rad）の二つの波形

$$e_1(t) = 141 \sin\left(100\pi t - \frac{\pi}{4}\right) \quad (2.15)$$

$$e_2(t) = 141 \sin\left(100\pi t - \frac{\pi}{2}\right) \quad (2.16)$$

位相 ϕ の単位は，横軸に時間〔s〕をとるか，角度〔rad〕をとるかによってかわる。式(2.15)，

(2.16)から，$e_1(t)$，$e_2(t)$とも最大値は141 V，角速度は100π rad/sであるが位相は異なり，$e_1(t)$は$\pi/4$ rad，$e_2(t)$は$\pi/2$ radである。

一方，$\omega = 100\pi = 2\pi f$より，$f = 50$ Hz，$T = 20$ msが得られるので，$\pi/4$ radおよび$\pi/2$ radの位相を時間で表すとそれぞれ，2.5 ms，5 msとなる。

以上より横軸を時間〔ms〕と角度〔rad〕にとって$e_1(t)$，$e_2(t)$を描くと，図2.9が得られる。$e_1(t)$と$e_2(t)$の位相差θは，$\theta = 5 - 2.5 = 2.5$ ms（$= \pi/4$ rad）となり，同じ値になるのに$e_2(t)$のほうが余計な時間がかかるから，$e_1(t)$のほうが$e_2(t)$より2.5 msあるいは$\pi/4$ rad進んでいることがわかる。逆に$e_2(t)$が$e_1(t)$より2.5 ms（$\pi/4$ rad）遅れているともいいかえられる。

位相差が0の二つの交流波形はたがいに**同相**であるといい，位相が180°異なる二つの波形は**逆相**であるという。これまで最大値が等しい波形について位相差を比べたが，最大値が違っていても同じように適用できる（**図2.10**）。

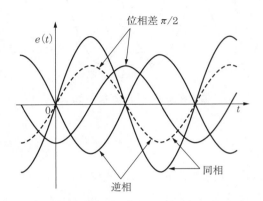

図2.10 同相と逆相の関係

また，周期あるいは角周波数が整数倍異なる波形についても，0になる時点を基準にして位相差を測ることができる。

2.3 正弦波交流の平均値と実効値

正弦波交流，例えば交流起電力$e(t)$は，最大値E_m，角周波数ω，位相ϕがわかれば，一般的に式(2.14)で表せることを学んだ。

$$e(t) = E_m \sin(\omega t + \phi) \tag{2.14}$$

式(2.14)は，瞬時値表示で時々刻々の起電力の値はよくわかるが，数式なので二つ以上の起電力の大きさを比べるにはやや不便である。瞬時値は1周期の間ではいろいろな値をとるが，2周期目からは同じ値の繰り返しである。

そこで1周期の平均値を求めて指標とすればよいが，正弦波は正負が交互に対称な波形なので1周期積分すると0になる。したがって，半周期の平均値をとって正弦波交流の大きさとする（積分すると0になるから仕事をしないというわけではない。正，負ともに電流が流れて電圧が生じれば仕事をする）。

ここで平均値を計算してみよう。計算を簡単にするため，式(2.14)において$\phi = 0$とし，まず0から$T/2$まで積分を行い，その値をSとする。

$$S = \int_0^{\frac{T}{2}} E_m \sin \omega t \, dt$$

$$= E_m \int_0^{\frac{T}{2}} \sin \omega t \, dt = E_m \times \frac{1}{\omega} \left[-\cos \omega t \right]_0^{\frac{T}{2}}$$

$$= E_m \times \frac{T}{2\pi} (-\cos \pi + \cos 0) = \frac{E_m T}{\pi} \tag{2.17}$$

平均値 E_a は

$$E_a = \frac{\text{半周期間の積分値}}{\text{半周期}} = \frac{S}{T/2} = \frac{2}{\pi} E_m \fallingdotseq 0.637 E_m \tag{2.18}$$

となる（**図 2.11**）．正弦波交流電圧，交流電流の平均値 V_a, I_a もそれぞれ

$$V_a = 0.637 \times V_m \tag{2.19}$$

$$I_a = 0.637 \times I_m \tag{2.20}$$

の式から求まる．

平均値は，直流と同じ働きをするわけではない．そこで，抵抗に交流を流し，直流を流した場合とちょうど同じ仕事をする値，すなわち同じ電力になる電圧や電流を**実効値**と定義し，交流を代表する値として用いている（**図 2.12**）．実効値は**二乗平方根**（root mean square, RMS）（値）とも呼ばれる．交流起電力，交流電圧，交流電流の実効値を記号として，ふつう直流と同じ E, V, I を用いるが，$E_{\rm rms}$ や E_e のように $-_{\rm rms}$ ($-_{\rm RMS}$) や $-_e$ をサフィックスとして添えて表す場合もある．特に断らない限り，交流の大きさは実効値で表す．

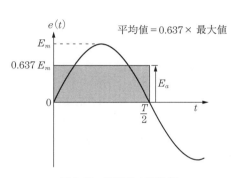

図 2.11 正弦波の平均値

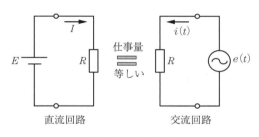

図 2.12 実効値

正弦波交流電流 $i(t)$ の実効値を求めてみよう．いま，抵抗 R に直流 I を流したときの消費電力 P_d は，式 (1.29) から

$$P_d = RI^2 \tag{2.21}$$

である．同一の抵抗 R に $i(t)$ を流したときの1周期の平均電力 P_a は

$$P_a = \frac{1}{T} \int_0^T R\{i(t)\}^2 dt \tag{2.22}$$

で求まる．ここで，$P_d = P_a$ となるような交流電流を実効値と定義しているので

$$RI^2 = \frac{1}{T} \int_0^T R\{i(t)\}^2 dt$$

$$\therefore \quad I = I_{\rm rms} = \sqrt{\frac{1}{T} \int_0^T \{i(t)\}^2 dt} \tag{2.23}$$

が得られる．

式 (2.23) に $i(t) = I_m \sin \omega t$ を代入して

$$I = \sqrt{\frac{1}{T}\int_0^T I_m^2 \sin^2 \omega t\, dt} \tag{2.24}$$

となる。ここで，三角関数の2倍角の公式 $\sin^2 \omega t = (1 - \cos 2\omega t)/2$ を使って

$$I = I_m \sqrt{\frac{1}{2T}\int_0^T (1 - \cos 2\omega t)dt} = I_m \sqrt{\frac{1}{2T}\left[t - \frac{\sin 2\omega t}{2\omega}\right]_0^T}$$

$$= I_m \sqrt{\frac{1}{2T}\left(T - \frac{\sin 4\pi}{2\omega} - 0 + \frac{\sin 0}{2\omega}\right)} = \frac{I_m}{\sqrt{2}} \tag{2.25}$$

が導かれる。

正弦波交流電圧 $e(t)$ についても式(1.30)から

$$\frac{E^2}{R} = \frac{1}{T}\int_0^T \frac{\{e(t)\}^2}{R}dt$$

$$\therefore\quad E = E_{\rm rms} = \sqrt{\frac{1}{T}\int_0^T \{e(t)\}^2 dt} \tag{2.26}$$

$e(t) = E_m \sin \omega t$ を式(2.26)に代入して解くと

$$E = \frac{E_m}{\sqrt{2}} \tag{2.27}$$

となる。正弦波交流の実効値と最大値の間には，つぎのような重要な関係があることがわかる。

$$実効値 = \frac{最大値}{\sqrt{2}} \fallingdotseq 0.707 \times 最大値 \tag{2.28}$$

ただし，正弦波以外の交流の実効値は別の計算が必要である。

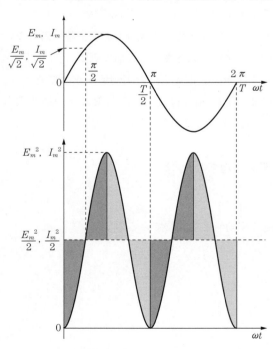

図 2.13 瞬時値の2乗の平均値の図解法

式(2.23)および式(2.26)より正弦波交流の実効値は

$$実効値 = \sqrt{瞬時値の2乗の平均値} \tag{2.29}$$

で算出される。これを**図 2.13** の波形図を使って解いてみよう。正弦波を2乗すると，前述の2倍角の公式から周期が元の波形の半分の正弦波になる。その正弦波と時間軸で囲まれた面積の平均値は，図中に示すように1/4周期ごとにアミ掛けを施した部分の面積がたがいに等しいので，ちょうど最大値 (I_m, V_m) の2乗の1/2となる ($\sin(\pi/4) = 1/\sqrt{2}$)。定義より，実効値はその平方根となるので式(2.28)と同じ結果が得られる。

実効値を用いれば，直流回路で学んだ法則をそのまま交流についても使えて便利であ

2.3 正弦波交流の平均値と実効値　　29

る。実効値を使うと式(2.14)はつぎのようにも書ける。

$$e(t) = E_m \sin(\omega t + \phi) = \sqrt{2}E \sin(\omega t + \phi) \tag{2.30}$$

　家庭に届いている電気が 100 V といっているのは，実効値が 100 V という意味で，振幅の最大値は 141（$= \sqrt{2} \times 100$）V となる。式(2.15)，(2.16)は，じつは，周波数が 50 Hz の商用電源の瞬時値の式であった。

　交流波形の正の最大値から，負の最大値までの電圧や電流を**ピーク（トゥ）ピーク**（peak to peak）**値**といい，pp または p-p を添えて E_{pp}，V_{pp} のように表す。商用電源の場合，$E_{pp} = 2E_m = 282$ V である。このほか，ひずみ波交流の最大値を**尖頭値**（せんとうち）と呼ぶこともある。

ME ノート 5

交流の診断・治療への応用

　交流，とりわけ高周波は医療の分野に盛んに応用されている。高周波の明確な定義はないが，一般的に高周波は 10 kHz 以上の周波数帯をいうことが多く，**表 2.2** のように分類されている。

表 2.2 高周波帯の分類

略称	周波数範囲	波長範囲	波長による区分と名称
VLF	3〜 30 kHz	30〜10 km	超長波
LF	30〜 300 kHz	10〜 1 km	長波
MF	300〜3 000 kHz	1〜 0.1 km	中波
HF	3〜 30 MHz	100〜10 m	短波
VHF	30〜 300 MHz	10〜 1 m	超短波
UHF	300〜3 000 MHz	1〜 0.1 m	極超短波（マイクロ波）
SHF	3〜 30 GHz	10〜 1 cm	極超短波（マイクロ波）
EHF	30〜 300 GHz	1〜 0.1 cm	極超短波（マイクロ波）

　無線周波数帯域のうち産業，科学，医療に割り当てられた周波数帯があり，これを ISM バンド（industrial, scientific and medical band）という。これには 27.120 kHz，40.68 MHz，2.45 GHz などの 6 バンドがあり，無線 LAN，電子レンジ，医療機器などに使用されている。

　現在，**高周波電気療法**としては，**短波療法**（使用周波数，27 MHz），**超短波療法**（40 MHz），**極超短波（マイクロ波）療法**（2 450 MHz）がある。高周波療法の生体へのおもな作用は，発熱による末梢（まっしょう）循環改善，疼痛（とうつう）緩和などである。高周波治療器は電磁妨害（electromagnetic interference，EMI）の原因となるので，電波法によって使用周波数や出力が規制されている。**低周波電気療法**には 1 kHz 以下の矩形波が用いられ，神経・筋の刺激，興奮が行われる。

高周波療法よりもさらに生体組織を選択的に加温し，温熱（43℃程度）の直接的作用で癌細胞を壊死させる効果をねらった**温熱療法**（hyperthermia）も行われている（MEノート12参照）。手術用器械として，高周波電流を目的の部位に集中的に流して組織の切開，凝固を行う**電気メスやマイクロ波メス**がある。

生体に装着した電極間に数十 kHz，数十 μA の正弦波定電流を印加し，その端子電圧を測定してオームの法則（式(1.3)）から生体組織抵抗（インピーダンス）を算出し，電極間の血流の相対的変化を観察できる**インピーダンスプレチスモグラフ**（impedance pletysmograph）も交流を利用した診断機器である。

2.4 受動素子

電子回路を構成する抵抗（器），コンデンサ，コイルあるいはトランジスタなどはそれぞれ特徴ある働きをする。このような，あるまとまった作用をする部品を**電子素子**と呼んでいる。そのなかで，トランジスタ，IC などはエネルギーを消費して増幅や整流作用を行うので**能動素子**と呼び，抵抗，コンデンサあるいはコイルは**受動素子**と呼ばれる。

2.4.1 抵 抗 器

図 2.14 に示すような棒状の金属の断面積を A 〔m²〕，長さを l 〔m〕とすると両端の抵抗 R は

$$R \propto \frac{l}{A} \tag{2.31}$$

のように，長さに比例し，断面積に反比例する。このことは，管に水を流したとき細くて長い管ほど水が流れにくいことから経験的にもわかる。さらに，比例定数を ρ（ロー）とすると式(2.31)は等号で結ばれて式(2.32)となる。

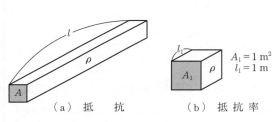

(a) 抵 抗　　(b) 抵 抗 率

図 2.14 抵抗と抵抗率の説明図

$$R = \rho \frac{l}{A} \ 〔\Omega〕 \tag{2.32}$$

ρ を**抵抗率**と呼び，その値は金属の種類によって決まる。抵抗の単位の Ω についてはすでに 1.3 節で学んだ。式(2.32)において，$l_1 = 1$ m，$A_1 = 1$ m² とすると，$\rho = R$ 〔Ω·m〕が得られ，ρ は一辺が 1 m の立方体の抵抗を表し，その単位はオームメータとなる（図 2.14(b)）。生物電気を扱う場合は〔Ω·cm〕の単位が用いられ，**比抵抗**と呼ばれることもある。ρ は金属特有の値をとり，その金属の電流の流れにくさを表す。

表 2.3 におもな金属の抵抗率を示す。銀が一番抵抗率が小さいが，高価なので導線の材質としては銅が用いられる。金属の抵抗は図 2.17 に示すように一般的に温度が上がると直線的に大きくなる。後述の半導体では，通常温度上昇で抵抗は減少するので対比させて覚えておくのがよい。

t℃における抵抗が R_t とすれば，T℃における抵抗 R は

$$R = R_t \{1 + \alpha(T - t)\} \ [\Omega] \qquad (2.33)$$

表 2.3　おもな金属の抵抗率 ρ（20℃）

金属名	$\rho \ [\times 10^{-8} \ \Omega\cdot\mathrm{m}]$
銀	1.62
銅	1.69
金	2.40
アルミニウム	2.62
鉄	10.0
ニクロム	100〜110

の関係がある。α を**抵抗の温度係数**といい，温度 1℃上昇につき t℃における抵抗 R_t の何倍に抵抗が増加するかを示す数である。一般に金属では温度上昇で抵抗値が増大する。このことを温度係数が正であるという。

20℃における銅の α は 0.003 96/℃を示し，気体の体膨張率 0.003 7（1/273）に近い値をとることが知られている。20℃のとき 10 Ω の銅線の 100℃における抵抗は，つぎのように計算できる。

$$R = 10 \{1 + 0.003 \ 96 \ (100 - 20)\} = 13.2 \ \Omega$$

抵抗の温度による変動を利用して温度を測る装置を**抵抗温度計**といい，白金温度計はその一つである。

抵抗率の逆数は，電流の流れやすさを意味するので**導電率**と呼ばれ，σ（シグマ）の記号で表す。σ と ρ の間には

$$\sigma = \frac{1}{\rho} \qquad (2.34)$$

の関係がある。単位の記号は〔S/m〕（$= \Omega^{-1}$/m）となる。S（ジーメンス）は 1.4 節で出てきた。ここで，実際の回路で使用される抵抗（器）について調べておこう。

抵抗には，抵抗値が一定である**固定抵抗**，抵抗値を変えられる**可変抵抗**および**特殊抵抗**がある。

〔1〕　固 定 抵 抗

最も広く使われているのは**炭素皮膜抵抗**と**金属皮膜抵抗**である（**図 2.15**）。これらは，磁器の丸棒の表面に炭素やニッケル，クロムの皮膜をつくり，その上に保護被覆を施してつくる。比較的安定性もよく安価で，高抵抗までそろっている。炭素粉末とその他の物質の混和物を鉛筆の心のように成形し，その両端にリード線をつけ合成樹脂で絶縁したのが**ソリッド**（固定）**抵抗**であるが，最近は見られなくなった。

より精密な抵抗値がほしいときは巻線抵抗を使う。これは，金属線を磁器の支持体に巻き，保護被覆したもので，**ほうろう抵抗**や**セメントモールド抵抗**が一般的であるがいずれも電力用である。

抵抗 R に電流 I が流れると RI^2 の電力が消費され抵抗は発熱する。この発熱によって抵抗値が変化したり，焼損することがないように抵抗には**定格電力**が定められてあり，1/8 W，1/4 W，1 W のように分類される。一般の信号処理回路では 1/8 W や 1/16 W が使われる。1 kΩ，1/8 W の抵抗の**定格電流**は約 11 mA である。

32   2. 交 流 回 路

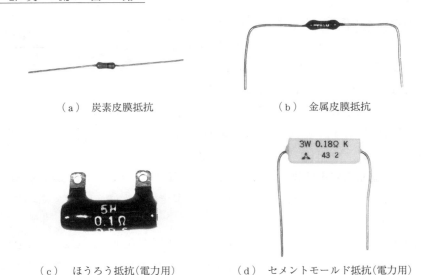

(a) 炭素皮膜抵抗　　　　(b) 金属皮膜抵抗

(c) ほうろう抵抗(電力用)　(d) セメントモールド抵抗(電力用)

図 2.15 固定抵抗 (器) の種類

サイズの小さい抵抗に数字を書きこむことは困難なので，抵抗値を色分けして表示する．**表 2.4** にそのカラーコードの内容を示しておく．例えば，色帯が茶，緑，灰，赤，茶の順に並んでいたら，抵抗値は，$158 \times 10^2 = 15.8\,\mathrm{k\Omega}$，抵抗値の許容差は $\pm 1\%$ の抵抗と読める．色帯の数が 4 個のコードは抵抗値の有効数字が 2 桁となり，許容差が $\pm 5\%$ 以上の抵抗の表示に用いられる．

表 2.4 抵抗のカラーコードの読み方と標準数列

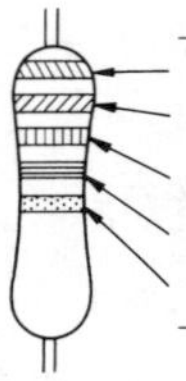

色	内容	黒	茶	赤	橙	黄	緑	青	紫	灰	白	茶	赤	金	銀
第1色帯	第1数字	0	1	2	3	4	5	6	7	8	9				
第2色帯	第2数字														
第3色帯	第3数字														
第4色帯	乗数	1	10	10^2	10^3	10^4	10^5	10^6	10^7	10^8	10^9	10^{-1}	10^{-2}		
第5色帯	許容差 [%]											± 1	± 2	± 5	± 10

標準数列 (E 系列)

E12 (誤差 5%)	10		12		15		18		22		27		33		39		47		56		68		82	
E24 (誤差 10%)	10	11	12	13	15	16	18	20	22	24	27	30	33	36	39	43	47	51	56	62	68	75	82	91

市販の抵抗器やコンデンサの値は切りのよい数字でそろえられているのではなく，許容誤差の範囲に収まるように JIS で定められた標準数列 (E 系列) に従っている．表 2.4 に示すように，許容誤差が 5% と 10% について，それぞれ E12 と E24 系列が有効数字 2 桁で制定されている．標準数列にない素子は，直列や並列に接続して望みの値になるように調整する．例えば，E12 系列で 30 kΩ の抵抗を所望するときは，12 kΩ と 18 kΩ を直列接続してつくる．

〔2〕 可 変 抵 抗

図 2.16(a) の摺動抵抗器は円形あるいは直線状の抵抗体上の摺動子を動かして希望の抵抗値を

（a） 摺動抵抗器

（b） 半固定抵抗（トリマ）

（c） ボリウム

（d） 図記号と分圧比

図 2.16 可変抵抗（器）の種類

選べるようにつくられている。**半固定抵抗**（**トリマ抵抗**，図（b））は，プリント基板に装着して一度調整した後は固定して使用する。図（c）は通称**ボリウム**と呼ばれる可変抵抗器である。ボリウムのつまみを回すと分圧比（$R_2/(R_1+R_2)$）が変わり，任意の電圧が得られる（図 2.16（d），1.5.1 項参照）。

〔3〕 特 殊 抵 抗

温度，光，圧力あるいは湿度などの環境の変化を抵抗の変化として検出する。

（a） **サーミスタ**　サーミスタは Thermally sensitive resistor の略で，ニッケル，コバルト，マンガンなどの混和物を焼結してつくる。**図 2.17** に示すように温度上昇とともに抵抗が小さくなり（負の温度係数をもつ），しかもその変化の度合いがふつうの金属に比べ格段に大きいので，電子体温計などの温度測定，回路の温度補償などに使われる。温度が上昇すると抵抗が増加する（正の温度係数をもつ）サーミスタもある。単にサーミスタと呼ばれるものはそのほとんどが負の温度係数を示す。

（b） **CdS セル**　CdS（硫化カドミウム）の焼結膜を利用したもので，光を受けると抵抗が減少する。安価で寿命も長いが，応答が遅いので外灯の夜間点灯のスイッチに使用されている。

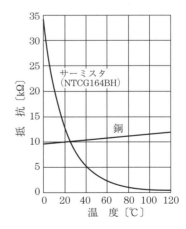
図 2.17 サーミスタの抵抗 - 温度特性
（比較のため銅の特性も示した）

（c） **ひずみ抵抗素子**　長さやねじれなどのひずみを加えると抵抗値が変化する。血圧センサや変位計に応用されている。ME ノート 4 を参照されたい。

2.4.2 コンデンサ

金属板（導体）で誘電体（絶縁体）を挟んで対向させたものは，電荷を蓄えられる性質がある。この素子を**コンデンサ**（condenser）あるいは**キャパシタ**（capacitor）と呼ぶ。コンデンサの原理については「電磁気の基礎」の1.9～1.12節を参照せよ。**図2.18**（a）のような平行板コンデンサに電池をつなぐと，電荷が移動しA極に正電荷，B極に負電荷が帯電する。電荷量をQ，その単位をC（クーロン，coulomb）で表すと，平行板には$+Q$〔C〕と$-Q$〔C〕が対向して存在し，両極間に電源電圧に等しい電圧V〔V〕が形成されると電荷の移動はやむ。これを回路図に表すと図（b）になる。

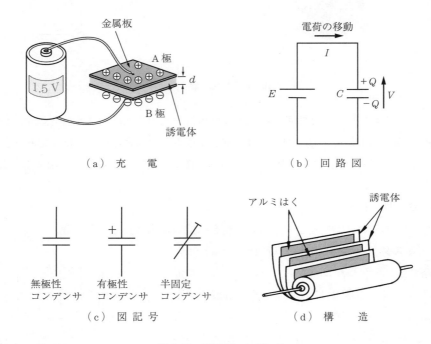

図2.18 平行板コンデンサ

帯電によって生じる極板間の電界の強さEは，極板間の距離をdとすると，$E=V/d$〔V/m〕で与えられる。そして，電源（電池）を切り離しても，電荷はそのままの状態で残る（充電されたという）。

このように，コンデンサには電気をためる働きがある。コンデンサがどれだけの電荷を蓄えられるかの能力を**静電容量**（電気容量）あるいは**キャパシタンス**（capacitance）といい，量記号としてCを用いる。静電容量の単位にはファラッド（farad），単位記号として〔F〕を用いるが，実用上〔F〕では大き過ぎるので〔μF〕（マイクロファラッド，$10^{-6}×$F）や〔pF〕（ピコファラッド，$10^{-12}×$F）を使っている。コンデンサは，回路図では図（c）に示すような平行板の形をした図記号で表す。

1 V の電圧 V をコンデンサに加えたとき，蓄えられた電荷 Q が1Cのとき，静電容量 C を1F という。V，Q，C の間に式(2.35)が成立する。

$$Q = CV \qquad\qquad (2.35)$$

平行板間の誘電体に蓄えられる電荷量は，極板の面積が広いほど，また，両極間の電荷を引き合う力（電界）が強いほど，すなわち両極間が接近しているほど大きくなる。したがって，平行板コンデンサの静電容量 C は，平行板間の距離を d〔m〕，平行板の面積を S〔m²〕とすると

$$C = \frac{\varepsilon S}{d} \ \text{〔F〕} \qquad\qquad (2.36)$$

で表される。ε は**誘電率**と呼ばれ，絶縁体の種類によって異なる。真空中では，$\varepsilon_0 = 8.85 \times 10^{-12} \doteqdot 1/36\pi \times 10^{-9}$ F/m である。

コンデンサの極板間に加えられる電圧には限界があり，限界以上の電圧を与えると絶縁破壊を起こし爆発的に壊れる（パンクするという）ことがある。この限界の電圧を耐電圧という。

実際のコンデンサには，容量が固定（あるいは半固定）のものと可変できるものがある。**固定（形）コンデンサ**（以下 C と略す）には**表 2.5** に示すような種々のものが市販されており，容量，耐電圧，周波数特性，サイズなどの条件から，それぞれの特徴を生かして使われる。代表的なものを**図 2.19** に示す。容量を大きくするために誘電率の高い磁器（セラミックス）を使用したセラミック C は小形で周波数特性がよいので高周波回路に使われる。セラミック C を積層にして容量を大きくしたのが積層セラミック C で，IC 回路のバイパス C としてよく用いられる。フィルム C は誘電体にプラスチックフィルムを使用したコンデンサで，その中でも丸めの四角形をしたマイラ C は小形で温度特性に優れ，低雑音で低価格なため，低周波回路に多用される。

電界 C は金属と電解質を使用したコンデンサで，図 2.18(d)のようにアルミはく（箔）を電解液を含んだ誘電体で挟んで重ね巻きにし，極板間を短く極板の面積を大きくして，小さい容積で大きな静電容量をもつ構造にしてある。大容量が得られるが極性があるので，逆接続しないように注意する。アルミ電解 C は酸化アルミニウムを誘電体としてつくられ，周波数特性が劣り漏れ電流も大きいので，電源の平滑回路に使用される。電極にタンタルを用いた電解 C は，周波数特性や

表 2.5 固定コンデンサの分類

誘電体	極性	種　　類
セラミックス	無極	・セラミックコンデンサ→① ・積層セラミックコンデンサ→②
プラスチック フィルム	無極	・ポリエステル（ポリエチレン）フィルムコンデンサ（マイラ）→③ ・ポリプロピレンフィルムコンデンサ（PP コン）→④ ・ポリスチレンフィルムコンデンサ（スチコン）
金属 電解液	有極	・アルミ電解コンデンサ 　リードタイプ→⑤　　　自立形→⑥ ・タンタル電解コンデンサ 　リードタイプ→⑦　　　ディップタイプ→⑧
マイカ（雲母）	無極	・マイカコンデンサ

数字を付したコンデンサの写真は図 2.19 に掲げてある

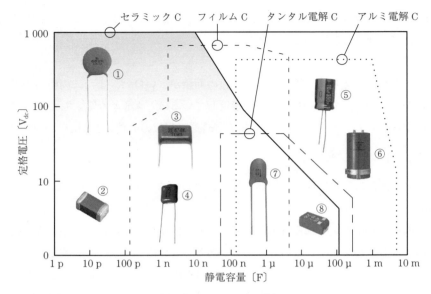

図 2.19 コンデンサの種類

温度特性がよいのでオーディオ機器や測定器に使用される。

マイカ C は誘電体に天然鉱物のマイカ（雲母）を使用したコンデンサで，温度係数が小さく，高精度，高寿命であるが，高価であるので使用は測定器などに限られる。

回路を組み立てた後に，ドライバなどで静電容量を微調整することが可能な半固定のコンデンサがあり，これを**トリマ C**（trimmer condenser）という。形状が基板に実装できるようにつくられてあり，発振回路など，最後の工程で微調整が必要な回路に用いられる。

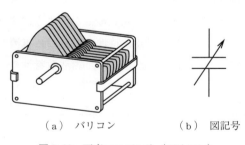

(a) バリコン　　(b) 図記号

図 2.20 可変コンデンサ（バリコン）

図 2.20 はラジオの選局用（同調回路）に用いる**バリコン**（variable condenser）で，可変 C の代表である。つまみを回すことで平行板コンデンサの面積が変わり，静電容量を調節することができる。

電荷を蓄えることのできるコンデンサは，水を蓄える水槽にアナロジーできる。このとき水量は電荷量 Q に，水槽の水位は電位（差）V に，水槽の底面積は静電容量 C に対応する。同じ水位（V）なら，底面積（C）が大きいほど多量の水（Q）が蓄えられる。よってつぎのアナロジーが可能である。

$$\begin{array}{ccc} \text{水量} & \text{底面積} & \text{高さ} \\ \vdots & \vdots & \vdots \\ Q & = & C & \times & V \end{array}$$

MEノート 6

細胞膜は平行板コンデンサ

生体の細胞膜は図 2.21(a) に示すように，絶縁性の高い脂肪でサンドイッチ状に二重に覆われて脂質二重層を形成し，細胞膜内外は導電性のよい体液で満たされている。

また，脂質層には種々の深さにくいこんだ蛋白質が散在し，イオンの選択的透過性や物質代謝などの働きをしている。細胞内外液を金属板，脂質二重層を絶縁体（誘電体）と考えると，細胞膜は電気的には平行板コンデンサとみなせる。膜の厚さもわずか数十 Å（1Å = 10^{-10} m）なので，式(2.36)から推測すると大きな容量になり得る。

細胞膜の誘電率は真空のそれに比べ 3～6 倍大きい（この比を比誘電率という。「電磁気の基礎」の 1.5 節参照）。いま，細胞膜の厚さを 45Å，比誘電率を 5 とし，1 cm² 当たりの静電容量を式(2.36)から計算すると

$$C = \frac{5 \times 8.85 \times 10^{-12} \times 10^{-4}}{45 \times 10^{-10}} \fallingdotseq 1 \mu F \tag{2.37}$$

が得られる。細胞膜は，1 cm² 当たり 1 μF の容量をもつ民生用に劣らない，容量の大きなコンデンサといえる。

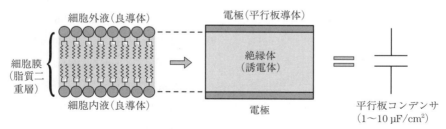

(a) 細胞膜の模式構造と平行板コンデンサ

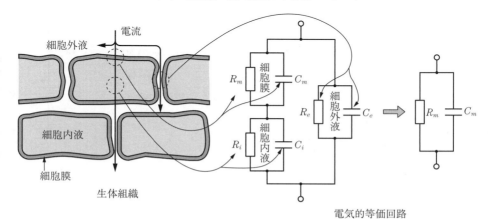

(b) 生体組織の電気的等価回路

図 2.21 細 胞 膜 モ デ ル

38   2. 交 流 回 路

> このような特徴をもつ細胞が密に集合して生体組織がつくられる。各細胞内には細胞内液が充満し，細胞と細胞の間隙(かんげき)は細胞外液で満たされている。生体組織に電流を流すと周波数帯によって異なるが，電流は細胞外液中を流れたり，あるいは細胞外液から細胞膜を通って細胞内液中に入り，再び細胞膜を経て細胞外に流れ去る。これらの経路の各部の電気的特性（抵抗と静電容量）は異なるので，生体組織の電気的等価回路は図(b)のように表せる。低周波帯（数 kHz 以下）では R_m と C_m の並列回路に等価である。

〔1〕 コンデンサの接続

（a） **並 列 接 続**　コンデンサ $C_1, C_2, C_3, \cdots$ を並列に接続し両端に電圧 V を与えたとき各コンデンサの電荷量を $Q_1, Q_2, Q_3, \cdots$ とすると，式(2.35)から

$$Q_1 = C_1 V, \quad Q_2 = C_2 V, \quad Q_3 = C_3 V, \cdots$$

が成り立つ（**図 2.22**）。総電荷量 Q は各コンデンサの電荷量の和に等しいので

$$Q = Q_1 + Q_2 + Q_3 + \cdots \\ = (C_1 + C_2 + C_3 + \cdots) V$$

の関係が得られる。

これと同じ効果をもつ静電容量を合成容量 C_T とすると，$Q = C_T V$ から

$$C_T = C_1 + C_2 + C_3 + \cdots \quad (2.38)$$

となり，並列接続の合成容量は各コンデンサ

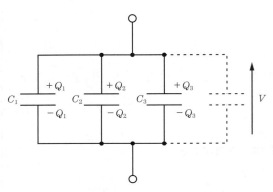

図 2.22 コンデンサの並列接続

の容量の総和に等しいことが導かれる。式(2.36)より平行板コンデンサの容量は極板の面積に比例するので，並列接続の場合，極板の面積が増したと考えればよい。

（b） **直 列 接 続**　コンデンサ $C_1, C_2, C_3, \cdots$ を直列につないで電圧 V をかけると各コンデンサに $\pm Q$ の等しい電荷が蓄えられる。これは，**図 2.23** において C_1 の上の極板に $+Q$ の電荷がたまると，その対極板に $-Q$ が誘導され，同じ導体内の他端，すなわち C_2 の上の極板に $+Q$ がたまる，という具合に各コンデンサに $\pm Q$ の等しい電荷が蓄えられる。各コンデンサの端子電圧は

$$V_1 = \frac{Q}{C_1}, \quad V_2 = \frac{Q}{C_2}, \quad V_3 = \frac{Q}{C_3}, \cdots$$

で与えられ，両端の電位差 V は各コンデンサの端子電圧の和となるので

$$V = V_1 + V_2 + V_3 + \cdots \\ = Q \left(\frac{1}{C_1} + \frac{1}{C_2} + \frac{1}{C_3} + \cdots \right)$$

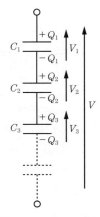

図 2.23 コンデンサの直列接続

が導かれる。合成容量を C_T とすると $V = Q/C_T$ から

$$\frac{1}{C_T} = \frac{1}{C_1} + \frac{1}{C_2} + \frac{1}{C_3} + \cdots \qquad (2.39)$$

の式が得られる。すなわち，直列接続の場合，合成容量 C_T の逆数は各コンデンサの逆数の和に等しく，合成容量は各容量の最小値よりつねに小さくなる。

ここで図 **2.24** の合成容量を求めてみよう。まず，C_2 と C_3 の並列接続の合成容量 C_T' は式 (2.38) から

$$C_T' = C_2 + C_3$$

である。つぎに C_1 と C_T' は直列接続なので，この回路の合成容量 C_T は式 (2.39) からつぎのように計算される。

$$\frac{1}{C_T} = \frac{1}{C_1} + \frac{1}{C_T'} = \frac{1}{C_1} + \frac{1}{C_2 + C_3}$$

$$\therefore \quad C_T = \frac{C_1(C_2 + C_3)}{C_1 + C_2 + C_3} \qquad (2.40)$$

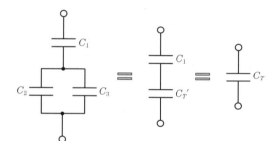

図 **2.24** コンデンサの直並列接続

〔2〕 コンデンサに蓄えられるエネルギー

一定の電圧 V に電流 I が t 時間流れるときの仕事量 W は，式 (1.32) から $W = VIt$ 〔J〕で求まる。It は電荷量 Q に等しいので，けっきょく，式 (2.41) が得られる。

$$W = VQ \quad 〔\text{J}〕 \qquad (2.41)$$

しかし，コンデンサを充電中は V の値が図 **2.25** に示すように変化するので，式 (2.41) からただちに仕事量を求められない。そこで十分小さい電荷量 ΔQ をとると，ΔQ の間は V はほぼ一定とみなせるので，ΔQ を充電するのに必要な仕事量は図の斜線の部分の面積 ($V' \Delta Q$) となる。

したがって，全仕事量は ΔQ ずつ充電したとすれば図中の△OAB の面積で表せる。よって，式 (2.42) が得られ，W は**静電エネルギー**と呼ばれる。

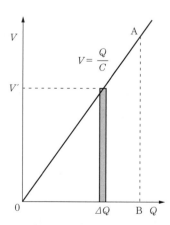

図 **2.25** V-Q 特性図

$$W = \frac{1}{2}QV = \frac{1}{2}Q\frac{Q}{C} = \frac{1}{2}\frac{Q^2}{C} = \frac{1}{2}CV^2 \quad 〔\text{J}〕 \qquad (2.42)$$

MEノート 7

静電エネルギーを利用した除細動器

カメラのフラッシュは，コンデンサに蓄えたエネルギーを瞬時に光にかえる写真撮影に欠かせない機器であるが，大電流を心臓を中心にごく短時間流して不整脈を治療する医用機器として電気的除細動器がある。

心臓が正常に働いているときは，体表から図2.26（a）のような規則正しい心電図が記録される。心筋梗塞急性期には，合併症として図（b）に見られる正弦波が崩れたような，心室細動と呼ばれる不整脈が起きやすい。これは，心筋のあちこちで勝手気ままに興奮が起こっているためで，この状態では心臓から血液が拍出されないので放置すれば死に至る。これを速やかに，正常に戻すには心臓に大電流を流し，ばらばらに興奮している細胞の位相をそろえてやればよい。つまり，心筋の不均一な興奮を一度すべて御破算にするのである。

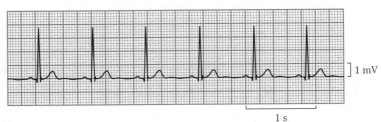

（a） 正常心電図波形

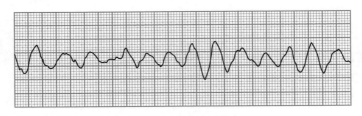

（b） 心室細動波形

図2.26 心電図波形

図2.27に除細動器のブロック図を示す。動作は簡単で，充電動作でコンデンサに蓄えられたエネルギーは，左胸壁に置いたパドル（電極）を介して心臓を中心に放電（通電）される。いま，コンデンサの容量を40 μF，充電電圧を3 kVとすると，式（2.42）から

$$W = \frac{1}{2} \times 40 \times 10^{-6} \times (3 \times 10^3)^2 = 180 \text{ J}$$

の電気エネルギーが瞬時に生体に流れることになる。このときのおよその電流は数十A，持続時間は数msである。出力波形は従来は単相式（図（a））であったが，最近は2相式（図（b））に取って代わられた。詳細はMEノート29で述べる。

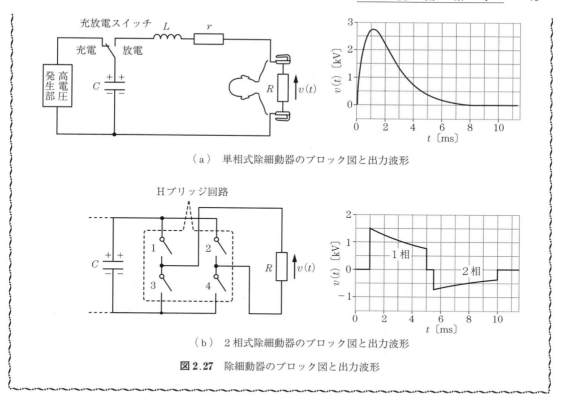

（a）単相式除細動器のブロック図と出力波形

（b）2相式除細動器のブロック図と出力波形

図 2.27 除細動器のブロック図と出力波形

2.4.3 コイル

導線を環状に巻いたものをコイルという。磁石をコイルに近づけると**鎖交磁束数**が変化して誘導起電力が発生し，電流が流れる。この現象を**電磁誘導**と呼ぶが，よく理解できていない読者は「電磁気の基礎」の 2. 磁気の性質の章を読みなおそう。

〔1〕 自 己 誘 導

コイルと磁石を近づけなくても，コイルに流れている電流が変化しても起電力が誘起される（**図 2.28**）。これは，コイルがつくる磁束がコイル自身とも鎖交し，その鎖交磁束数が変化するからである。これを**自己誘導**という。

図の回路でスイッチ S を入れると電流 i と磁束 ϕ は矢印の方向に発生する。コイルには，自己誘導によって磁束の変化を妨げる方向（レンツの法則：電流が強くなるときは反対向きに，電流が弱くなるときは同じ向きに）すなわち，磁束 ϕ とは逆方向の磁束 ϕ' が生じるように誘導起電力 e_L が発生する。この起電力 e_L は電流の変化の割合（$\Delta i / \Delta t$）に比例し，つぎの関係が知られている。

$$e_L = -L \frac{\Delta i}{\Delta t} = -L \frac{di}{dt} \tag{2.43}$$

式(2.43)の比例定数 L は，コイルの誘導起電力の能力を表し，**自己インダクタンス**（inductance）と呼ばれる。単位はヘンリー（henry），その記号に〔H〕を用いる。1 H は毎秒 1 A の割

2. 交流回路

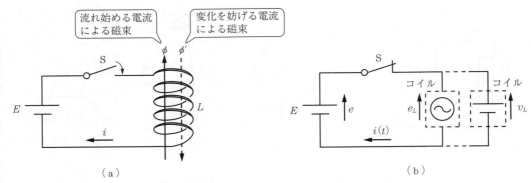

図2.28 自己インダクタンス L と逆起電力

合で電流が変化するとき，1Vの起電力を生じるインダクタンスである。これは1Aの定常電流が流れるとき1Wbの磁束を生じる回路のインダクタンスに等しい。

1H＝1V/(A/s)＝1Wb/A である。L の値はコイルの形状，媒質の透磁率 μ（「電磁気の基礎」の2.2節参照）で決まり，巻数，長さ，断面積が大きいほど大きく，鉄心があると著明に増大する。－（負）の符号は，電源電圧 E に対して逆の起電力（電圧）が誘起されることを意味する。すなわち，E が流そうとする電流を e_L が妨げる向き（負）になり，電流 i は急には流れない。

ここで記号について説明しておこう。この項ででてきた e_L や i は交流の物理量で，しかも時間の関数なので，それぞれ $e_L(t)$，$i(t)$ とすべきであるが，(t) を省略して単に e_L，i などと表記することが多いので注意しよう。

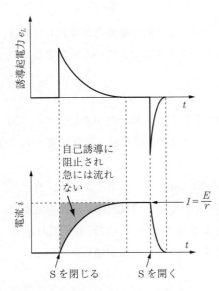

図2.29 図2.28の回路の開閉時の e_L と i の関係

e_L および i の変化を時間を追ってみたのが図2.29である。スイッチを入れると同時に e_L が発生するが，徐々に減少する。初期には e_L による誘導電流が主電流の増加を打ち消すため，i は0から徐々に増加し，最終的にはコイルの直流抵抗を r とすれば，$i = E/r$ に落ち着く。各瞬間には $i = (E - e_L)/r$ が成り立つ。

一方，スイッチを開くとそれまで流れていた電流（E/r）を保持しようとする逆起電力（E とは同方向）が誘起されるが，もはや回路が開いているのでスイッチの端子間で火花が飛ぶ（空中放電）ことによって消費され，i が瞬時に0となる。例えば，こたつのプラグを抜いたときにコンセントとの間で火花が飛ぶのは，このような理由による。

このようにコイル（一般的に磁気回路）には，現在の鎖交磁束数を変化させないで保存しようとする性質があ

る。他方，コンデンサには電荷を保持しようとする性質がある。鎖交磁束も電荷も急変することができないのである。このことを覚えておくと後で役に立つ。

ここで誘導起電力について別の見方をしよう。図2.28の回路を閉じたとき，キルヒホッフの第二法則から

$$\text{起電力の代数和} = \text{電圧降下の代数和}$$

が当然成り立つ。この回路には電源の起電力eとコイルの誘導起電力e_Lが存在するが，電圧降下の要素は0である。したがって

$$\underbrace{e + e_L \left(= -L\frac{di}{dt}\right)}_{\text{(起電力の代数和)}} = \underbrace{0}_{\text{(電圧降下)}}$$

と書ける。$-L\,di/dt$を移項すると式(2.44)となる。

$$e = L\frac{di}{dt} = v_L \tag{2.44}$$

v_Lは，この回路の起電力をeのみとしたときの電圧降下と考えられる。

けっきょく，e_Lを誘導起電力$(-L\,di/dt)$としないで，コイルの両端に誘導によって$v_L(=L\,di/dt)$の電圧降下が発生したと考えることもできる。

〔2〕 相 互 誘 導

図2.30のように接近して置いた二つのコイルのうち，その一方のコイルに流れる電流を変化させると，他方のコイルに誘導起電力が生じる。これを**相互誘導作用**という。電流が一定では磁束の変化がないので誘導されない。

いま，コイルAを流れる電流がΔt〔s〕間にΔI〔A〕だけ変化したとき，コイルBに誘導される起電力e_Bは

$$e_B = -M\frac{\Delta I_A}{\Delta t} = -M\frac{dI_A}{dt}\ \text{〔V〕} \tag{2.45}$$

で表せる。コイルBの電流を変化させると，コイルAに式(2.45)と同じ起電力が生じる。

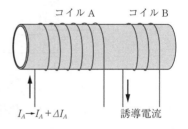

図2.30 相互誘導

$$e_A = -M\frac{dI_B}{dt}\ \text{〔V〕} \tag{2.46}$$

Mの値もまったく同じである。Mを**相互インダクタンス**という。単位は〔H〕を用いる。Mは両コイルの相互位置，巻数，断面積，鉄心の有無により異なる。

二つのコイルの磁束が外に漏れないように鉄心で環状に結合させると，誘導される起電力が大きくなる。これを応用したのが**変圧器（トランス）**である。通信機用のものは**変成器**という。実際の回路で使われるコイルとトランスの概観を図2.31に示す。

44　2. 交　流　回　路

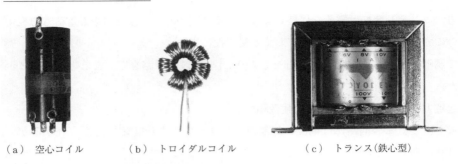

　（a）空心コイル　　　（b）トロイダルコイル　　　（c）トランス（鉄心型）

図 2.31　コイルとトランスの概観

〔3〕変　圧　器

　変圧器（トランス）は共通の鉄心の上に図 2.32 のように1次コイルと2次コイルを巻いたもので，その巻数を n_1, n_2 とし，1次コイルに供給される電圧を V_1, 2次コイルに誘起される電圧を V_2 とすると，つぎの関係がある。

$$\frac{V_1}{V_2} = \frac{n_1}{n_2} \tag{2.47}$$

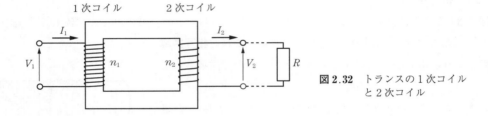

図 2.32　トランスの1次コイルと2次コイル

　直流は電流の変化がないため変圧器には使えない。2次側が開放（無負荷）されているとき1次コイルの電流は電圧より 90°位相が遅れるので，電力を消費しない。この電流に対して2次側の起電力は 90°位相が遅れるので，けっきょく2次側の起電力は1次側よりも 180°遅れることになる。

　2次側に負荷 R をつないだときの電流を I_1, I_2 とし，電力損失がない理想的な変圧器の場合には，エネルギー保存側により

$$V_1 I_1 = V_2 I_2 \tag{2.48}$$

が成り立つ。式(2.47)から

$$\frac{I_1}{I_2} = \frac{n_2}{n_1} \tag{2.49}$$

が得られ，電流は巻数に反比例することがわかる。

　変圧器では，供給エネルギーの一部が熱となるため損失がある。巻線の抵抗によるジュール熱は**銅損**と呼ばれる。銅損以外に鉄損もあり，これにはヒステリシス損と鉄心内のうず電流によるうず電流損とがある。それぞれ「電磁気の基礎」の 2.7 節と 2.9 節を参照されたい。

図2.33のように，電源の内部抵抗 r と負荷抵抗 R との間に挿入して両者の抵抗を一致させる（整合をとる）ために用いるトランスを，変成器という。巻数比 n_1, n_2 と電流の間には式(2.49)の関係があるので，負荷 R で消費される電力 P_R はつぎのようになる。

$$P_R = V_2 I_2 = R I_2{}^2 = R\left(\frac{n_1}{n_2} I_1\right)^2 = R\left(\frac{n_1}{n_2}\right)^2 \cdot I_1{}^2 \quad (2.50)$$

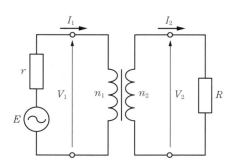

図2.33 変成器の構成と整合

負荷に最大の電力を送るには，電源の内部抵抗と負荷抵抗を等しくすればよいので（3.4節参照）

$$r = R\left(\frac{n_1}{n_2}\right)^2$$

が得られ，整合をとるための巻数比はつぎのようになる。

$$\frac{r}{R} = \left(\frac{n_1}{n_2}\right)^2 \quad (2.51)$$

MEノート 8

電 磁 血 流 計

　電磁誘導の原理を応用したME機器として電磁血流計がある。精度の高い血流計であるが，ゼロ点が不安定で電磁干渉の影響を受けやすいなどの理由で，臨床測定には使用されなくなった。**図2.34**に示すように**プローブ**と呼ばれる鉄心入りの励磁コイルを血管に装着し，これに電流を流すと磁界が発生する。さらに，その磁界と直角方向に血流が流れると，磁界および血流に直角の方向に起電力が生じる。

　血液は荷電粒子を多数含むので立派な導体であり，血液が流れると導体が動くのと同じ効果をもたらす。起電力の方向はフレミングの右手の法則から知ることができる。

　起電力の大きさ e は式(2.52)で与えられる。

$$e = B d \bar{v} \times 10^{-4} \ [\mathrm{V}] \quad (2.52)$$

　ここで，B〔T〕（T はテスラと読む）は磁束密度，d〔cm〕は電極間距離，$\bar{v}$〔cm/s〕は平均血流速度である。

　B, d は既知量なので，プローブの内側に埋めこんである電極で e を検出することによって $\bar{v}$ を測定できる。血流量 Q〔mL/min〕は，（血管断面積）×$\bar{v}$×60 から算出すると式(2.53)となる。

$$Q = \pi \left(\frac{d}{2}\right)^2 \bar{v} \times 60 = \frac{15 \pi d e}{B} \times 10^4 \ [\mathrm{mL/min}] \quad (2.53)$$

　図2.34(c)に大動脈血流の実測波形を示す。

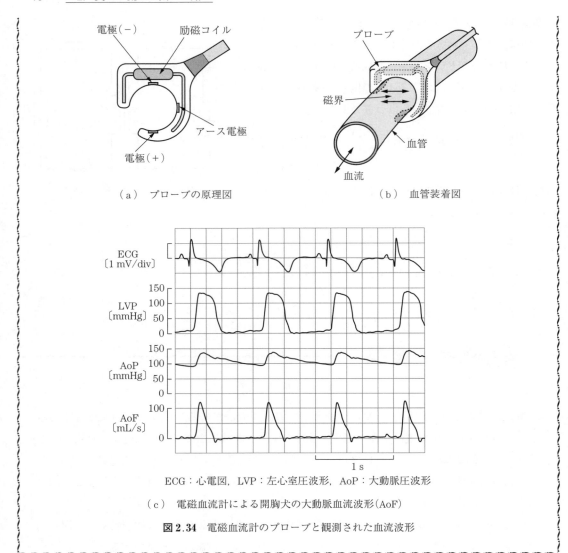

ECG：心電図，LVP：左心室圧波形，AoP：大動脈圧波形

（c） 電磁血流計による開胸犬の大動脈血流波形（AoF）

図 2.34 電磁血流計のプローブと観測された血流波形

〔4〕 コイルに蓄えられるエネルギー

自己インダクタンス L〔H〕のコイルに電流 i を流すとき，Δt〔s〕間に電流が Δi〔A〕だけ変化したとすれば，$e_L = L \cdot \Delta i / \Delta t$〔V〕の誘導起電力が電流の向きとは逆に生じる。外部電源はこの起電力に打ち勝って電流を流さなければならないが，このときのエネルギー ΔW は式(1.32)から

$$\Delta W = L \frac{\Delta i}{\Delta t} \cdot i\, \Delta t = Li\, \Delta i \quad 〔\mathrm{J}〕 \tag{2.54}$$

である。**図 2.35** に示すように，電流が t〔s〕間に 0 から I〔A〕に直線的に増加するものとすれば，図 2.25 の静電エネルギーの算出と同じ考えでコイルに供給するエネルギー W は

$$W = \frac{1}{2}LI \cdot I = \frac{1}{2}LI^2 \text{ (J)} \tag{2.55}$$

$$\left(\text{あるいは積分記号を使って, } W = \int dW = \int_0^I Li\,di = \frac{1}{2}LI^2 \text{ (J)}\right)$$

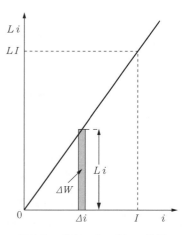

図 2.35　磁気エネルギーの計算

となる。W を **磁気エネルギー** と呼び，外部電源はコイルに対し仕事を行っていることになるので，W はコイルの周りに磁界の形で蓄えられる。W が磁界の形で保有されていることは，電流供給を遮断した後コイルの両端に抵抗をつなぐと，抵抗で熱エネルギー（ジュール熱）に変換されることからわかる。

質量 m, 速度 v の物体のもつ運動エネルギーは $mv^2/2$ であるが，これと式 (2.55) を比べると，インダクタンス L は力学系の質量 m に相当するといえる（I は $v = \dot{x}$）に類似である（表 2.7 参照）。

質量による慣性が物体に一定の速度を維持させようとするように，インダクタンスは電流の変化を妨げる性質をもち，電流に慣性を与える。

ME ノート 9

SQUID 磁束計

生体内で電気的興奮が起こると電流が流れるが，このとき必ず磁界が発生することはこれまでの説明で容易に理解できる。生体の心臓，脳，肺，筋などからは微弱な磁界が発生しており，これらは生体磁気と呼ばれる。心臓の平均 QRS 電流が **図 2.36** の矢印（破線）のように流れると，その周りに磁界（実線）が発生し原理的には体表に近接させたコイルで検出できる。

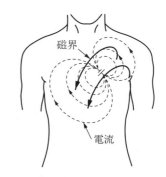

図 2.36　心起電力による電流分布（破線）と磁界（実線）

しかし，心磁界や脳磁界は地磁気（背景雑音）の数十万〜数百万分の1の非常に微弱な磁界で，これまで測定困難であった。最近，SQUID（superconducting quantum interference device, **超伝導量子干渉素子**）磁束計と **磁気シールドルーム** が登場して，比較的簡単に生体磁気計測が可能となった。

これによって，体表面に電極を装着して電位差を検出する従来の心電図や脳電図（脳波）に対応して，心磁図，脳磁図と呼ばれる磁気計測法が出現した。電位差測定法では得られない，磁気測定法に特有の新しい生体情報を求めて研究がなされている。

2.5 R, C, L の交流に対する性質

2.5.1 R のみの回路

〔1〕 電圧と電流の位相差

抵抗 R に正弦波交流電圧 $e(t) = E_m \sin \omega t = \sqrt{2}E \sin \omega t$ を加えたときに流れる電流 $i(t)$ は（E, I は実効値）

$$i(t) = \frac{e(t)}{R} = \frac{E_m}{R} \sin \omega t = \frac{\sqrt{2}E}{R} \sin \omega t = \sqrt{2}I \sin \omega t \tag{2.56}$$

となる。$i(t)$ は $e(t)$ と同じ周波数で、大きさは $e(t)$ の $1/R$ 倍で、位相は図 2.37 に示すように一致する。これを、$e(t)$ と $i(t)$ は同相であるという。

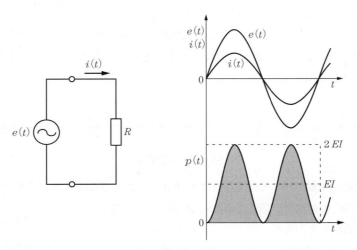

図 2.37　R のみの交流回路の電圧, 電流の位相関係と瞬時電力波形

〔2〕 交 流 電 力

直流回路の電力が電圧と電流の積（式 (1.28)）で表されたように、交流回路における電力も $e(t)$ と $i(t)$ の積から求まるが、瞬時瞬時に値が異なるので交流の場合は**瞬時電力** $p(t)$ と呼ばれる。$p(t)$ は

$$p(t) = \sqrt{2}E \sin \omega t \times \sqrt{2}I \sin \omega t = 2EI \sin^2 \omega t \tag{2.57}$$

となる。$p(t)$ は直流のように一定値とならないので、$p(t)$ の 1 周期の平均値を交流電力 P と定義する。よって P は式 (2.58) となる。

$$P = \frac{\int_0^T p(t) dt}{T} \quad [\text{W}] \tag{2.58}$$

式 (2.58) に式 (2.57) を代入して

$$P = \frac{2EI}{T} \int_0^T \sin^2 \omega t \, dt$$

となり，$\sin^2 \omega t = (1 - \cos 2\omega t)/2$（2倍角の公式）から

$$P = \frac{2EI}{T} \int_0^T \frac{1-\cos 2\omega t}{2} dt = \frac{2EI}{T} \left[\frac{t}{2} - \frac{\sin 2\omega t}{4\omega} \right]_0^T = EI \tag{2.59}$$

が得られる。

上の結果は図2.37の$p(t)$の波形からも導ける。図からわかるように$p(t)$の平均値は$e(t)$，$i(t)$の最大値の積の1/2である。よって

$$P = \frac{1}{2} \times \sqrt{2}E \times \sqrt{2}I = EI$$

である。Rだけの回路の交流電力は，電圧と電流を実効値で表示すると，直流回路の電力とまったく同じ式となる。

2.5.2　Cのみの回路

〔1〕　Cの充放電式

コンデンサに図2.38(a)のように電池をつなぐと，電極に正負の電荷が帯電し，充電が行われる。このときI〔A〕の電流が流れるとすると，電極には毎秒I〔C〕の割合で電荷が運ばれることになるので，電極における電荷の増加率，すなわち$\Delta Q/\Delta t$はIとおけて式(2.60)を得る。

$$\frac{\Delta Q}{\Delta t} = I \tag{2.60}$$

$\Delta t \to 0$の極限を考えると

$$\frac{dQ}{dt} = I \tag{2.61}$$

である。式(2.35)を代入して

$$\frac{dQ}{dt} = C \frac{dV}{dt} = I \tag{2.62}$$

となる。電荷の時間変化量（微分値）が電流であるといえる。

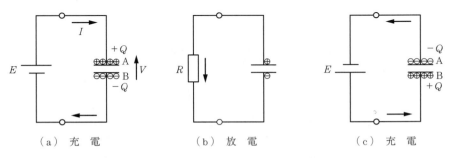

図2.38　コンデンサの充電と放電

つぎに電池を取り去り抵抗を接続すると，コンデンサのA極に蓄えられていた正電荷は充電時とは逆方向に流れて，B極の負電荷と中和して減少する（図(b)）。この状態が続くと蓄えられた電荷はすべて消滅する。このように蓄えた電気エネルギーを放出することを**放電**という。この場合

も式(2.62)は成り立つ。

ただし，コンデンサの電荷は減少するから微分係数は負となる。これは，充電時に決めた電流の正の向きとは逆方向に電流が流れることを意味する。式(2.62)はコンデンサの充放電式である。

つぎに，電池の極性を逆に接続して充電すると，B極に正電荷，A極に負電荷が蓄えられる。これを再び抵抗を通して完全に放電すると，図(a)の充電開始前の状態に戻る。このように充電→放電→(逆極性に) 充電→放電の操作を繰り返し行うと，コンデンサの両端には正負の電荷が交互に増減し，電流が交互にコンデンサを流れることになる。この電流はまさに交流そのもので，電池の極性を交互に切り換える操作は交流電源の働きを模擬する。コンデンサの極間の誘電体中を電荷が移動しないのに電流が流れることについては，「電磁気の基礎」の1.11節を見ておこう。

〔2〕 **電圧と電流の位相差**

これまでの説明から，コンデンサに交流電圧 $v(t)$ を加えると電荷が蓄えられたり放出されたりして，電荷は時間とともに変化することがわかった。

このときの電荷量を $q(t)$，静電容量を C とおくと，瞬時瞬時にも式(2.35)が成り立つので

$$q(t) = \int i(t)dt = Cv(t) \tag{2.63}$$

が得られる。

いま，$v(t)$ を最大値が E_m の正弦波交流電圧 $e(t)$ とすると

$$q(t) = Ce(t) = CE_m \sin \omega t \tag{2.64}$$

と表せる。式(2.62)から電荷 $q(t)$ の時間微分が交流電流 $i(t)$ なので

$$i(t) = \frac{dq(t)}{dt} = CE_m \frac{d(\sin \omega t)}{dt} = \omega CE_m \cos \omega t$$

$$= \omega CE_m \sin\left(\omega t + \frac{\pi}{2}\right) = \sqrt{2}\omega CE \sin\left(\omega t + \frac{\pi}{2}\right) \tag{2.65}$$

が導かれる。$i(t)$ は大きさが $e(t)$ の ωC 倍，周波数が $e(t)$ と同じ正弦波交流で，$e(t)$ に比べ $\pi/2$

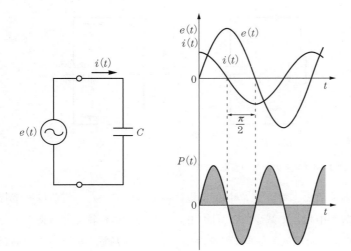

図2.39 C のみの交流回路の電圧，電流の位相関係と瞬時電力波形

rad（90°）だけ位相が進んだ波形である（**図 2.39**）。逆に，$e(t)$ は $i(t)$ より位相が $\pi/2$ rad 遅れるといっても同じである。

〔3〕 C のリアクタンス

式(2.65)をつぎのように変形する。

$$i(t) = \frac{E_m \sin(\omega t + \pi/2)}{1/(\omega C)} \tag{2.66}$$

式(2.66)をオームの法則，$I = V/R$ と照合すると，$i(t)$ は I に，$E_m \sin(\omega t + \pi/2)$ は V に対応するので，$1/(\omega C)$ は交流回路における抵抗成分に相当する。これを**リアクタンス**（reactance）と呼ぶ。この場合は，静電容量によるものなので**容量性リアクタンス**といい，X_C で表す。単位は抵抗と同じオーム〔Ω〕を用いる。よって

$$X_C = \frac{1}{\omega C} = \frac{1}{2\pi f C} \ \text{〔Ω〕} \tag{2.67}$$

X_C は周波数 f と静電容量 C に反比例する。X_C を使って $i(t)$ は，つぎのように書き換えられる。

$$i(t) = \frac{E_m}{X_C} \sin\left(\omega t + \frac{\pi}{2}\right) = \frac{E_m}{X_C} \cos \omega t \tag{2.68}$$

直流を $f \fallingdotseq 0$ の交流とみなすと式(2.67)より $X_C \fallingdotseq \infty$ となり，無限大の抵抗（絶縁体）には電流が流れないので，この面からもコンデンサは直流を通さないことが説明できる。

〔4〕 交 流 電 力

瞬時電力 $p(t)$ は，$e(t)$ と $i(t)$ の積よりつぎのように求まる。

$$p(t) = e(t) \times i(t) = E_m \sin \omega t \times \frac{E_m}{X_C} \cos \omega t = \frac{(\sqrt{2}E)^2}{X_C} \sin \omega t \times \cos \omega t$$

ここで，$2 \sin \omega t \times \cos \omega t = \sin 2\omega t$ の関係から式(2.69)となり

$$p(t) = \frac{E^2}{X_C} \sin 2\omega t \tag{2.69}$$

$p(t)$ は周波数が 2 倍になるので，周期は元の波形の 1/2 となる（図 2.39）。1 周期について平均値 P_a を求めると

$$P_a = \frac{1}{T/2} \int_0^{\frac{T}{2}} p(t)dt = \frac{2E^2}{TX_C} \int_0^{\frac{T}{2}} \sin 2\omega t \, dt = 0 \tag{2.70}$$

が得られる。よって C のみの回路では電流が流れていても電力はまったく消費されることはない。$p(t)$ の 0 より上の面積はコンデンサが電源にされた仕事，下の面積はコンデンサが電源にした仕事を表し，$\pi/2$ rad（90°）ごとに電源とコンデンサの間で電力の授受が行われる。実際はいくらかの抵抗が存在するので電力が多少消費される。

2.5.3 L の み の 回 路

〔1〕 電圧と電流の位相差

コイルに加えた正弦波交流電圧 $E_m \sin \omega t$ によってコイルに $i(t)$ の電流が流れたとすると，式(2.44)から式(2.71)が得られる。

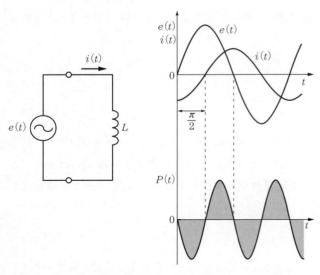

図 2.40 L のみの交流回路の電圧，電流の位相関係と瞬時電力波形

$$E_m \sin \omega t = L \frac{di(t)}{dt} \quad (2.71)$$

式(2.71)の両辺を積分して $i(t)$ を求めると

$$\begin{aligned} i(t) &= \frac{E_m}{L} \int \sin \omega t \, dt \\ &= -\frac{E_m}{\omega L} \cos \omega t \\ &= -\frac{\sqrt{2}E}{\omega L} \cos \omega t \\ &= \frac{\sqrt{2}E}{\omega L} \sin \left(\omega t - \frac{\pi}{2} \right) \end{aligned} \quad (2.72)$$

が導かれる。$i(t)$ は $e(t)$ と同じ周波数で，大きさは $1/\omega L$ 倍になる。位相は $e(t)$ より $\pi/2$ rad 遅れる（**図 2.40**）。

〔2〕 **L のリアクタンス**

式(2.72)を $I = V/R$（オームの法則）と照合すると，ωL は直流回路の抵抗に相当し，交流回路では**誘導性リアクタンス**と呼ばれ X_L で表す。単位は〔Ω〕である。すなわち

$$X_L = \omega L = 2\pi fL \ [\Omega] \quad (2.73)$$

X_L は周波数 f とインダクタンス L に比例する。

周波数が非常に小さい場合は，$\omega \fallingdotseq 0$ とみなされ $X_L \fallingdotseq 0$ となるので，コイルは超低周波に対しては抵抗を無視できる。

〔3〕 **交 流 電 力**

瞬時電力 $p(t)$ は，$e(t)$ と $i(t)$ の積なので

$$\begin{aligned} p(t) &= e(t) \times i(t) = E_m \sin \omega t \times \left(-\frac{E_m}{\omega L} \cos \omega t \right) \\ &= -\frac{(\sqrt{2}E)^2}{\omega L} \sin \omega t \times \cos \omega t = -\frac{E^2}{X_L} \sin 2\omega t \end{aligned} \quad (2.74)$$

が導かれる。$p(t)$ の周波数は加えた電圧に比べて 2 倍になる。図 2.40 で確認されたい。1 周期について平均値 P_a を求めると

$$P_a = \frac{1}{T/2} \int_0^{\frac{T}{2}} p(t)dt = -\frac{2E^2}{TX_L} \int_0^{\frac{T}{2}} \sin 2\omega t \, dt = 0 \quad (2.75)$$

となり，L のみの回路では電力はまったく消費されることはなく，C のみの回路と同じように $\pi/2$ rad (90°) ごとに電源とコイルの間でエネルギーをやりとりするだけである。

2.5.4 力　　率

図 2.41(a)に示すように電圧 $e(t)$ と電流 $i(t)$ との間に位相差があると，瞬時電力 $p(t)$ が負

2.5 R, C, L の交流に対する性質

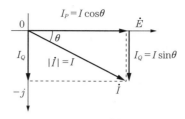

（b） 電圧と電流のベクトル図

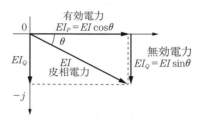

（c） 皮相，有効，無効電力のベクトル図

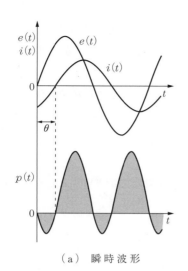

（a） 瞬時波形

図 2.41　電力の瞬時波形とベクトル図

（−）になる部分が出現し，位相差のないときよりも交流電力は小さくなる。ここで実際に回路で消費される交流電力を調べよう。一般的に，電圧 $e(t) = E_m \sin \omega t$ と電流 $i(t) = I_m \sin(\omega t - \theta)$ との間に位相差 θ がある場合の，時刻 t における瞬時電力 $p(t)$ は

$$p(t) = e(t) \cdot i(t) = \sqrt{2}E \sin \omega t \times \sqrt{2}I \sin(\omega t - \theta) = 2EI\{\sin \omega t \times \sin(\omega t - \theta)\}$$

となる。ここで，$\sin A \times \sin B = \dfrac{1}{2}\{\cos(A - B) - \cos(A + B)\}$ を使って

$$\{\sin \omega t \times \sin(\omega t - \theta)\} = \frac{1}{2}\{\cos \theta - \cos(2\omega t - \theta)\}$$

である。瞬時電力 $p(t)$ の 1 周期間 T [s] の平均値を計算すると，平均電力 P [W] が求められる。

$$P = \frac{1}{T}\int_0^T p(t)dt = \frac{EI}{T}\int_0^T \{(\cos \theta - \cos(2\omega t - \theta)\}dt$$

$$= \frac{EI}{T}\left\{\cos \theta \int_0^T dt - \int_0^T \cos(2\omega t - \theta)dt\right\} = \frac{EI}{T}\left\{T\cos \theta - \left[\frac{\sin(2\omega t - \theta)}{2\omega}\right]_0^T\right\}$$

ここで

$$\left[\frac{\sin(2\omega t - \theta)}{2\omega}\right]_0^T = \frac{1}{2\omega}\{\sin(4\pi - \theta) - \sin(-\theta)\}$$

$$= \frac{1}{2\omega}(\sin 4\pi \cos \theta - \cos 4\pi \sin \theta + \sin \theta) = 0$$

よって

$$P = EI \cos \theta \text{ [W]} \tag{2.76}$$

この $\cos \theta$ を，電力をどれだけ有効に利用しているかを示す指標として**力率**と呼ぶ。

抵抗のみの回路では $\theta = 0°$，$\cos \theta = 1$ であるから，電圧と電流の実効値の積がただちに交流電力を表し $P = EI$ である。コンデンサやコイルだけの回路では $\theta = \pm 90°$，$\cos \theta = 0$ から $P = 0$

となり，電力はまったく消費されないことはすでに述べた。力率は0から1の範囲内の値をとり，LやCが含まれない電球や電熱器では1であるが，誘導電動機では0.7〜0.8，蛍光灯では0.5〜0.6程度である。国内で流通している電気機器はほとんどがコイル成分で出来ており，一般家庭の力率の平均値はおよそ0.85といわれる。

　図2.41(a)の電圧と電流をベクトル図で表すと，図(b)のように電圧Eを基準として電流Iはθだけ遅れる。Iを電圧と同相の成分I_Pと，電圧より90°遅れた成分I_Qに分ける。この直角三角形の各成分に電圧Eを乗じると（図(c)），電圧と同相の成分は

$$EI_P = EI\cos\theta \tag{2.77}$$

となり，負荷で有効に消費される電力であるので，これを**有効電力**P〔W〕という。電圧と直角な成分は

$$EI_Q = EI\sin\theta \tag{2.78}$$

となり，これを**無効電力**Qと称し，単位にバール，単位記号に〔var〕（volt ampere reactive）を用いる。斜辺EIは**皮相電力**Sと呼び，その単位に〔W〕を用いず，ボルトアンペア，単位記号に〔VA〕を用いる。

$\sin^2\theta + \cos^2\theta = 1$の関係からつぎの式が導かれる。

$$S^2 = P^2 + Q^2$$

$$皮相電力 = \sqrt{(有効電力)^2 + (無効電力)^2} \tag{2.79}$$

ある回路に交流電圧100Vを加えたとき，10Aの電流が流れ，力率が0.8であったとする。この回路の皮相電力は1 000 VA（1 kVA），有効電力は800 W，無効電力は600 varとなる。

2.6　交流のベクトル表示

　正弦波交流の瞬時値は，円の中心を一定の角速度で回る回転ベクトルを直径上に正射影したときの大きさで表されることはすでに学んだ（図2.5参照）。この回転ベクトルを数式で表現することができれば交流の計算が容易になる。それにはまず，ベクトルについて十分理解しておく必要がある。

ベクトル（vector）とは大きさと方向をもつ量で，例えば，力，速度，電界などがそうである。一方，方向をもたない大きさのみを表す量は**スカラ**（scalar）と呼ばれ，長さ，温度，電位などがある。

　ベクトルを文字で表すには，英大文字の肉太（ゴシック体）（**V**，**E**，**I**など）で書いたり，あるいは文字の上にドットや矢印（$\dot{V}$，$\vec{E}$など）をつけたりする。ベクトルを図示するときは矢を用い，矢の向きがベクトルの方向，矢の長さが大きさを表す。**図2.42**の点Oから点Pに向かうベクトルの点Oを**起点**，点Pを**終点**という。

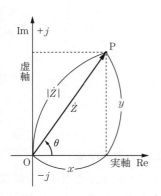

図2.42　複素平面上のベクトル$\dot{Z}$

2.6.1 ベクトルの直角座標表示

一般的にベクトルは 3 次元空間にあるが，交流回路を扱うときは xy 平面だけで十分である。ベクトルを数式で表すのに複素数がよく使われる。**複素数**は，実数と虚数の和として表される数である。いま，x および y を実数とし，j を虚数単位とすると複素数 $\dot{Z}$ は

$$\dot{Z} = x + jy, \quad （ただし j^2 = -1） \tag{2.80}$$

と書ける（数学では，虚数を i で表すが，電気計算では電流と混同されないように j を用いる）。x を複素数 $\dot{Z}$ の**実部**，y を**虚部**という。$\dot{Z}$ は図 2.42 のように実部の x を横軸（実数軸）に，虚部の y を縦軸（虚数軸）にとった複素平面の線分 OP で図示することができる。横軸は**実軸**（Re：real axis），縦軸は**虚軸**（Im：imaginary axis）と呼ばれる。このようなベクトルの表示法を**直角座標表示**という。複素平面上では任意のベクトル $\overrightarrow{\mathrm{OP}}$ は必ず一つの複素数と 1：1 に対応する。

実軸とベクトルのなす角を θ とし，これを**偏角**と呼ぶ。偏角 θ は

$$\theta = \tan^{-1} \frac{y}{x} \tag{2.81}$$

で表れる。$\tan^{-1}$ はアークタンジェントと読み，$\tan$ の値が y/x になる θ を表す。ベクトル $\overrightarrow{\mathrm{OP}}$ の長さ，すなわち大きさは $\dot{Z}$ の**絶対値**であるので

$$|\dot{Z}| = \sqrt{x^2 + y^2} \tag{2.82}$$

と書ける。実軸から反時計方向にとった角度を正（＋），時計方向にとった角度を負（－）とする。ベクトルは，直角座標以外にもつぎのような方法でも表現できる。

2.6.2 ベクトルの極座標表示

図 2.42 の偏角 θ の $\cos$, $\sin$ は

$$\cos \theta = \frac{x}{\sqrt{x^2 + y^2}}, \quad \sin \theta = \frac{y}{\sqrt{x^2 + y^2}} \tag{2.83}$$

であるから，式 (2.80) は

$$\dot{Z} = \sqrt{x^2 + y^2} \cos \theta + j\sqrt{x^2 + y^2} \sin \theta = \sqrt{x^2 + y^2}(\cos \theta + j \sin \theta)$$
$$= |\dot{Z}|(\cos \theta + j \sin \theta) \tag{2.84}$$

と書き換えられる。ここで**オイラー**（Euler）**の式**

$$\varepsilon^{j\theta} = \cos \theta + j \sin \theta \tag{2.85}$$

（ε は自然対数の底でふつうは e で表すが，電気計算では電圧の記号と混同しないように ε を用いることが多い。$\varepsilon = e = 2.718$）

を式 (2.84) に代入すると

$$\dot{Z} = |\dot{Z}|\varepsilon^{j\theta}, \quad \left（ただし，\ \theta = \tan^{-1} \frac{y}{x}\right） \tag{2.86}$$

とも書ける。ベクトル $\dot{Z}$ を $|\dot{Z}|\varepsilon^{j\theta}$ のように表現することを**極座標表示**という。

また，$\dot{Z}$ を

$$\dot{Z} = |\dot{Z}| \angle \theta \quad (2.87)$$
　　　　（絶対値）（偏角）

の形で示すこともある。$\varepsilon^{j\theta}$ の絶対値は

$$|\varepsilon^{j\theta}| = |\cos\theta + j\sin\theta| = \sqrt{\cos^2\theta + \sin^2\theta} = 1$$

であるから，式(2.87)にならって $\varepsilon^{j\theta}$ を表すと

$$\varepsilon^{j\theta} = 1 \angle \theta \quad (2.88)$$

とも書ける。

式(2.85)において θ を $(-\theta)$ とおくと

$$\varepsilon^{j(-\theta)} = \cos(-\theta) + j\sin(-\theta)$$

$$\therefore \quad \varepsilon^{-j\theta} = \cos\theta - j\sin\theta \quad (2.89)$$

である。

いま，$\dot{Z}_1, \dot{Z}_2$ がベクトルで

$$\dot{Z}_1 = |\dot{Z}_1|\varepsilon^{j\theta_1}, \quad \dot{Z}_2 = |\dot{Z}_2|\varepsilon^{j\theta_2}$$

で表されているとき，$\dot{Z}_1$ と $\dot{Z}_2$ の四則計算はつぎのようになる。

〔1〕 **積 の 計 算**

$$\dot{Z} = \dot{Z}_1 \times \dot{Z}_2 = |\dot{Z}_1||\dot{Z}_2|\varepsilon^{j(\theta_1+\theta_2)} = |\dot{Z}_1||\dot{Z}_2| \angle (\theta_1 + \theta_2)$$

$$= |\dot{Z}|\varepsilon^{j\theta}, \quad (\text{ただし,} \ |\dot{Z}| = |\dot{Z}_1||\dot{Z}_2|, \ \theta = \theta_1 + \theta_2) \quad (2.90)$$

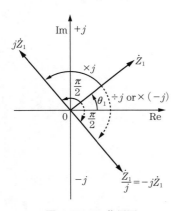

図 2.43 j の作用図

二つのベクトルの積の絶対値は，それぞれのベクトルの絶対値の積，偏角は，それぞれのベクトルの偏角の和となる。$\dot{Z}_2$ を絶対値が1，偏角が $\pi/2\,\mathrm{rad}\,(=90°)$ のベクトル $\dot{Z}_2 = \varepsilon^{j\frac{\pi}{2}}$ とおくと，式(2.90)は

$$\dot{Z} = |\dot{Z}_1|\varepsilon^{j\left(\theta_1+\frac{\pi}{2}\right)} \quad (2.91)$$

となる。

$$\dot{Z}_2 = \varepsilon^{j\frac{\pi}{2}} = \cos\left(\frac{\pi}{2}\right) + j\sin\left(\frac{\pi}{2}\right) = j \quad (2.92)$$

なので，あるベクトルに j を掛けることは，その大きさを変えないで偏角（位相）だけを $\pi/2\,\mathrm{rad}\,(90°)$ 進ませる（正回転させる）ことを意味する（**図2.43**）。

〔2〕 **商 の 計 算**

$$\dot{Z} = \frac{\dot{Z}_1}{\dot{Z}_2} = \frac{|\dot{Z}_1|}{|\dot{Z}_2|}\varepsilon^{j(\theta_1-\theta_2)} = |\dot{Z}|\varepsilon^{j\theta} \quad (2.93)$$

$$\left(\text{ただし,} \ |\dot{Z}| = \frac{|\dot{Z}_1|}{|\dot{Z}_2|}, \quad \theta = \theta_1 - \theta_2\right)$$

二つのベクトルの商の絶対値は，それぞれのベクトルの絶対値の商，偏角は，それぞれのベクトルの偏角の差となる。$\dot{Z}_2 = \varepsilon^{j\frac{\pi}{2}} = j$ とおくと，式(2.93)は

$$\dot{Z} = \frac{\dot{Z}_1}{j} = (-j) \times \dot{Z}_1 = |\dot{Z}_1|\varepsilon^{j\left(\theta_1 - \frac{\pi}{2}\right)} \tag{2.94}$$

となるので，あるベクトルを j で割ると（あるいは $-j$ を掛けると），その大きさは変わらないで偏角（位相）だけが $\pi/2$ rad（90°）遅れる（時計方向に負回転する）ことになる（図 2.43 参照）。

本来，ベクトルの乗法には内積と外積しかないが，電気計算に出てくるベクトルについては算術計算と同じに扱うことに注意する。

〔3〕和と差の計算

$\dot{Z}_1$, $\dot{Z}_2$ の実部どうし，および虚部どうしの和あるいは，差に等しい複素数で表されたベクトルになる。具体的には $\dot{Z}_1$, $\dot{Z}_2$ を直角座標形式で表して，実部および虚部の加減を行う。

2.6.3 正弦波交流の極座標表示

正弦波交流電圧 $e(t) = E_m \sin(\omega t + \theta)$ を極座標で表してみよう。

$$\begin{aligned}
e(t) &= E_m \sin(\omega t + \theta) \\
&\quad \downarrow \quad\quad \downarrow \quad\quad \downarrow \\
\dot{E}(t) &= E_m \varepsilon^{j(\omega t + \theta)} \\
&= E_m \cos(\omega t + \theta) + jE_m \sin(\omega t + \theta)
\end{aligned} \tag{2.95}$$

式 (2.95) をよく見ると，$e(t)$ を表すには複素数の虚部のみで十分で，実部は余分であることがわかる。しかし，それを承知の上で，$e(t)$ を $\dot{E} = E_m \varepsilon^{j(\omega t + \theta)}$ とおき，$e(t)$ はその虚部と便宜上約束して以後の計算を行う。計算の結果もやはり複素数であるが，実部は無視してその虚部から解を得る。

$e(t)$ が $E_m \cos(\omega t + \theta)$ の式であるときは，$e(t)$ は $E_m \varepsilon^{j(\omega t + \theta)}$ の実部であると決めて計算を行い，その結果の実部をとれば，それが求める解となる。要するに，瞬時式が cos 波なら実部，sin 波なら虚部を利用するのである。計算の過程で $\cos\theta$ と $\sin\theta$ が交じり合うのではないかと心配になるが，正しい結果が得られることが証明されている。

ここで，コンデンサに正弦波電圧を加えたとき流れる電流を極座標表示を使って解析してみよう（**図 2.44**（a））。$e(t) = E_m \sin\omega t$ を $\dot{E} = E_m \varepsilon^{j\omega t}$，$i(t)$ を $\dot{I}$ とおく。コンデンサの静電容量を C，

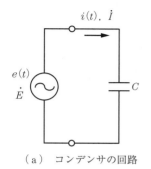
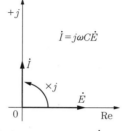
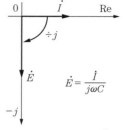

（a）コンデンサの回路　　（b）電圧ベクトル（$\dot{E}$）を基準　　（c）電流ベクトル（$\dot{I}$）を基準

図 2.44 コンデンサ回路の位相関係

58　2. 交　流　回　路

電荷を $q(t)$ とすると，式(2.65)から $i(t) = dq(t)/dt = Cd\{e(t)\}/dt$ の関係があるので

$$\dot{I} = C\frac{d\dot{E}}{dt} = C\frac{d}{dt}E_m\varepsilon^{j\omega t} = j\omega CE_m\varepsilon^{j\omega t} = j\omega C\dot{E} \tag{2.96}$$

が得られる。式(2.96)に式(2.92)の $j = \varepsilon^{j\frac{\pi}{2}}$ を代入すると

$$\dot{I} = \varepsilon^{j\frac{\pi}{2}}\omega C\dot{E} = \omega CE_m\varepsilon^{j\frac{\pi}{2}}\varepsilon^{j\omega t} = \omega CE_m\varepsilon^{j\left(\omega t + \frac{\pi}{2}\right)} \tag{2.97}$$

が導かれる。$i(t)$ は約束から $\dot{I}$ の虚部に当たるので，$\dot{I}$ の虚部をとると

$$
\begin{aligned}
i(t) &= \mathscr{I}_m\left[\omega CE_m\varepsilon^{j\left(\omega t + \frac{\pi}{2}\right)}\right] \\
&= \mathscr{I}_m\left[\omega CE_m\left\{\cos\left(\omega t + \frac{\pi}{2}\right) + j\sin\left(\omega t + \frac{\pi}{2}\right)\right\}\right] \\
&= \omega CE_m\sin\left(\omega t + \frac{\pi}{2}\right)
\end{aligned}
\tag{2.98}
$$

が得られる。$\mathscr{I}_m$ は虚部をとることを意味する（実部をとるときは $\mathscr{R}_e$ の記号を用いる）。電圧を基準にとると，$i(t)(\dot{I})$ は $e(t)(\dot{E})$ より $\pi/2\,\mathrm{rad}$（90°）だけ位相が進む。これを図示すると図2.44（b）になる。

　このことはすでに学んだが，極座標表示でも確かに同じ結果が得られ式(2.65)とも一致する。また，あるベクトルに j を掛けると位相が $\pi/2$ 進むこともこの具体例からよく理解できる。電流 $\dot{I}$ を基準（実軸）にとると電圧 $\dot{E}$ は，$\dot{E} = (1/j\omega C)\dot{I}$ より，$\dot{I}$ ベクトルを90°負回転することになるが，位相関係は同じである（図(c)）。

2.6.4　複素インピーダンスと $j\omega$ 法

　電圧と電流を複素（ベクトル）表示したとき，（複素電圧 $\dot{E}$）/（複素電流 $\dot{I}$）の商は直流回路の抵抗に相当し，交流回路では**複素インピーダンス**あるいは**ベクトルインピーダンス**と呼ばれ，$\dot{Z}$ で表される。式(2.96)より

$$\dot{I} = j\omega C\dot{E}$$
$$\dot{Z} = \frac{\dot{E}}{\dot{I}} = \frac{1}{j\omega C} \tag{2.99}$$

が得られる。2.5.2項で求めた容量性リアクタンス $X_c = 1/(\omega C)$ は，じつはコンデンサの複素インピーダンスの絶対値だったのである。コンデンサの位相を進ませる作用まで含めたインピーダンス表現は $1/(j\omega C)$ となる。

　同じ要領でコイルについて複素インピーダンスを求めてみよう（**図2.45**（a））。式(2.44)より

$$e(t) = L\frac{di(t)}{dt}$$

$e(t)$，$i(t)$ を

$$e(t) \rightarrow \dot{E} = E_m\varepsilon^{j\omega t}, \qquad i(t) \rightarrow \dot{I} \tag{2.100}$$

と極座標表示した後，両辺を積分して $\dot{I}$ を求めると

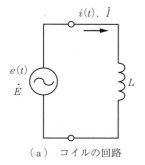
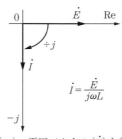
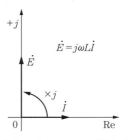

(a) コイルの回路　　（b）電圧ベクトル($\dot{E}$)を基準　　（c）電流ベクトル($\dot{I}$)を基準

図 2.45 コイル回路の位相関係

$$\dot{E} = L\frac{d\dot{I}}{dt}$$

$$\dot{I} = \frac{1}{L}\int \dot{E}dt = \frac{1}{L}\int E_m \varepsilon^{j\omega t}dt = \frac{1}{j\omega L}E_m \varepsilon^{j\omega t}$$

$$= \frac{\dot{E}}{j\omega L} \tag{2.101}$$

が求まる。これよりコイルの複素インピーダンス $\dot{Z}$ は

$$\dot{Z} = \frac{\dot{E}}{\dot{I}} = j\omega L \tag{2.102}$$

となる。

式(2.101)に $j = \varepsilon^{j\frac{\pi}{2}}$ （式(2.92)）を代入して $i(t)$ を求めるとつぎのようになる。

$$\dot{I} = \frac{\dot{E}}{j\omega L} = \frac{E_m \varepsilon^{j\omega t}}{\varepsilon^{j\frac{\pi}{2}}\omega L} = \frac{E_m}{\omega L}\varepsilon^{j\left(\omega t - \frac{\pi}{2}\right)}$$

$$\therefore \quad i(t) = \mathscr{I}_m\left\{\frac{E_m}{\omega L}\varepsilon^{j\left(\omega t - \frac{\pi}{2}\right)}\right\} = \frac{E_m}{\omega L}\sin\left(\omega t - \frac{\pi}{2}\right) \tag{2.103}$$

電圧を基準（実軸）にとると，$i(t)(\dot{I})$ は $e(t)(\dot{E})$ より $\pi/2$ rad（90°）遅れ，この結果は式(2.72)と一致する。あるベクトルを j で割ると位相が $\pi/2$ rad 時計方向に回転することも確認できる（図2.45(b)）。電流 $\dot{I}$ を基準（実軸）にとると電圧 $\dot{E}$ は，$\dot{E} = j\omega L\dot{I}$ より，$\dot{I}$ ベクトルを 90°正回転することになるが，$i(t)$ が $e(t)$ より 90°遅れることに変わりはない（図(c)）。

式(2.96)および式(2.101)の算出過程をよく見ると，微分や積分記号をつぎのように書き換えればただちに解が得られることがわかる。

$$\frac{d}{dt} \to j\omega, \qquad \int dt \to \frac{1}{j\omega} \tag{2.104}$$

これは，$\varepsilon^{j\omega t}$ の微分，積分は

$$\frac{d}{dt}\varepsilon^{j\omega t} = j\omega\varepsilon^{j\omega t}, \qquad \int \varepsilon^{j\omega t}dt = \frac{1}{j\omega}\varepsilon^{j\omega t} \tag{2.105}$$

のように，原関数 $\varepsilon^{j\omega t}$ にそれぞれ $j\omega$，$1/j\omega$ を掛けたものになるからで，この方法を使えば微分方

60 2. 交 流 回 路

程式が代数的計算で簡単に解けることになる。このように $j\omega$ を作用させて交流回路を解く方法を，**$j\omega$（記号）法**と呼ぶ。ただし，$j\omega$ 法では系に入力が加えられて，ある程度時間が経過したときの定常解しか求まらない。これは大事なことなので，よく理解しておく必要がある。また，入力，出力はまったく t-関数（時間領域）のままでよい（ω の記号を使うので周波数領域と間違えないように注意する）。

これまでに説明した，抵抗，コンデンサおよびコイルの性質をまとめておこう（**表 2.6**）。

表 2.6 受動素子のまとめ

	抵 抗 器	コンデンサ	コ イ ル
素 子 名	レジスタ	コンデンサ，キャパシタ	インダクタ
量 記 号 名　称	R 電気抵抗 レジスタンス	C 電気容量，静電容量 キャパシタンス	L インダクタンス
単位記号 名　称	Ω オーム	F ファラド	H ヘンリー
複素インピーダンス	R	$1/(j\omega C)$	$j\omega L$
リアクタンス	——	$X_c = 1/(\omega C)$ 容量性リアクタンス	$X_L = \omega L$ 誘導性リアクタンス
アドミタンス	$G = 1/R$	$j\omega C$	$1/(j\omega L)$
交流電流と 端子電圧	i_R $v_R = R i_R$	i_C $v_C = i_C/\omega C$	i_L $v_L = \omega L i_L$
電圧 v に対する 電流 i の位相	v, i 同相	v　i 90° 位相進み	v　i 90° 位相遅れ
蓄積エネルギー〔J〕	$Ri^2 t$ 熱として消費される	$\dfrac{1}{2}Cv^2$ 静電エネルギー	$\dfrac{1}{2}Li^2$ 磁気エネルギー

R, L, C を直列に接続したときの**合成複素インピーダンス** $\dot{Z}$ は，各素子のインピーダンスの和になるので

$$\dot{Z} = R + j\omega L + \frac{1}{j\omega C} = R + j\left(\omega L - \frac{1}{\omega C}\right) = R + j(X_L - X_c)$$

$$|\dot{Z}| = \sqrt{R^2 + (X_L - X_c)^2} \tag{2.106}$$

となる。$\dot{Z}$ を実部と虚部に分けて

$$\dot{Z} = R + jX, \qquad \tan\phi = \frac{X}{R}, \qquad |\dot{Z}| = \sqrt{R^2 + X^2} \tag{2.107}$$

$$\dot{Z} = |\dot{Z}|\varepsilon^{j\phi} \quad \left(\text{ただし，} \phi = \tan^{-1}\frac{X}{R}\right)$$

とすると，R は**抵抗**（**純抵抗**），$X(=\omega L - 1/\omega C)$ を**リアクタンス**，偏角 ϕ を**インピーダンス角**という（**図 2.46**）。$\dot{Z}$ は X_L と X_c の大きさによって誘導性あるいは容量性となり，位相が遅れた

り進んだりする。

また，$\dot{Z}$ の逆数を**アドミタンス**（admittance）$\dot{Y}(=1/\dot{Z})$ といい，一般的に

$$\dot{Y} = G + jB = \frac{1}{R + jX}$$
$$= \frac{R}{R^2 + X^2} - j\frac{X}{R^2 + X^2}$$
$$G = \frac{R}{R^2 + X^2}, \qquad B = \frac{X}{R^2 + X^2}$$
(2.108)

と表し，G を**コンダクタンス**（conductance），B を**サセプタンス**（susceptance）という。アドミタンスは電流の通りやすさを表す。単位はジーメンスである。

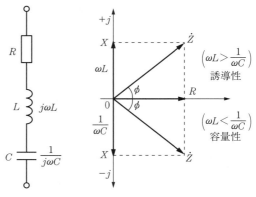

図 2.46 　R, L, C 直列回路の複素インピーダンス

ME ノート　10

容量因子と強度因子

物理量には，電荷，体積，質量，変位などのように系全体の値が各部分の値の総和として表されるような変量と，電圧，圧力，温度，水圧などのように系内のどの部分も一定であるようなポテンシャル的な変量の二つに分けられる。前者を**容量因子**，後者を**強度因子**と呼んでいる。電流や流量のような単位時間中の移動の大きさを表す変量は強度因子に属する。そしてこれらの異なる 2 変量間の関係を示す係数として抵抗や静電容量が定義される。

例えば，静電容量は電圧（強度因子）と電荷（容量因子）の関係を示す量である。さらに重要なことは，強度因子と容量因子の積がエネルギーを表すことである。例えば，電圧と電荷の積は電気的仕事（電力量）を，力と距離（変位）の積は力学的仕事になる。

以上の説明を類推すれば，電気系と機械（力学）系の物理量は**表 2.7** のように対応する。電気系の解析手法は，電気回路論や過渡現象論として確立されているので，機械系や流体力学系などの解析は電気系にアナロジーして行われることが多い。

表 2.7 　電気系と機械系の類推関係

電気系	機械系
電荷 q	変位 x
電流 $i = dq/dt$	速度 $\dot{x} = dx/dt = v$
電圧 v	力 f
抵抗 R $v = R \cdot dq/dt$	機械抵抗 r_m $f = r_m \cdot dx/dt$ ダッシュポット
静電容量 C $v = 1/C \cdot q$	コンプライアンス c_m （弾性率 $k_m = 1/c_m$） $f = 1/c_m \cdot x$ ばね
インダクタンス L $v = L \cdot d^2q/dt^2$	質量 m $f = m \cdot d^2x/dt^2$ 重量

2.6.5 複素インピーダンスの直列接続と並列接続

複素インピーダンスを直列や並列に接続したときの合成インピーダンスは，抵抗の直列あるいは並列接続の合成抵抗の求め方（1.5 節参照）と同じ要領で計算を行う（**図 2.47**）。

特に，コンデンサの交流計算では注意が必要である。静電容量が C_1, C_2 のコンデンサを並列に接続したときの合成容量は $C_1 + C_2$ であることはすでに学んだ。C_1, C_2 を複素インピーダンスで表すと，それぞれ $\dot{Z}_1 = 1/(j\omega C_1)$, $\dot{Z}_2 = 1/(j\omega C_2)$ となり，これらの

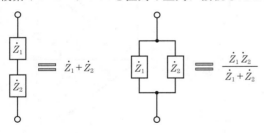

(a) 直列接続　　　(b) 並列接続

図 2.47 複素インピーダンスの直並列接続

合成インピーダンス $\dot{Z}$ は抵抗の並列接続と考えて

$$\dot{Z} = \frac{\dot{Z}_1 \dot{Z}_2}{\dot{Z}_1 + \dot{Z}_2} = \frac{1/(j\omega C_1) \cdot 1/(j\omega C_2)}{1/(j\omega C_1) + 1/(j\omega C_2)} = \frac{1}{j\omega(C_1 + C_2)} \tag{2.109}$$

となる。結果は確かに C_1, C_2 の並列接続の合成容量 $(C_1 + C_2)$ を複素表示したものと一致する。これを，合成容量が $(C_1 + C_2)$ であるから合成インピーダンス $\dot{Z}$ は

$$\dot{Z} = \dot{Z}_1 + \dot{Z}_2 = \frac{1}{j\omega C_1} + \frac{1}{j\omega C_2}$$

としては間違いとなる。複素インピーダンスで表現したら純抵抗と同じように扱う。

例を示そう。**図 2.48**(a), (b) の**直並列回路**の各枝路のインピーダンス $\dot{Z}_1$, $\dot{Z}_2$, $\dot{Z}_3$ はつぎのようになる。

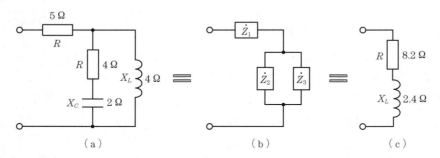

図 2.48 複素インピーダンスの直並列回路と合成インピーダンスの計算方法

$$\dot{Z}_1 = 5\,\Omega, \qquad \dot{Z}_2 = 4 - j2\,[\Omega], \qquad \dot{Z}_3 = +j4\,[\Omega]$$

合成インピーダンス $\dot{Z}$ は

$$\dot{Z} = \dot{Z}_1 + \frac{\dot{Z}_2 \cdot \dot{Z}_3}{\dot{Z}_2 + \dot{Z}_3} = 5 + \frac{(4-j2)(+j4)}{(4-j2)+j4} = 5 + \frac{8+j16}{4+j2}$$

$$= 5 + \frac{(8+j16)(4-j2)}{(4+j2)(4-j2)} = 5 + \frac{64+j48}{20} = 8.2 + j2.4\,[\Omega]$$

となる。$\dot{Z}$ の虚部は正なので，けっきょく $\dot{Z}$ は抵抗分 $8.2\,\Omega$，誘導性リアクタンス分 $2.4\,\Omega$ の RL

直列の等価回路で表せる（図(c)）。$\dot{Z}$の虚部が負になった場合は容量性リアクタンスとなるので、$\dot{Z}$はRCの直列回路に等価となる。

2.6.6　$j\omega$法を用いた交流回路解析

交流回路を流れている電流と電圧は、同じ角速度ωで同心円上を回転するベクトルとして表現できるが、回転しているので図示できない。しかし、われわれが知りたいのは、電圧と電流の振幅とそれらの位相差である。それならば**回転ベクトル**の回転を止めて静止させたベクトル（$\omega t = 0$）どうしを比較すれば十分である（**図2.49**）。そこで$\varepsilon^{j\omega t}$を省略して

$$\dot{E}(t) = E_m \varepsilon^{j(\omega t + \theta)} \quad \Rightarrow \quad \dot{E} = E_m \varepsilon^{j\theta} \tag{2.110}$$

$$\dot{I}(t) = I_m \varepsilon^{j(\omega t + \theta + \phi)} \quad \Rightarrow \quad \dot{I} = I_m \varepsilon^{j(\theta + \phi)} \tag{2.111}$$

のベクトルを考える。

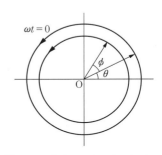

図2.49　静止させた回転ベクトル

また、実際の交流計算では最大値よりも実効値を使うほうがなにかと便利なので式(2.110)、(2.111)のE_m、I_mをそれぞれE、Iに置き換えて

$$\dot{E} = E_m \varepsilon^{j\theta} \quad \Rightarrow \quad \dot{E} = E \varepsilon^{j\theta} \tag{2.112}$$

$$\dot{I} = I_m \varepsilon^{j(\theta + \phi)} \quad \Rightarrow \quad \dot{I} = I \varepsilon^{j(\theta + \phi)} \tag{2.113}$$

のように表す。

これらのベクトルを使って、R、L、Cの直列回路に正弦波交流電圧$e(t) = E_m \sin(\omega t + \theta)$が加えられたとき、この回路を流れる電流$i(t)$を$j\omega$法で求めてみよう（**図2.50**）。

各素子の電圧降下はつぎのようになる。

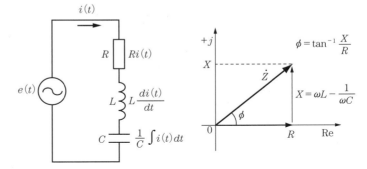

図2.50　$j\omega$法を用いたRLC直列回路の解析

R …… $Ri(t)$　（式(2.56)）

L …… $L\dfrac{di(t)}{dt}$　（式(2.44)）

C …… $\dfrac{q(t)}{C} = \dfrac{1}{C}\int i(t)dt$　（式(2.63)）

起電力 ＝ 電圧降下の和、であるから式(2.114)が得られる。

$$e(t) = Ri(t) + L\frac{di(t)}{dt} + \frac{1}{C}\int i(t)dt \tag{2.114}$$

式(2.114)を$j\omega$法で解くにはつぎの手順を踏む。

64　　2. 交　流　回　路

① $e(t) = E_m \sin(\omega t + \theta)$ を $\dot{E} = E\varepsilon^{j\theta}$ とおく。

② 求める電流 $i(t)$ を $\dot{I} = I'\varepsilon^{j\theta}$ とおく。

③ 微分記号を $j\omega$，積分記号を $1/j\omega$ とおく。

④ 上の置換を行って $\dot{I}$ を求め，その結果に $\varepsilon^{j\omega t}$ を掛けてベクトルに回転を与える。

⑤ $\dot{I}$ について，方程式の左辺（$e(t)$）が sin 波なら虚部を，cos 波なら実部をとればそれが求める解である。

式(2.114)を前述の手順に従って解こう。

$$\dot{E} = R\dot{I} + L \cdot j\omega\dot{I} + \frac{1}{C} \cdot \frac{1}{j\omega} \cdot \dot{I} = \left(R + j\omega L + \frac{1}{j\omega C}\right)\dot{I}$$

$$\dot{I} = \frac{\dot{E}}{R + j\omega L + 1/j\omega C} = \frac{\dot{E}}{\dot{Z}} \tag{2.115}$$

ここで $\dot{Z}$ を極座標表示で表すには，図 2.46 を参考にして

$$R + j\left(\omega L - \frac{1}{\omega C}\right) = \sqrt{R^2 + \left(\omega L - \frac{1}{\omega C}\right)^2}\,\varepsilon^{j\phi} \tag{2.116}$$

$$\left(\text{ただし，}\ \phi = \tan^{-1}\frac{\omega L - 1/\omega C}{R}\right)$$

式(2.116)を式(2.115)に代入して

$$\dot{I} = \frac{\dot{E}}{\sqrt{R^2 + (\omega L - 1/\omega C)^2}\,\varepsilon^{j\phi}} = \frac{E}{\sqrt{R^2 + (\omega L - 1/\omega C)^2}}\varepsilon^{j(\theta - \phi)} \tag{2.117}$$

ベクトルに回転を与え，虚部から $i(t)$ を求めると

$$i(t) = \mathscr{I}_m\left\{\frac{E}{\sqrt{R^2 + (\omega L - 1/\omega C)^2}}\varepsilon^{j(\omega t + \theta - \phi)}\right\}$$

$$= \frac{E}{\sqrt{R^2 + (\omega L - 1/\omega C)^2}}\sin(\omega t + \theta - \phi) \tag{2.118}$$

が求まる。

　このように $j\omega$ 法を使うと，微分方程式が代数計算で解けることになる。ただし，この方法では，定常解しか得られないことはすでに述べた。

　式(2.115)から

$$\dot{E} = \dot{Z}\dot{I} \tag{2.119}$$

が得られ，直流におけるオームの法則が複素数表示でも成り立っている。これらの複素数をドットを省略して

$$E = ZI \tag{2.120}$$

と書くことが多い。このとき

$$E = E_e\varepsilon^{j\theta}, \qquad I = I_e\varepsilon^{j(\theta + \phi)} \tag{2.121}$$

である。ただし，E_e，I_e は実効値を表す。

2.6.7 $j\omega$ 法の計算例

〔1〕 RLC 直列回路

$R = 3\,\Omega$, $X_L = 5\,\Omega$, $X_C = 9\,\Omega$ を図 2.51(a) のように直列に接続し，100 V，50 Hz の商用交流電圧を加えたときの電流の大きさと位相差を計算しよう．

$e(t) = E_m \sin(\omega t + \theta) = 141 \sin(100\pi t + \theta)$ を $\dot{E} = 141\,\varepsilon^{j\theta}$〔V〕とおく．$\dot{Z} = 3 + j5 - j9 = 3 - j4 = 5\,\varepsilon^{j\phi}$〔Ω〕から，$\dot{Z}$ の偏角 ϕ は $\phi = \tan^{-1}(-4/3) = -0.927\,\text{rad} = -53.1°$ となり，容量性を示す（図(b)）．よって

$$\dot{I} = \frac{\dot{E}}{\dot{Z}} = \frac{141\,\varepsilon^{j\theta}}{5\,\varepsilon^{j\phi}} = 28.2\,\varepsilon^{j(\theta-\phi)}\,\text{〔A〕}$$

となる．これにベクトル回転を与え，虚部から $i(t)$ を求めると

$$i(t) = \mathscr{I}_m\{28.2\,\varepsilon^{j(\theta-\phi)}\} = 28.2 \sin(100\pi t + \theta - \phi)$$

が得られるので，$\theta = 0\,\text{rad}$，$\phi = -0.927\,\text{rad}$ を代入すると

$$i(t) = 28.2 \sin(100\pi t + 0.927)\,\text{〔A〕}$$

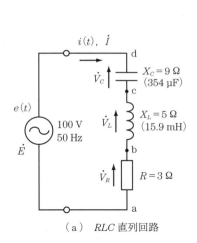

(a) RLC 直列回路

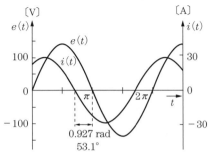

(c) 電圧，電流の瞬時波形

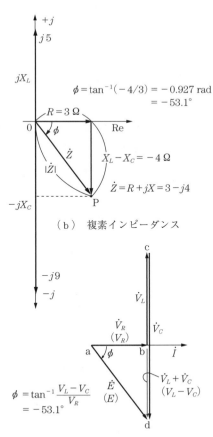

(b) 複素インピーダンス

(d) 各素子の端子電圧

図 2.51 RLC 直列回路のベクトル図

66　　2.　交　流　回　路

が導かれる。$i(t)$ は $e(t)$ よりも位相が 53.1° 進み，振幅が 28.2 A の波形になる（図（c））。なお，コイルとコンデンサの大きさはそれぞれ 15.9 mH と 354 μF である。

R, L, C それぞれの端子電圧（瞬時値）は 28.2 A を R, X_L, X_C に乗じて $V_R = 84.6$ V，$V_L = 141$ V，$V_C = 253.8$ V が得られる。一方，$\dot{E}$, $\dot{I}$, $\dot{Z}$ の大きさを E, I, Z で表すと，式（2.120）から

$$E = I \cdot Z = I \cdot \sqrt{R^2 + (X_L - X_C)^2} = \sqrt{(IR)^2 + (IX_L - IX_C)^2} = \sqrt{V_R{}^2 + (V_L - V_C)^2}$$

$$(2.122)$$

が導かれる。上式に V_R, V_L, V_C の値を代入すると

$$E = \sqrt{84.6^2 + (141 - 253.8)^2} = \sqrt{19\,881} = 141 \text{ V}$$

が得られ，この値は電源電圧の最大値に一致する。端子電圧を実効値で表して計算しても，電圧降下の和は電源電圧と等しくなる。交流回路では加えた電圧と流れる電流との間に位相差があるために，R, L, C の端子電圧を単純に加え合わせてはいけないことがわかる。

式（2.122）をベクトル図で表したのが図（d）である。R, L, C に共通して流れる電流 $\dot{I}$ を基準にとると，R の端子電圧 $\dot{V}_R$（a → b）は $\dot{I}$ と同相なので，同じ線上にある。L の端子電圧 $\dot{V}_L$（b → c）は $\dot{I}$ より位相が 90° 進むので，虚軸の $+j$ の方向に描かれる。C の端子電圧 $\dot{V}_C$（c → d）の位相は $\dot{I}$ より 90° 遅れるので，虚軸の $-j$ の方向に描かれる。$\dot{E}$ の大きさ E は直角三角形の斜辺の長さになるが，$\dot{V}_L$ と $\dot{V}_C$ が反対向きなので $\dot{V}_L + \dot{V}_C$ の大きさは $|V_L - V_C|$ となる。よって，E はベクトル図よりつぎのように表され，式（2.122）とも一致する。

$$E = \sqrt{V_R{}^2 + (V_L - V_C)^2} \qquad \phi = \tan^{-1} \frac{V_L - V_C}{V_R} = -53.1°$$

図 2.51 の回路は $V_C > V_L$ であるので容量性回路と呼ばれ，CR 直列回路と等価な性質をもつ。

〔2〕 *RLC 並列回路*

$R = 8$ Ω，$X_L = 4$ Ω，$X_C = 12$ Ω を**図 2.52**（a）のように並列に接続し，10 V，50 Hz の交流電圧を加えたときの電流の大きさと位相差を計算しよう。

$e(t) = E_m \sin(\omega t + \theta) = 14.1 \sin(100\pi t + \theta)$ を $\dot{E} = 14.1\varepsilon^{j\theta}$〔V〕とおく。$\dot{Z} = 1/(1/8 + 1/j4 - 1/j12) = 2.88 + j3.84 = 4.80\,\varepsilon^{j\phi}$ から $\dot{Z}$ の偏角 ϕ は，$\phi = \tan^{-1}(3.84/2.88) = 0.927$ rad $= 53.1°$ となり誘導性を示す（図（b））。よって

$$\dot{I} = \frac{\dot{E}}{\dot{Z}} = \frac{14.1\,\varepsilon^{j\theta}}{4.8\,\varepsilon^{j\phi}} = 2.94\,\varepsilon^{j(\theta - \phi)} \text{〔A〕}$$

となる。これにベクトル回転を与え，虚部から $i(t)$ を求めると

$$i(t) = \mathscr{I}_m\{2.94\,\varepsilon^{j(\theta - \phi)}\} = 2.94 \sin(100\pi t + \theta - \phi)$$

が得られるので，$\theta = 0$ rad，$\phi = 0.927$ rad を代入すると

$$i(t) = 2.94 \sin(100\pi t - 0.927) \text{〔A〕}$$

となり，$i(t)$ は $e(t)$ よりも位相が 53.1° 遅れた振幅 2.94 A の波形になる（図（c））。なお，コイルとコンデンサの大きさはそれぞれ 12.7 mH と 265 μF である。

R, L, C に共通な電圧 $\dot{V}$ を基準にとって，各素子に流れる電流 $\dot{I}_R$, $\dot{I}_L$, $\dot{I}_C$ をベクトル図に表し

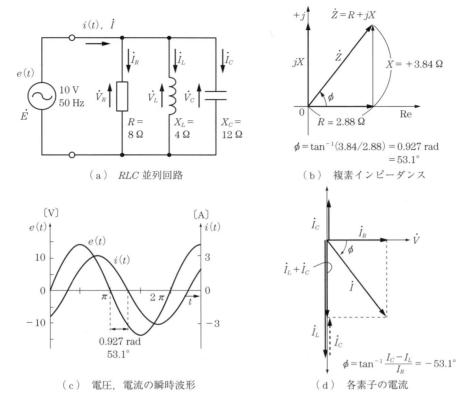

図 2.52　RLC 並列回路のベクトル図

たのが図(d)である。$\dot{I}_L$ と $\dot{I}_C$ の位相はそれぞれ $\dot{V}$ に対して 90°遅れ位相と進み位相になるので，$\dot{I}_L$ と $\dot{I}_C$ の向きは 180°異なる。

その結果，$\dot{I}_L + \dot{I}_C$ の大きさ I_X は $|I_C - I_L|$ となる。この並列回路に電源から供給される電流 I は $\dot{I}_R$ と $\dot{I}_X$ のベクトル和になるので

$$I = \sqrt{I_R{}^2 + I_X{}^2} = \sqrt{I_R{}^2 + (I_C - I_L)^2} \tag{2.123}$$

が導かれる。振幅（14.1 V）を $R = 8\,\Omega$，$X_L = 4\,\Omega$，$X_C = 12\,\Omega$ で割ると，$I_R = 1.76$ A，$I_L = 3.53$ A，$I_C = 1.18$ A が求まるので，これらの値を式(2.123)に代入すると，$I = 2.94$ A が得られる。R，L，C に流れる電流を単純に加え合わせても供給電流 I にはならないので，注意する。

この回路は R，L，C の並列回路であるが，$I_L > I_C$ であるので誘導性回路となり，RL 並列回路と等価な性質をもつ。

2.6.8　力率の改善法

図 2.53(a)のような R，L の直列回路に交流電圧 $e(t)$ を加えると，電流 $i(t)$ が流れる。回路のインピーダンス $Z = \sqrt{R^2 + X_L{}^2}$ であるので，電流 I はつぎのようになる。

$$I = \frac{E}{Z} = \frac{E}{\sqrt{R^2 + X_L{}^2}} \tag{2.124}$$

68   2. 交 流 回 路

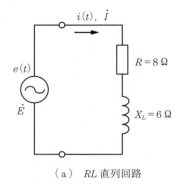

(a) RL 直列回路

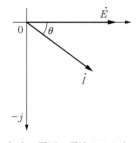

(b) 電圧, 電流のベクトル図

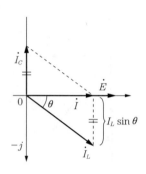

(c) コンデンサ接続による
   ベクトル図の変化

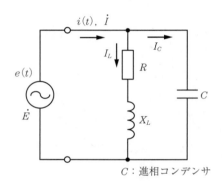

(d) 進相コンデンサを加えた回路

図 2.53 力 率 の 改 善

電力を消費するのは回路の抵抗 R だけであるので, 有効に消費される電力の割合を示す力率 $\cos\theta$ は

$$\cos\theta = \frac{RI^2}{EI} = \frac{RI}{E} = \frac{R}{Z} = \frac{R}{\sqrt{R^2 + X_L^2}} \tag{2.125}$$

が得られ, 力率は抵抗 R とインピーダンス Z の比になることがわかる。図中の $R=8\,\Omega$, $X_L=6\,\Omega$ から力率を計算すると, $\cos\theta = 8/\sqrt{8^2+6^2} = 0.8$ となる。

誘導性リアクタンスは電圧 $\dot{E}$ に対する電流 $\dot{I}$ の位相を遅らせるので, 電圧-電流ベクトルの関係は図(b)のようになる。適当なコンデンサを図(d)のように負荷に並列に接続することによって $\dot{E}$ と $\dot{I}$ を同相にすることが可能で, これを**力率改善**という。それには, 負荷に流れる電流 $\dot{I}_L$ と新たに加えたコンデンサを流れる電流 $\dot{I}_C$ の合成ベクトルが, 実軸に一致するように工夫すればよい。例えば, 図(c)のように $\dot{I}_C$ の方向は虚軸に一致するのでその大きさを $I_L\sin\theta$ の大きさと等しくすれば, 平行四辺形の対角線は実軸と平行する。よってつぎの式が成り立つ。

$$I_C = \frac{E}{1/\omega C} = I_L \sin\theta \qquad C = \frac{I_L \sin\theta}{\omega E} \tag{2.126}$$

電源を 100 V, 50 Hz の商用交流とすると, $\sin\theta = \sqrt{1-0.8^2} = 0.6$, $I_L = 100/\sqrt{8^2+6^2} = 10$ A

であるから

$$C = \frac{10 \times 0.6}{100\pi \times 100} = 191\,\mu\text{F}$$

が得られる。このコンデンサを**進相コンデンサ**という。

電力を多く使用する需要家が力率を改善すれば電力のむだが減少し，電力会社は発電所や変電所の機器容量を小さくすることができ省エネにつながる。電力会社は，力率改善を行った需要家の電気料金を割り引いて削減コストを還元している。

MEノート 11

接地とシールドの効用

検査室などでベッドに被検者を寝かせて心電図や脳波を記録する場合，**図 2.54** のように検査室の天井や壁あるいは床には電源線が張りめぐらされ，この電源線と人体は空気で絶縁

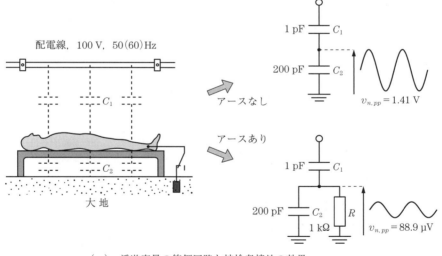

(a) 浮遊容量の等価回路と被検者接地の効果

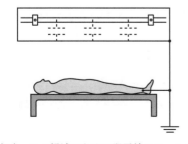

(b) ハム軽減のための配電線のシールド

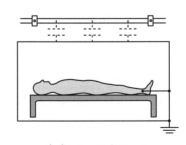

(c) シールドルーム

図 2.54 接地とシールド

されているが交流的にはわずかな静電容量を介してつながっている。この容量を**浮遊容量**という。

浮遊容量は人体と大地との間にもあり，このほうが容量は大きい。この浮遊容量は生体信号に雑音（商用交流による**ハム**（hum））を誘起し，交流障害の原因の一つとなる。

人体より上方にある電源線との浮遊容量を C_1，下方の床に対する容量を C_2 とする。人体は C_1 や C_2 に比べ良導体なので，人体は等電位と考えると，浮遊容量についての等価回路は図（a）のようになる。いま，$C_1 = 1\,\mathrm{pF}$，$C_2 = 200\,\mathrm{pF}$ とすると $50\,\mathrm{Hz}$ に対する容量リアクタンスはそれぞれつぎのようになる。

$$X_{C_1} = \frac{1}{2\pi f C_1} = \frac{1}{2 \times 3.14 \times 50 \times 1 \times 10^{-12}} = 3.18 \times 10^9\,\Omega$$

$$X_{C_2} = \frac{1}{2\pi f C_2} = 1.59 \times 10^7\,\Omega$$

よって，$100\,\mathrm{V}$ の商用交流電源によって人体に誘起される雑音 v_n は

$$v_n = 100 \times \frac{X_{C_2}}{X_{C_1} + X_{C_2}} = 0.498\,\mathrm{V}$$

にも達する。この値は実効値なので，瞬時値の peak to peak 値で表すと

$$v_{n,pp} = 2\sqrt{2}\,v_n \fallingdotseq 1.41\,\mathrm{V}$$

となる。

ここで生体の一部をアースに落とす（接地する）とどうなるであろうか？　生体と大地間の抵抗を R（$= 1\,\mathrm{k}\Omega$）とすると，$X_{C_2} \gg R$ から生体には $100\,\mathrm{V}$ を X_{C_1} と R で分圧した電圧が発生することになる。よって

$$v_{n,pp} = 100 \times \frac{R}{X_{C_1} + R} \times 2\sqrt{2} = 88.9\,\mu\mathrm{V}$$

が得られ，雑音を約 1/15 800 に減衰させることができる。

このように被検者の対地静電容量を大きく，すなわち，**対地インピーダンス**を小さくすればハムを軽減できる。生体を直接アースすることは安全上よくないので，シールドマットをビニールで絶縁した絶縁マットを被検者とベッドの間に敷きシールド部分を接地すればよい（ビニールで人体は絶縁されてはいるが，静電容量が大きいので交流的には低いインピーダンスで接地したことになる）。

一方，静電界を弱くする方法としては，図2.54（b）および（c）のように，① 配電線をシールドする方法と，② 生体をシールドルームに入れる方法がある。これによって誘導電流は，生体を経由しないでアースに流れ雑音を減少させることができる。これを**静電シールド**という（「電磁気の基礎」の1.5節参照）。

① の具体的方法としては，配電線をアースされた金属管の中を通したり，蛍光灯に金網をかぶせたりする。

②としては，天井や壁（側面）を金網で囲ったシールドルームの方法がある。これを **Faraday cage** とも呼ぶ。これらは，生体信号検出用の誘導コードをシールドするのと同じ原理である。

静電シールドでも除去できないハムは，おもに磁界によるものである。そもそも電源線に電流が流れると，**図2.55** のように導線の周りに電界と磁界が発生する。電界に基づく雑音は静電シールドで遮断できる。

これに反して，磁界の影響を**磁気シールド**で軽減させることは難しい。（「電磁気の基礎」の2.2節参照）。このような電界や磁界の強さは，一般に距離の2乗や3乗に逆比例して急速に減衰するので遠方には届かない。けっきょく，磁力線の少ない場所や環境を選んで生体計測を行うのが得策となる。

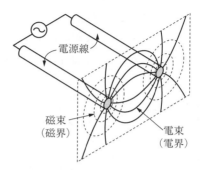

図2.55 商用交流電源線の周りにできる電界と磁界

2.6.9 コンデンサの誘電損失

実際のコンデンサ（誘電体）は完全な絶縁体ではなく，周波数が高くなると微小な電流が流れ，電気エネルギーが熱エネルギーとして失われる現象が起こる。いま，誘電体を電界内におくと，それまで不ぞろいに散らばっていた分子（双極子）の向きが回転して静電気力の向きにそろい，低い周波数では正電荷の側には負電気が，負電荷の側には正電気が瞬時に現れ，**図2.56**（a），（b）のように追随する（「電磁気の基礎」の1.10節参照）。しかし，電界の周波数が高くなると各分子は図(c)のように電界の回転方向に追随しようとして激しく方向を変え，分子どうしが衝突して摩擦熱が発生する。このように，誘電体に交流電界を加えたときに熱として失われる現象を**誘電損失**という。

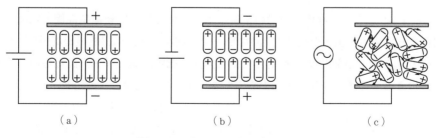

図2.56 双極子の運動と誘電損失

理想的なコンデンサでは**図 2.57**（a），（b）のように電流は電圧に対して 90°位相が進み，消費されるエネルギー損失は 0 である。しかし，周波数が高くなると前述のように誘電損失に伴う遅れ δ が生じ図（c）のように，電流は $(90°-\delta)=\theta$ だけの進み位相となって現れる。誘電損失は電気抵抗 R のように振る舞うので，コンデンサの等価回路は図（d）のように表される。δ を誘電損失角といい，$\tan\delta=|\dot{I}_R|/|\dot{I}_C|=I_R/I_C=1/(\omega CR)$ を誘電正接と呼ぶ。発熱に消費される電力 P は，$P=I_R\times|\dot{E}|=|\dot{E}|^2/R$ である。

実際のコンデンサのエネルギー損失には，誘電体自身の誘電損失のほかに，電極やリード線のもつ抵抗成分やインダクタンス成分による損失もある。

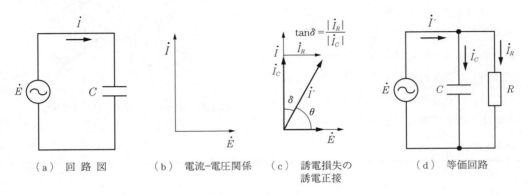

（a）回路図　　（b）電流-電圧関係　　（c）誘電損失の誘電正接　　（d）等価回路

図 2.57　誘電損失と損失角

ME ノート 12

高周波電気療法

　高周波電気療法は，電磁エネルギーを熱エネルギーに変換して組織を加温し，末梢循環と代謝を改善し，消炎や創傷治癒の促進，疼痛の緩和を図るものである。ハイパーサーミア（hyperthermia）は高周波を利用した温熱療法一般を意味するが，特に加温による癌の治療法を呼称することが多い。温熱療法にはつぎのものがある。

1. 誘 電 加 温

　図 2.58（a）のように，身体を一対の平行な平板電極で挟み電極間に高周波電圧を加えると，組織に存在する双極子が交番電界中で激しく方向を変え，摩擦熱（誘電損失）が発生する（2.6.9 項参照）。誘電損失を利用したこの方法を**誘電加温**と呼ぶ。誘電加温の発熱機序は摩擦熱によるもので，身体の表面から深部までが一様に加温される。数〜数十 MHz の周波数を用いた RF（radio frequency）波加温は RF 容量結合型加温法と呼ばれ，ハイパーサーミアの領域で主流になっている。共振点で電圧が最大となる並列共振回路（3.6.2 項参照）が用いられる。

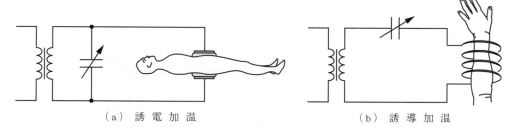

(a) 誘電加温　　　　　　　　　　(b) 誘導加温

図 2.58　ハイパーサーミア

2. 誘導加温

図 2.58(b) のように，身体の一部をソレノイド状のコイルで被い数十 MHz の高周波電流を流すと，身体内部にうず電流（「電磁気の基礎」の 2.9 節参照）が流れてジュール熱が発生し，組織が加温される。これが**誘導加温**の原理である（IH 機器と同じ原理）。うず電流は導体（身体）を貫く磁束の変化によって誘導起電力が生じ，うず状の誘導電流が流れる現象であるが，身体では電気抵抗の低い筋組織でうず電流が生じる。電気抵抗の高い脂肪組織では誘導電流が小さく熱発生も少ない。誘導電流は同心円状に流れるが，周辺部に多く流れるので深部よりも皮膚近傍がより強く加温される。共振点で電流が最大となる直列共振回路（3.6.1 項参照）が使われる。

3. マイクロ波加温

マイクロ波加温は誘電加温と同じ原理であるが，電極間の電界を使用せずマグネトロンと呼ばれる電子管から放射される電磁波を利用して加温を行う（電子レンジと同じ原理）。マイクロ波は UHF と SHF（表 2.2）の電磁波を指すが，実際の加温には UHF（430，915，2 450 MHz）が用いられることが多い。接触型と非接触型に分けられる。**図 2.59**(a) のような非接触型ではアプリケータ（導子）から照射された電磁波の一部は反射されるが，生体内に浸透した透過波は組織にエネルギーを吸収され指数関数で減衰していく（図(b)）。吸収されたエネルギーは熱となって組織を加温する。

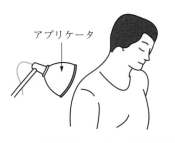
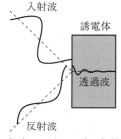

(a) 非接触型のマイクロ波治療器　　(b) マイクロ波の伝搬

図 2.59　マイクロ波加温

3 電気回路の基礎

3.1 重ね合わせの定理

二つ以上の起電力（電圧源や電流源）をもつ回路網において各枝路を流れる電流や節点間の電圧は，各起電力がそれぞれ単独に存在したときに流れる電流や電圧を足し合わせたものに等しい。これを**重ね合わせの定理**という。ただし，ある一つの起電力について枝路電流を求めるとき，他の起電力については電圧源は短絡（ショートで電圧0），電流源は開放（オープンで電流0）した状態にして求め，残りの起電力についても同様の手順で行う。

図 3.1 の回路電流 I を重ね合わせの定理を用いて解こう。まず，起電力 E_1 あるいは E_2 が単独に存在したときの回路をかく。このとき取り去った起電力（E_2 あるいは E_1）の後は短絡しておく。E_1 あるいは E_2 が単独に存在したときに流れる電流を，極性に注意してそれぞれ I_1, I_2 として求めると

$$I_1 = \frac{E_1}{R}, \qquad I_2 = \frac{E_2}{R}$$

となる。電流 I は，E_1 および E_2 が同時に存在するときの電流なので I_1 と I_2 の代数和となる。このとき電流の向きに注意して加え合わせる。つまり，電流の正の向きを仮に決め，結果が負の値のときは仮定とは逆の向きに流れるとすればよい。I_1 の向きを正とすると

$$I = \frac{E_1}{R} - \frac{E_2}{R} = \frac{E_1 - E_2}{R} \tag{3.1}$$

となる。この定理は，直流のみでなく交流回路にも応用できる。ただし交流は，複素ベクトル表示されたもので計算する。

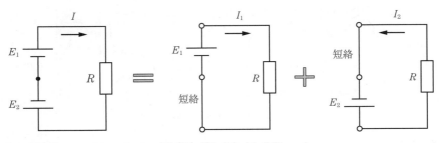

図 3.1 重ね合わせの定理

ここで，図 3.2 に示す定数の入った回路で練習してみよう．型通りに各起電力ごとの回路をつくり電流を求める．

$$I_1 = \frac{9}{2 + 3 /\!/ 7} = \frac{9}{4.1} = 2.20 \text{ A}$$

$$I_2 = \left(\frac{7}{2 /\!/ 3 + 7}\right)\frac{3}{2+3} = 0.512 \text{ A}$$

I_1 の向きを正として I_1，I_2 の代数和を求めると

$$I = I_1 - I_2 = 2.20 - 0.512 = 1.69 \text{ A}$$

が得られる（式中の $/\!/$ の記号は並列接続を表す）．

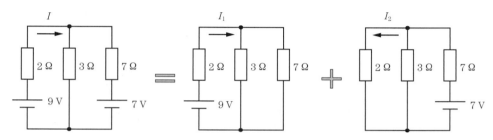

図 3.2 重ね合わせの定理を使った計算例

重ね合わせの定理が成り立つ回路を**線形（リニア）回路**と呼んでいる．成り立たない場合は**非線形（ノンリニア）回路**という．大部分の回路は線形として扱えるし，センサ回路などでは，ノンリニアの狭い範囲をリニアとみなして物理化学現象を検出する場合もある．

ME ノート 13

細胞内は負電位

ME ノート 2 の細胞膜の電気的等価回路のところで，膜内外のイオンの濃度差は平衡電位（起電力）をつくり，イオンの膜透過性が膜抵抗（内部抵抗）に置き換わり，これらは乾電池の等価回路とよく一致することを学んだ．細胞膜の内外は，Na^+，Cl^-，K^+，Ca^{2+} など太古の海水の組成に類似したイオンで満たされ，それぞれのイオンが平衡電位を維持している．

図 3.3 に心筋細胞の静止（非興奮）状態の等価回路を示す．ここでは Na^+ と K^+ の 2 種類のイオンの起電力しか示されていないが膜の性質を十分説明できる．この回路に重ね合わせの定理を適用して**膜電位 V_m** を求めてみる．

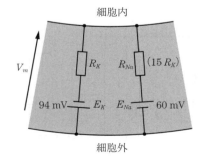

図 3.3 心筋細胞膜の電気的等価回路

図3.4に示すように，求める電流 I は，E_K，E_{Na} が単独に存在したときの電流 I_K および I_{Na} の和であるから

$$I = I_K + I_{Na} = \frac{94}{R_K + 15R_K} + \frac{60}{R_K + 15R_K} = \frac{154}{16R_K}$$

膜電位 V_m は

$$V_m = -94 + R_K \cdot I = -94 + R_K \frac{154}{16R_K} = -84.4\,\text{mV}$$

となる。静止状態では細胞内は細胞外を基準（0電位）にとると $-84.4\,\text{mV}$ の負の電位を形成している。そして，これに見合う電荷が，$1\,\mu\text{F/cm}^2$ の静電容量をもつ細胞膜のコンデンサに帯電している（MEノート6参照）。これまでの説明は心筋細胞に限らず，神経や筋などの興奮性細胞にも当てはまる。

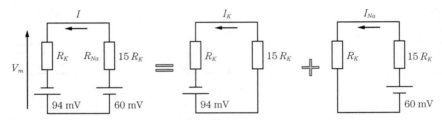

図3.4　重ね合わせの定理を使った膜電位 V_m の算出法

3.2　テブナンの定理

図3.5のように，いくつかのインピーダンス（抵抗，コイルあるいはコンデンサの直並列回路）と起電力を含む回路網があるとき，内部の回路はよくわからなくとも（ブラックボックスという），a，b端子間の開放電圧 $\dot{V}$ と a，b端子間から回路網を見たときのインピーダンス $\dot{Z}_0$ がわかっていれば，端子 a，b にインピーダンス $\dot{Z}$ を接続したとき $\dot{Z}$ を流れる電流 $\dot{I}$ は

$$\dot{I} = \frac{\dot{V}}{\dot{Z}_0 + \dot{Z}} \tag{3.2}$$

で与えられる。これを**テブナンの定理**という。

ここで，開放電圧は，a，b端子間に負荷を接続しないとき（あるいは電流を流さないとき），

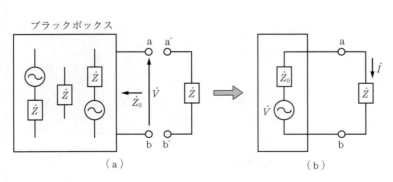

図3.5　テブナンの定理

a，b 間に現れる電圧をいう。具体的には，入力インピーダンスの大きい電圧計で測定すればほぼ正しい開放電圧が得られる。$\dot{Z}_0$ は**内部インピーダンス**といわれ，回路網中のすべての起電力を取り去って，電圧源は短絡，電流源は開放にしたときの a，b 端子間の合成インピーダンスをいう。どんな複雑な回路でも，$\dot{V}$ と $\dot{Z}_0$ がわかっていれば，$\dot{V}$ と $\dot{Z}_0$ を直列に接続した**等価電圧源回路**（3.4.1 項参照）で表せる。

この定理を**図 3.6**（a）の回路に適用して電流 I を計算しよう。まず，回路網の a，b 端子間に現れる開放電圧 $\dot{V}$ を求めるが，$\dot{V}$ は点 b を基準にして起電力を 6 Ω と 3 Ω で分圧

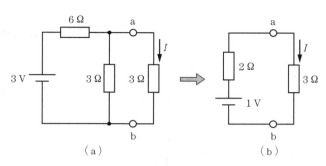

図 3.6　テブナンの定理を使った計算例

した点の電圧なので，$\dot{V} = 3 \times 3/(3+6) = 1$ V となる。

つぎに，a，b 端子間から回路網を見たときの内部抵抗 $\dot{Z}_0$ を求める。この際，起電力は取り去り，そのあとを短絡したときの合成抵抗から算出する。$\dot{Z}_0 = 6 /\!/ 3 = (6 \times 3)/(6+3) = 2$ Ω が得られる。

このようにして求まった $\dot{V}$，$\dot{Z}_0$ と負荷抵抗 $\dot{Z}$（$= 3$ Ω）を用いて図（b）が得られ，$I = 1/(2+3) = 0.2$ A が求まる。理解を容易にするために直流回路で説明したが，交流回路についても同様の手順で解ける。

3.3　ノートンの定理

図 3.7 において，a，b 端子間を短絡したときに流れる短絡電流を $\dot{I}_0$，ブラックボックス内の電圧源は短絡，電流源は開放して a，b 端子間から見たときのアドミタンスを $\dot{Y}_0$（$= 1/\dot{Z}_0$）とする。このとき，a，b 間にアドミタンス $\dot{Y}$（$= 1/\dot{Z}$）を接続すると，a，b 間にはつぎの端子電圧 $\dot{V}$ が現れる。これを**ノートンの定理**という。

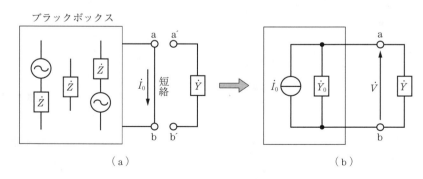

図 3.7　ノートンの定理

$$\dot{V} = \frac{\dot{I}_0}{\dot{Y}_0 + \dot{Y}} = \frac{\dot{I}_0 \dot{Z}_0 \dot{Z}}{\dot{Z}_0 + \dot{Z}} \tag{3.3}$$

78   3. 電気回路の基礎

ノートンの定理は等価電流源回路とも呼ばれ，テブナンの定理（等価電圧源回路）との間には短絡電流 ⟺ 開放電圧，内部アドミタンス ⟺ 内部インピーダンス，電流源 ⟺ 電圧源などの双対性がある。

3.4 定電圧源と定電流源

3.4.1 電　圧　源

乾電池は，起電力 E とそれに直列に内部抵抗が接続された**図 3.8**(a) の等価回路で表されることはすでに学んだ（図 1.17 参照）。この等価回路の起電力 E は内部抵抗が 0 の理想的な電源を意味し，**定電圧源**と呼ばれる。定電圧源の内部抵抗は 0 なので，負荷の大小あるいは流れる電流の大小にかかわらず一定の電圧を保持する。直流および交流の定電圧源を図 3.8 の (a)，(b) のように表すが，一般的な定電圧源の図記号は (c) である。

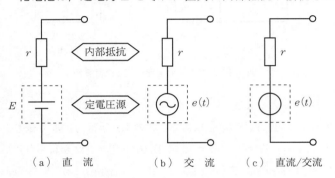

図 3.8　定電圧源と等価電圧源

身の回りにはいろいろな電源があるが，内部抵抗が 0，すなわち定電圧源のみで表せる電源は存在しない。したがって，図 3.8 のように理想的な定電圧源に内部抵抗 r を直列接続した回路で表し，これを**等価電圧源**と呼ぶ。

等価電圧源に負荷抵抗 R を接続したときの端子電圧 V は（**図 3.9**）

$$V = E - rI = E\frac{R}{r+R} \tag{3.4}$$

である。$r \ll R$ のときは

$$V = E\frac{1}{1+r/R} \fallingdotseq E \tag{3.5}$$

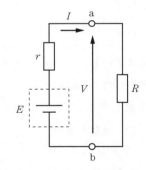

図 3.9　負荷を接続した等価電圧源

となる。すなわち，内部抵抗が負荷抵抗に比べ十分小さいときは，端子電圧 V は起電力 E に近い値をとる。この回路の電流 I は

$$I = \frac{E}{r+R} \tag{3.6}$$

で表せ，$r \ll R$ のときは

$$I = \frac{E}{R(1+r/R)} \fallingdotseq \frac{E}{R} \tag{3.7}$$

となり，負荷抵抗によって電流値が決まる．

3.4.2 電流源

図 3.9 の回路において r が R に比べ十分大きいときは

$$I = \frac{E}{r(1 + R/r)} \fallingdotseq \frac{E}{r} \quad (3.8)$$

となり，I は一定電流 E/r をとる．ここで，もし r が無限大であれば，負荷の大小にかかわらず電流はつねに一定となる．このような，内部抵抗無限大で一定の電流を供給できる理想的な電源を**定電流源**と呼ぶ．定電流源は**図 3.10**（a）のように表す．実際の電源を定電流源を使って表すと図（b）になる．これを**等価電流源**と

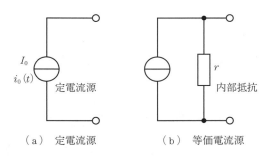

図 3.10　定電流源と等価電流源

いう．内部抵抗 r は定電流源に並列に入る．定電流源の内部抵抗は無限大なので，定電流源に直列に内部抵抗 r を接続しても無意味である．

　一般の電源は理想的な定電圧源や定電流源ではないので，等価電圧源や等価電流源で表すことになる．このとき，内部抵抗が小さいときは等価電圧源で，内部抵抗の大きいときは等価電流源で表すのがその後の解析に便利である．

　重ね合わせの定理やテブナンの定理を応用して回路解析を行うとき，電源を取り去った後を定電圧源では短絡，定電流源では開放にしてきた．これは内部抵抗が前者は 0，後者は無限大であることを考えれば容易に理解できる．

　われわれの身近にもいろいろの電源があるが，乾電池は 1.5 V，リチウム電池は 3.0 V，商用電源は 100 V というように，供給電圧が一定の定電圧源ばかりである．もし，これらが定電流源だとすると，負荷の大小にかかわらず一定電流が負荷に流れ危険極まりないことになる．

　また，これらの電源は必ず内部抵抗をもっている．冷蔵庫やエアコンのスイッチが入った瞬間，部屋の電灯が暗くなるのを経験したことがあるであろう．これは，これらの機器の起動時の大電流が，屋外の柱上変圧器から室内のコンセントまでの引込線の抵抗（r に相当）を流れて電圧降下を生じ，コンセントの端子電圧を下げたためである．つまり，コンセントの電圧が 100 V といってもわずかの内部抵抗をもち，図 3.9 のような等価回路になっているのである．

3.4.3　電圧源と電流源の相互変換

　どのような電源も，等価電圧源（テブナンの定理）や等価電流源（ノートンの定理）で表現でき，かつ相互に変換できる．

　いま，**図 3.11** の二つの等価回路が等しいとすると，いずれの開放電圧 V も等しくなければならない．等価電圧源の開放電圧は E，等価電流源の開放電圧は内部抵抗 r に定電流 I_0 が流れたとき

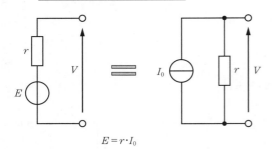

図 3.11 電圧源と電流源の相互変換

の端子電圧であるので，式(3.9)が成り立つ。

$$E = r \cdot I_0$$
$$\therefore \quad r = \frac{E}{I_0} \quad (3.9)$$

この関係式を使えば，等価電圧源と等価電流源を相互に置き換えることができる。

ME ノート 14

定電圧刺激と定電流刺激

生体組織の電気的等価回路は低周波数帯では，抵抗と静電容量の並列回路で表せる（図2.21参照）。したがって，生体を電気刺激した場合，静電容量の作用で組織内には生体に加えられた刺激波形とは異なった電流や電圧が現れる。

図 3.12 は，**定電圧刺激**（内部抵抗 50 Ω 以下）と**定電流刺激**（内部抵抗 10 kΩ 以上）を行ったときの組織中の電流波形と電圧波形の模式図である。R_t，C_t はそれぞれ組織の抵抗と静電容量，R_e は刺激電極の抵抗を表す。定電圧の単一方形波で刺激すると，組織にはそれを微分した波形の電流が流れる。

一方，定電流方形波刺激では，積分された形状の電圧が組織に加わる（微分，積分については 4.5 節で説明する）。植込み式の心臓ペースメーカの出力には定電圧刺激が，体外式の一部では定電流刺激が用いられている。

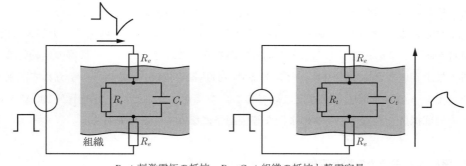

R_e：刺激電極の抵抗，R_t，C_t：組織の抵抗と静電容量

（a）定電圧刺激　　　　　　　（b）定電流刺激

図 3.12 定電圧刺激と定電流刺激の組織内波形

3.5 インピーダンス整合

電源や増幅器などの電気回路に接続した負荷に，最大電力を供給するにはどうすればよいかを考える。起電力を含む電気回路はテブナンの定理から，内部抵抗 r と開放電圧 E をもつ等価電圧源で表せる。負荷抵抗を R とすると負荷で消費される，すなわち取り出せる電力 P は式(3.10)で表せる（**図 3.13**(a)）。

$$P = RI^2 = \frac{RE^2}{(r+R)^2} \ [\text{W}] \tag{3.10}$$

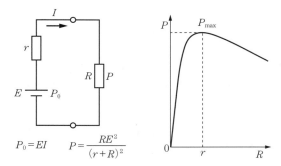

(a) 負荷を接続した等価電圧源　(b) 電力(P)-負荷(R)曲線

図 3.13 インピーダンス整合

式(3.10)を，R を横軸に，P を縦軸にとったグラフに描くと図(b)に示すように上に凸な関数となる。最大値を求めるために P の式を R で微分すると

$$\frac{dP}{dR} = E^2 \frac{r-R}{(r+R)^3} \tag{3.11}$$

$dP/dR = 0$ から，P は $R = r$ で最大となり，このときの最大電力 $P_{\max}$ は

$$P_{\max} = \frac{E^2}{4r} \ [\text{W}] \tag{3.12}$$

が導かれる。

このように，負荷に最大の電力を送達するために $R = r$ の条件にすることを**整合（マッチング）**をとる，あるいは**インピーダンス整合**という。この理論は，交流においても成り立つ。

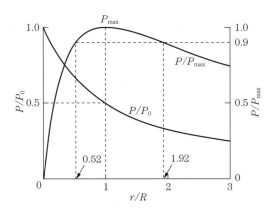

図 3.14 $P/P_{\max}$, P/P_0 と r/R の関係図

$P_{\max}$ に対する P の比を求めると式(3.13)となる。

$$\frac{P}{P_{\max}} = \frac{RE^2/(r+R)^2}{E^2/4r}$$
$$= \frac{4}{2 + r/R + 1/(r/R)} \tag{3.13}$$

r/R を横軸にとって $P/P_{\max}$ を図示すると，上に凸な**図 3.14** に示す曲線が得られる。

$P/P_{\max}$ が最大値から 10% 減少する点の r/R の値を計算すると 0.52 と 1.92 が求まる。すなわち，R の値が整合値である r のおよそ

1/2から2倍の範囲にあれば，取り出せる電力の減少はたかだか10％に過ぎない。それほど神経質にマッチングにこだわらなくともよいことがわかる。

整合時，電圧源の内部抵抗で消費される電力と負荷で消費される電力は等しい（∵ $rI^2 = RI^2$）。整合をとっても供給エネルギーの半分しか外部に取り出し得ないことはちょっと意外である。このことを数式で表してみよう。負荷抵抗 R に取り出せる電力 P と，等価電圧源から供給している電力 P_0 の割合は，電力を外部に送りこむ効率と考えられる。よって

$$\frac{P}{P_0} = \frac{RI^2}{EI} = \frac{R}{r+R} = \frac{1}{1+r/R} \tag{3.14}$$

が得られる。$R = r$ のときは前述のように効率は 1/2 となる。図 3.14 の P/P_0 曲線に示すように r/R が小さくなるほど効率はよくなり 1.0 に近づく。すなわち，内部抵抗の小さい電圧源ほど効率がよいことがわかる。

けっきょく，電力を取り出すための電圧源は内部抵抗が十分小さければよく，マッチングの必要はない。

一方，内部抵抗が相対的に大きい電気回路では整合をとれば最大の電力を取り出すことができることになる。

以上の理論は，オーディオアンプにスピーカを接続したり，テレビのアンテナ端子にケーブルをつなぐときなどに重要であるが，生体計測には適用されない。生体計測では心電図や脳波のような生体が発生する電気信号を忠実に検出することが重要で，生体の発電体からエネルギーを取り出すことを目的とはしていない。

したがって，整合をとるのではなく，入力抵抗の高い増幅器を使用する。これについては 8.7.2 項で詳しく述べる。

ME ノート 15

クロナキシーとエネルギーの効率

神経や筋を定電流刺激する場合，刺激電流のパルス幅が短いと強い電流を必要とし，長いパルス幅では弱い電流で興奮する。興奮を起こすための刺激電流 i とその通電時間 t の間には，a, b を定数とするとつぎの関係がある。

$$i = a + \frac{b}{t} \tag{3.15}$$

これを**強さ－時間曲線**（Weiss の式）といい，図 3.15 のように双曲線で表せる。刺激に必要な最小の電流を**基電流**という。基電流の 2 倍の電流（$2a$）に相当する時間を**クロナキシー** t_c（chronaxy：時値）といい，興奮性細胞

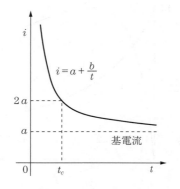

図 3.15 強さ－時間曲線

や組織の刺激閾値の指標として用いている。じつはクロナキシーは，エネルギー最小の効率のよい刺激であるということを証明しよう。

通電中に消費されるエネルギー（電力量）W は，刺激電極間抵抗 R を一定とすると，式(1.33)より

$$W = Ri^2 t = R\left(a + \frac{b}{t}\right)^2 t \tag{3.16}$$

となり，図3.16に示すように下に凸な曲線が得られる。W を t で微分すると

$$\frac{dW}{dt} = R\left(a - \frac{b}{t}\right)\left(a + \frac{b}{t}\right) \tag{3.17}$$

が導かれ，$dW/dt = 0$ から $t = b/a$，すなわち $t = t_c$ のとき W は，最小値をとることがわかる。したがって，エネルギー効率の面から，クロナキシーは最も経済的な刺激であるといえる。

臨床検査で神経や筋を刺激するときの通電時間には 0.05〜0.1 ms が用いられる。人工心臓ペースメーカでは 0.2〜1 ms のパルス幅の単一方形波が利用される。

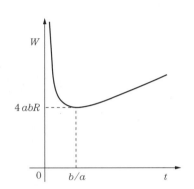

図3.16 通電時間（t）と消費エネルギー（W）の関係

3.6 共振回路

つり橋を渡るとき，つり橋のちょっとした揺れに拍子を合わせて歩いていると，次第に揺れが大きくなっていくことを経験したことがあるであろう。また，ブランコに乗った人の背中を周期に合わせて指先で軽く押していると，ブランコの揺れは徐々に大きくなっていく。

このように物体の動きやすい周期と，外から加えられる力の周期が一致すると，わずかな力で非常に大きな物を振動させることができる。このような振動現象の基本的性質を単振り子で学ぼう。

図3.17に示す単振り子がある。この振り子のおもりをAの位置（高さ）におくことは，点Bの高さを基準にとると，高さ h に相当する，位置のエネルギーをおもりに与えることになる。おもりから手を離すと，この位置のエネルギーは運動のエネルギーに変換されながら点Bを通過し，点Cに向かう。点Bでは，位置のエネルギーは0で運動のエネルギーのみとなる。

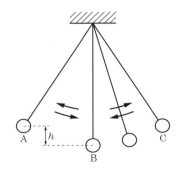

図3.17 単振り子の運動

もし，空気抵抗がなければおもりは点Aと同じ高さの点Cに達し，位置のエネルギーのみとなる。おもりは再び点Cから点Bを通って点Aに向かい，同じ運動（振動）が繰り返される。実際には，空気抵抗があるため振動は減衰するが，1周期に失われるエネルギーを毎回補えば振動は持続する。これは，ブランコに乗った人の背中を指先でほんの少し押すだけで揺れが続くことからも理解できる。

以上の現象を電気回路に当てはめてみよう。図 3.18(a)の回路でスイッチSをaに入れてコンデンサCを充電すると，コンデンサには$1/2\,CV^2$の静電エネルギーが蓄えられる。このエネルギーは振り子の位置のエネルギーに相当する。

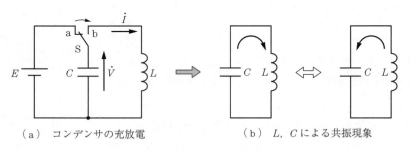

(a) コンデンサの充放電　　　　　(b) L, Cによる共振現象

図 3.18　L, Cによる共振現象

つぎにスイッチSをaからbに切り換えると，コンデンサの電荷はコイルLに流れて放電し電流$\dot{I}$が流れる。静電エネルギーは指数関数カーブでコイルに磁束を発生させて，コンデンサの電荷が0になったときコイルには$1/2\,LI^2$の磁気エネルギーがたまる。これは振り子の運動エネルギーに相当する。

以後は，磁気エネルギーは再び静電エネルギーに変換され，CからLへ，LからCへと電気エネルギーのやりとりが繰り返される（図(b)）。この電気的振動を**共振**と呼ぶ。このような電気エネルギーのやりとりができる理由は，LとCの電圧に対する電流の位相が，それぞれ「90°位相遅れ」と「90°位相進み」の性質をもつからである。このことを表したのが図 3.19 である。$\dot{V}_L$と$\dot{V}_C$はたがいに 180°位相が異なる。

やりとりされる静電エネルギーと磁気エネルギーは等しいことから

$$\frac{1}{2}\,CV^2 = \frac{1}{2}\,LI^2 \tag{3.18}$$

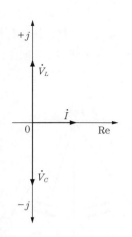

図 3.19　V_LとV_Cの位相関係

$$\frac{V^2}{I^2} = \frac{L}{C} \quad \therefore \quad \frac{V}{I} = \sqrt{\frac{L}{C}} \tag{3.19}$$

となる。V/Iはインピーダンスの次元をもち，誘導性または容量性リアクタンスと一致するので

$$\omega L = \frac{1}{\omega C} = \sqrt{\frac{L}{C}} \tag{3.20}$$

$$\therefore \quad f_0 = \frac{1}{2\pi\sqrt{LC}} \ \text{[Hz]} \tag{3.21}$$

が導ける。この回路の振動の周波数は L と C によって決まり，**固有周波数**や**共振周波数**と呼ばれる。

図3.18の回路で共振現象が見られたのは，「L や C のような異なったエネルギー蓄積要素が2個以上存在」したからである。L のみあるいは，C のみの回路ではエネルギーのやりとりができないので，共振現象は絶対に起こらない。

このことは，振動や共振現象が起こるための大原則なので覚えておくとよい（ただし，能動素子を使えば蓄積要素が1個でも振動現象が現れる）。

振り子運動が空気抵抗で弱まるように，電気的な共振回路においてもコイルやリード線に含まれる抵抗によってジュール熱が発生し，エネルギーが消費され共振現象が減衰する。もし，この減衰に相当するエネルギーを外から補ってやれば，共振回路は持続して振動する。それには，固有周波数に等しい交流電源を回路に直列に挿入すればよい（**図3.20**）。

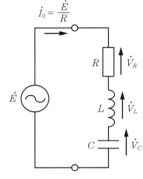

図3.20 直列共振回路

3.6.1 直列共振回路

図3.20のような R, L, C が直列に接続された回路は**直列共振回路**と呼ばれる。この回路のインピーダンス $\dot{Z}$ は

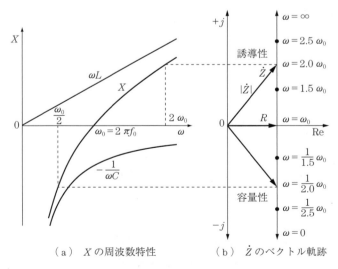

（a）X の周波数特性　　（b）$\dot{Z}$ のベクトル軌跡

図3.21 直列共振回路の周波数特性とベクトル軌跡

$$\begin{aligned}\dot{Z} &= R + j\omega L + \frac{1}{j\omega C} \\ &= R + j\left(\omega L - \frac{1}{\omega C}\right) \\ &= R + jX \quad (3.22)\end{aligned}$$

である。X はリアクタンスである。横軸を周波数，縦軸をリアクタンス X にとって（$\omega L - 1/\omega C$）の性質を見たのが**図3.21**（a）である。

X は $\omega \to \infty$ において ωL に漸近し，$\omega \to 0$ において $-1/\omega C$ に近接する。その途中に $\omega L = 1/\omega C$ となる ω_0 がある。

したがって

$$\omega_0 L = \frac{1}{\omega_0 C}, \qquad \omega_0{}^2 = (2\pi f_0)^2 = \frac{1}{LC} \qquad (3.23)$$

$$\therefore \quad f_0 = \frac{1}{2\pi\sqrt{LC}} \ [\text{Hz}] \qquad (3.24)$$

が導かれ，エネルギーの面から求めた共振周波数の式(3.21)とも一致する。

一方，$\dot{Z}$をベクトル図で表すと図3.21(b)になる。RとXの合成成分が$\dot{Z}$になるので，ωが0から∞まで変化するとき，Xは$-\infty$から$+\infty$まで変化し，$\dot{Z}$の軌跡は虚軸に平行で実軸をRで切る直線となる。$\omega = \omega_0$のとき$\dot{Z}$は実軸上にあり，$\omega > \omega_0$ではL成分が残るので誘導性を示し，$\omega < \omega_0$ではC成分が優位となり，容量性を呈する。

また，$|\dot{Z}| = \sqrt{R^2 + (\omega L - 1/\omega C)^2}$の周波数特性をグラフに表すと図3.22が得られる。$\omega = \omega_0$でリアクタンス成分がなくなり$|\dot{Z}|$は最小値Rをとる。このとき$|\dot{I}_0|$が最大になり共振が最高になるが，これを式で示そう。

$$\dot{I} = \frac{\dot{E}}{\dot{Z}} = \frac{\dot{E}}{\sqrt{R^2 + (\omega L - 1/\omega C)^2}} \varepsilon^{-j\phi} \qquad (3.25)$$

$$\phi = \tan^{-1} \frac{\omega L - 1/\omega C}{R} \qquad (3.26)$$

$$|\dot{I}_0| = \frac{|\dot{E}|}{|\dot{Z}|} = \frac{|\dot{E}|}{\sqrt{R^2 + (\omega L - 1/\omega C)^2}} = \frac{E}{R} \qquad (3.27)$$

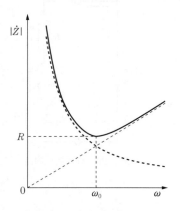

図3.22 $|\dot{Z}|$の周波数特性

共振が起きているとき，Lの両端には

$$|\dot{V}_L| = \omega_0 L \times |\dot{I}_0| = \omega_0 L \times \frac{E}{R}$$

の電圧が生じている。これを変形して電圧Eとの比をとってQとおくと

$$Q = \frac{|\dot{V}_L|}{E} = \frac{\omega_0 L}{R} \qquad (3.28)$$

が得られる。同様にしてCについてもつぎの式が導かれる。

$$Q = \frac{|\dot{V}_C|}{E} = \frac{1}{\omega_0 CR} \qquad (3.29)$$

したがって，$|\dot{V}_L|$，$|\dot{V}_C|$はつぎのようになる。

$$|\dot{V}_L| = QE \qquad |\dot{V}_C| = QE \qquad (3.30)$$

式(3.30)は，それぞれ共振時にLおよびCの両端に電源電圧の何倍の電圧が発生しているかを示す式で，Qを**尖鋭度**または**Q値**（quality factor）という。

ここで，例を示そう。図3.23(a)の直列共振回路で$L = 6.3\,\text{mH}$，$C = 1\,\mu\text{F}$は一定にして，$R = 2\,\Omega$，$R = 5\,\Omega$，$R = 20\,\Omega$の場合のそれぞれについて，電流の値を計算する。式(3.24)から共振周波数は$f_0 = 2\,\text{kH}$で，$X_L = X_C = 79.2\,\Omega$である。電源電圧を$10\,\text{V}$一定に保ち周波数を変化させると，$|\dot{I}|$は図(b)のように山の形を呈し，共振周波数において最大値をとる。また，回路に

3.6 共振回路　87

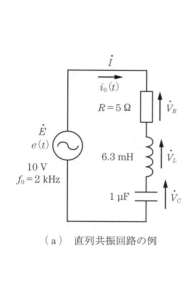

（a）直列共振回路の例

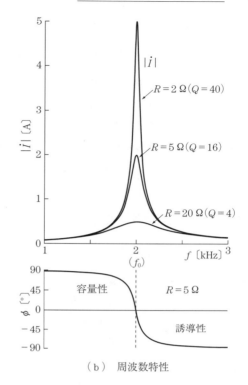

（b）周波数特性

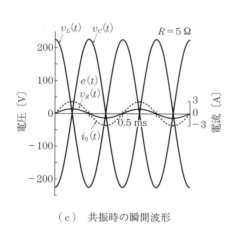

（c）共振時の瞬間波形

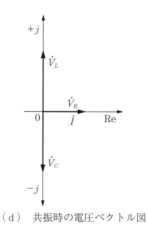

（d）共振時の電圧ベクトル図

図 3.23　直列共振回路の特性

含まれる抵抗 R が小さいほどより大きな $|\dot{I}|$ が流れ，山の形は尖って急峻となる。位相 ϕ は f_0 を境に遅れ位相から進み位相に変わる。

$R = 5\,\Omega$ の場合について，共振時の L および C の両端に発生する電圧を求める。回路を流れる電流は $|\dot{I}_0| = 10/5 = 2\,\mathrm{A}$ となり，$X_L = X_C \fallingdotseq 80\,\Omega$ であるから，L，C の電圧 $\dot{V}_L(v_L)$，$\dot{V}_C(v_C)$ はそれぞれ

88   3. 電気回路の基礎

$$\dot{V}_L = j\omega_0 L \times |\dot{I}_0| = j80 \times 2 = j160 \qquad v_L(t) = 226\sin(\omega t + \pi/2) \qquad (3.31)$$

$$\dot{V}_C = \frac{1}{j\omega_0 C} \times |\dot{I}_0| = -j80 \times 2 = -j160 \qquad v_C(t) = -226\sin(\omega t + \pi/2) \qquad (3.32)$$

となる。尖鋭度は $Q = 80/5 = 16$ であるので，L, C の両端には電源電圧の 16 倍という高い電圧が発生する。したがって，L や C はこの高い電圧に見合う耐電圧をもった製品にしないと，絶縁破壊を生じる恐れがある。$\dot{V}_L$, $\dot{V}_C$ はベクトル図で表すと図（d）のようになり，$v_L(t)$ は電源電圧 $e(t)$ よりも $90°$ 位相が進み，$v_C(t)$ は $e(t)$ よりも $90°$ 位相が遅れることになる。その結果，図（c）に示すように共振時には $v_L(t)$ と $v_C(t)$ はたがいに逆相となり打ち消し合うことになる。電源側から回路を見るとインピーダンスは $Z = R$ となり，X_L と X_C 成分はなくなるが，$v_L(t)$ と $v_C(t)$ はたがいに $180°$ の位相差をもってちゃんと存在し，回路から消え失せるわけではない。

3.6.2 並列共振回路

コイルとコンデンサの端子どうしを結合し，その 2 端子間にエネルギーを与えると共振現象が見られることはすでに説明した（図 3.18 参照）。この場合，コイルとコンデンサは電源に対して並列に接続されているので**並列共振回路**と呼ばれる。コイルの巻線抵抗分を R とすると，並列共振回路は**図 3.24** のように表せる。

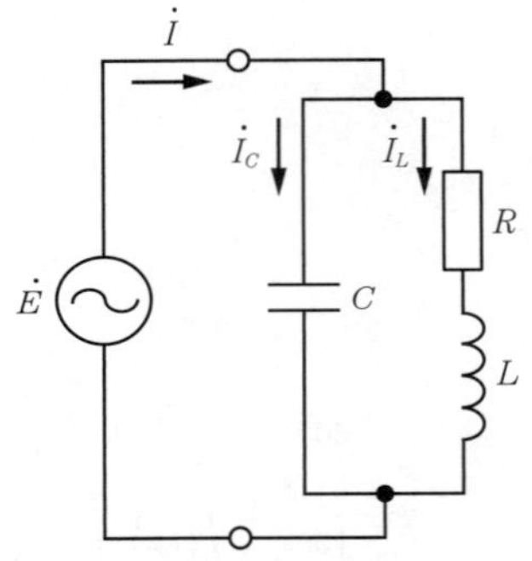

並列接続なのでアドミタンス $\dot{Y}$ を求めると

$$\dot{Y} = \frac{1}{\dot{Z}} = j\omega C + \frac{1}{R + j\omega L} = j\omega C + \frac{R - j\omega L}{R^2 + \omega^2 L^2}$$

$$= \frac{R}{R^2 + \omega^2 L^2} + j\left(\omega C - \frac{\omega L}{R^2 + \omega^2 L^2}\right) \qquad (3.33)$$

図 3.24 並列共振回路

虚部が 0 になる条件は

$$\omega_0 C = \frac{\omega_0 L}{R^2 + \omega_0{}^2 L^2}$$

$$\omega_0{}^2 = \frac{1}{LC} - \frac{R^2}{L^2}$$

$$\omega_0 = \sqrt{\frac{1}{LC} - \frac{R^2}{L^2}} \qquad (3.34)$$

通常の共振回路では $1/(LC) \gg R^2/L^2$ なので

$$\omega_0 = \frac{1}{\sqrt{LC}}$$

$$f_0 = \frac{1}{2\pi\sqrt{LC}} \ (\text{Hz}) \qquad (3.35)$$

が導かれ，直列共振回路の共振周波数と同じ式になる。共振時の $\dot{Z}_0$ と $\dot{I}_0$ は

$$\dot{Z}_0 = \frac{1}{\dot{Y}_0} = \frac{R^2 + \omega_0{}^2 L^2}{R} \qquad (3.36)$$

$$\dot{I}_0 = \dot{Y}_0 \dot{E} = \frac{R}{R^2 + \omega_0{}^2 L^2}\dot{E} \tag{3.37}$$

である。

並列共振回路の1例を**図 3.25**(a)に示す。

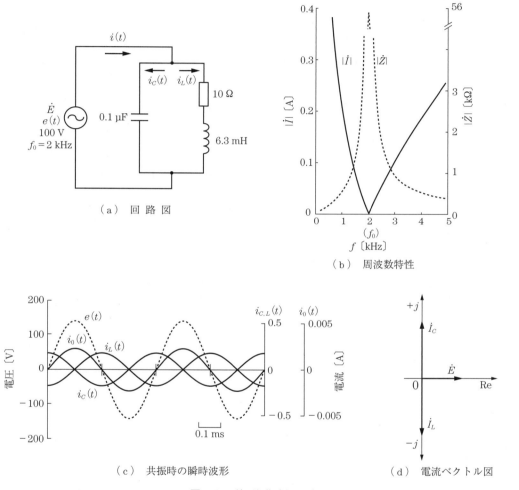

図 3.25 並列共振回路

$\dot{I} = \dot{Y}\dot{E} = \dot{E}/\dot{Z}$ から $|\dot{I}|$ を求めて ω に対する特性をグラフにすると図 3.25(b) が得られる。直列共振とは反対に，共振点（$f_0 = 2\,\mathrm{kHz}$）で電流が最小（$1.78\,\mathrm{nA}$），インピーダンスは最大（$56.3\,\mathrm{k\Omega}$）となる。

コイルの巻線抵抗の値は小さいので無視すると，図 3.24 の LR 直列回路は L のみとなる。周波数を高くするにつれてコイルのインピーダンス $|\dot{Z}_L|\,(= \omega L)$ は増大する。一方，コンデンサのインピーダンス $|\dot{Z}_C|\,(= 1/\omega C)$ は周波数上昇で小さくなる。したがって周波数を 0 から上げていくとき $|\dot{Z}_L| = |\dot{Z}_C|$ となる周波数が必ず存在するはずである。このとき，L, C には同じ端子電圧が

かかっているので，L，C を流れる電流 $\dot{I}_L$，$\dot{I}_C$ の絶対値は等しくなるが，位相はつぎのようになる。

$$\dot{I}_L = \frac{\dot{V}}{\dot{Z}_L} = \frac{\dot{E}}{j\omega L} = -j\frac{\dot{E}}{\omega L} = -j|\dot{I}_0| \tag{3.38}$$

$$\dot{I}_C = \frac{\dot{E}}{\dot{Z}_C} = \frac{\dot{E}}{1/j\omega C} = j\omega C\dot{E} = j|\dot{I}_0| \tag{3.39}$$

これを複素平面に表すと図 3.25(d) が得られる。$\dot{I}_L$ と $\dot{I}_C$ は絶対値が等しく，$\dot{I}_L$ は電圧より 90°位相が遅れ，$\dot{I}_C$ は 90°進む結果，両者の位相が 180°違っていることがわかる。すなわち，共振時は，電流は C 回路と L 回路内を行ったり来たりするのみで，たがいに打ち消し合って電源からは電流がほとんど流れこまない。この様子は図(c)の瞬時波形によく現れている。

したがって，電源側から L，C 並列回路をみると電流は最小で，インピーダンスは非常に大きな値となる。

並列共振回路は共振周波数でインピーダンスが最大となるので，任意の周波数 f_0 の電流を阻止（流さなく）したいときに用いられる。f_0 だけ，わな（trap）にかけて通さない作用をするので**トラップ回路**と呼ばれる。

例えば，**図 3.26** のように負荷 R に直列に並列共振回路を接続し，共振周波数 f_0 を f_1 に一致させておくと，f_1 に対してはインピーダンスが非常に大きくなるため f_1 の成分は負荷に現れない。一方，f_2 に対してはインピーダンスが低くなるため f_2 成分は負荷に伝えられる。

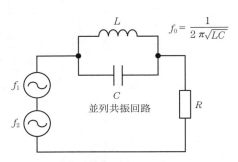

図 3.26 並列共振回路を応用した周波数の抑止

ME ノート 16

呼吸インピーダンス

呼吸器系の物理的特性を知るには，この系を電気回路にアナロジーして解析するのがよい。呼吸器系は機械・音響系であるが，この系の各物理量は電気系とは**表 3.1** に示すような類推関係がある（ME ノート 10 参照）。

表 3.1 呼吸器系と電気系の類推関係

呼吸器系		電気系	
圧	P	電 圧	V
気流量	$\dot{V}_g$	電 流	I
容 積	V_g	電 荷	Q
粘性抵抗	r_m	抵 抗	R
コンプライアンス	*c_m	静電容量	C
慣性抵抗	m	インダクタンス	L

*：弾性抵抗の逆数

呼吸器系の基本的しくみは**図3.27**(a)で表せる。呼吸運動は横隔膜と呼吸筋の収縮・弛緩によって駆動される。この駆動力は胸郭組織と肺組織を介して胸腔内圧に伝えられる。胸腔内圧が大気圧に対して $-8 \sim -5\,\mathrm{cmH_2O}$ のように変化するのに伴って肺胞が伸縮し、ガスが気道を出入りして換気が行われる。

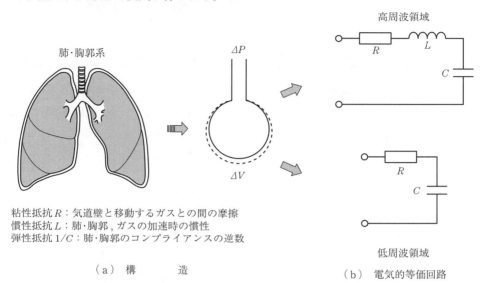

粘性抵抗 R：気道壁と移動するガスとの間の摩擦
慣性抵抗 L：肺・胸郭，ガスの加速時の慣性
弾性抵抗 $1/C$：肺・胸郭のコンプライアンスの逆数

（a）構　　造　　　　　　　　　（b）電気的等価回路

図3.27 呼吸器系の構造と電気的等価回路

表3.1の類推関係を考慮すると，呼吸器系の電気的等価回路は図3.27(b)のようにかける。けっきょく呼吸器系は，高周波領域では R, C, L の直列共振回路となる。

インピーダンス $\dot{Z}$ を測定するには，流量一定の正弦波気流 $\dot{V}_g$（ドットは複素数ではなく，時間微分を表す）を自発呼吸波に重畳させて口腔から加え，そのとき発生する圧 P を $\dot{V}_g$（既知量）で除して $\dot{Z}$ を算出する。この手法を**オシレーション**（oscillation）**法**という。

図3.28に実測した $|\dot{Z}|$ の周波数特性を示す。$f_0 = 8 \sim 10\,\mathrm{Hz}$ で共振を起こして最小値（$2\,\mathrm{cmH_2O/(L/s)}$）を呈している。共振時に $|\dot{Z}|$ は R のみの純抵抗を表すので，得られた最小値は呼吸器系の粘性抵抗の指標とされる。

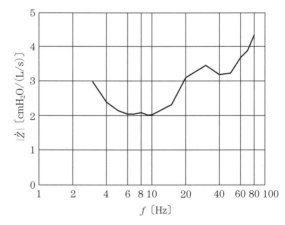

図3.28 呼吸インピーダンス $|\dot{Z}|$ の周波数特性（健常人）

4 過渡現象

コイルやコンデンサを含む電気回路を閉じたり開いたりした直後は回路の電圧や電流は不安定であるが，いずれ安定状態に落ち着く。この不安定な状態を**過渡状態**といい，この期間に起こる電圧や電流の変化を**過渡現象**，あるいは**過渡応答**（レスポンス）と呼んでいる。ここでは，コンデンサの充放電時の過渡現象を中心に説明する。

4.1 CR 回路の充電

4.1.1 充電式と電荷保存則

図 4.1 において抵抗およびコンデンサの端子電圧をそれぞれ v_R，v_C とする。

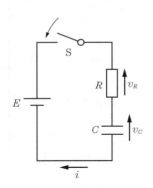

図 4.1 CR 直列回路の充電

いま，時刻 $t = 0$ でスイッチ S を閉じて，0 から E に瞬時に変化する階段状（直角波）関数を入力する。特に，大きさが 1 の階段状入力信号に対する過渡応答を**インディシャル応答**（indicial response）という。$t > 0$ ではキルヒホッフの第二法則より

$$E = v_R + v_C \tag{4.1}$$

が成り立つ。回路電流を i，コンデンサの電荷を q とすると，時刻 t においてつぎの関係が成立する。

$$\left. \begin{array}{l} v_R = Ri \\ q = v_C C, \quad i = \dfrac{dq}{dt} = C\dfrac{dv_C}{dt} \end{array} \right\} \tag{4.2}$$

式(4.2)を式(4.1)に代入して

$$E = Ri + v_C = RC\frac{dv_C}{dt} + v_C \tag{4.3}$$

と書ける。式(4.3)は 1 階線形微分方程式と呼ばれるもので，つぎのように変形して解く。

$$\frac{dv_C}{E - v_C} = \frac{dt}{CR} \tag{4.4}$$

$\int 1/(x-a)dx = \ln|x-a| + C$ を使って両辺を積分して解くと

$$\int \frac{dv_C}{E - v_C} = \int \frac{dt}{CR} + K' \tag{4.5}$$

$$-\ln(E - v_C) = \frac{t}{CR} + K'$$
$$\therefore \quad E - v_C = K e^{-\frac{t}{CR}} \tag{4.6}$$

となる。$t = 0$ のとき，すなわちスイッチを入れた瞬間コンデンサに電荷はたまっていないので，$v_C = 0$ である。これから，$K = E$ が求まり

$$v_C = E(1 - e^{-\frac{t}{CR}}) \tag{4.7}$$

が導かれる。また，$v_R = E - v_C$ から

$$v_R = E - v_C = E e^{-\frac{t}{CR}} \tag{4.8}$$

が得られる。

K の値を決定するとき，$t = 0$ で $v_C = 0$ としたが，もっと深く考えれば式を解く上で必要な条件は，スイッチを閉じた直後（$t = 0_+$）の v_C の値である。しかし，われわれが知り得るのはスイッチを閉じる直前（$t = 0_-$）の値だけである。このようなとき，よりどころとなるのが「**電荷保存則**」と「**鎖交磁束の連続性**」である。

この場合は電荷保存則を用い，「$t = 0_-$ のとき $v_C = 0$ であるから，$t = 0_+$ においても電荷は 0 に保存されていなければならない。したがって，$t = 0_+$ においても $v_C = 0$ である」と考える。

4.1.2 過渡応答曲線と時定数

v_C，v_R は時間の経過で**表 4.1** に示すような値をとる。v_C，v_R および i をグラフに表すと**図 4.2** および**図 4.3** になる。i は v_R/R から簡単に求まる。ただし，電圧 E を印加する直前直後で電流は 0 から E に不連続的に変化することになるが，実際の回路では直角的に立ち上がる波形は存在せず，いくらかの傾きをもっている。よって，電流は連続的に変化する。

v_C のグラフは最初 0 で時間の経過につれて指数関数的に増大し，$t = \infty$ では E になる。$t = 1.0\,CR$ のとき，$v_C = E(1 - 1/e) \fallingdotseq 0.63E$ となり，初期値 E の 63% の値をとる（$e = 2.718$）。この CR のことを**時定数**（time constant）と呼ぶ。

C の単位を〔F〕，R の単位を〔Ω〕にとると CR の単位は秒〔s〕となる。これは

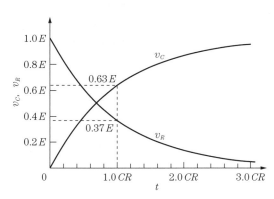

図 4.2 v_C，v_R の過渡応答曲線

表 4.1 v_C，v_R の値

t	0	$0.2\,CR$	$0.4\,CR$	$0.6\,CR$	$0.8\,CR$	$1.0\,CR$	$1.5\,CR$	$2.0\,CR$	$2.5\,CR$	$3.0\,CR$
v_C	0	0.18	0.33	0.45	0.55	0.63	0.78	0.86	0.92	0.95
v_R	1.00	0.82	0.67	0.55	0.45	0.37	0.22	0.14	0.08	0.05

（v_C，v_R の値は E 倍する）

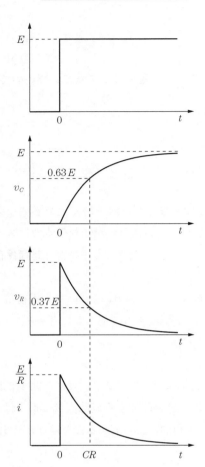

図 4.3 v_C, v_R および i の過渡応答曲線（充電時）

$$CR \, [\text{F}\cdot\Omega] = \frac{Q}{V}\cdot\frac{V}{I}$$

$$= \frac{It}{V}\cdot\frac{V}{I} = t \, [\text{s}]$$

と考えればよい．実際の回路では，C や R には倍数単位が用いられるのでつぎのようになる．

$C \, [\mu\text{F}] \cdot R \, [\text{M}\Omega] = [\text{s}]$

$C \, [\mu\text{F}] \cdot R \, [\text{k}\Omega] = [\text{ms}]$

$C \, [\text{pF}] \cdot R \, [\text{k}\Omega] = [\text{ns}]$

一方，v_R は $t=0$ で瞬時的に E になり，その後は指数関数的に減少し，0 に漸近する曲線となる．$t = CR$（時定数）のとき $v_R = E/e \fallingdotseq 0.37E$ で初期値の 37 % の値をとる．

グラフ上で v_C と v_R を加えると E になり式 (4.1) とも一致する．

時定数 CR の大きさを変えたとき v_C や v_R がどのように変化するかを見たのが**図 4.4** である．時定数の値を小さくするほど波形は急峻（きゅうしゅん）に変化し，逆に大きくするとゆるやかな曲線を呈する．このように，過渡現象の変化の速さの目安として時定数は非常に重要である．

時定数を変化させるとき，C を変えても R を変えても CR が同じ値ならば同じ効果を表す．時定数が振幅の相対値 $(1/e)$ から求まることも利点である．

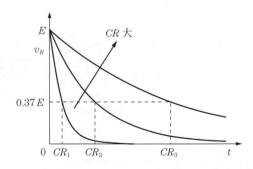
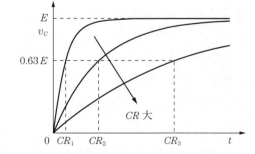

図 4.4 時定数の大小と応答曲線の変化

4.1.3 応答曲線の定性的説明

4.1.1 項で説明したようにコンデンサには電荷保存則と呼ばれる性質があり，回路状態の変化する前後でコンデンサの電荷は不変である。つまり，コンデンサはその端子電圧を急変できないのである。この法則は，容器（コンデンサは水槽にアナロジーできる。p. 36 参照）に入った水を不連続的に変化させることは不可能であることと同じである。

したがって，CR 回路において電荷 0 のコンデンサに電圧 E を印加してもその直前直後は $v_C = 0$ を保持し，印加電圧 E はすべて抵抗の両端にかかる。よって $t = 0$ では $v_C = 0$，$v_R = E$ である（図 4.3 参照）。$v_C = 0$ ということは，コンデンサはあたかも短絡されたように振る舞うことになる。

見方をかえれば，電圧 E のように階段状に変化する波形の立上りには高い周波数成分が含まれるので，$f \fallingdotseq \infty$ とみなすと，コンデンサのリアクタンス $X_C (= 1/2\pi f C)$ は，$X_C \fallingdotseq 0 (= 1/\infty)$ となる。これより $v_C = 0$ が導ける。したがって，周波数領域からも短絡の意味が説明できる。

その後は，コンデンサに徐々に電荷が蓄えられ，v_C は指数関数的に E に向かって上昇する。一方，v_R は v_C が上昇する分だけ減少し，図 4.3 に示すような経過で 0 に漸近し，十分時間が経過した後 $v_R = 0$ となる。$v_R = 0$ となるのは「コンデンサは直流を通さない」ことを考えれば当然といえる。すなわち，印加された直流成分 E はコンデンサに蓄えられて $v_C = E$ を形成し，抵抗には現れないからである。回路状態が変化するときのみ v_R に電圧の変化が観察される。

4.1.4 グラフから時定数を求める方法

応答曲線から時定数を求める場合は，最終値（増加曲線）の 63% あるいは初期値（減少曲線）の 37% になるまでの時間を計測する。より精度を上げるには，v_C あるいは v_R 曲線を片対数方眼紙にプロットし，以下の手順で算出する。

v_R（式 (4.8)）の両辺の対数をとると

$$\ln v_R = \ln E - \frac{t}{CR}$$

$$\log v_R = \log E - \frac{t}{2.3\,CR} \qquad (4.9)$$

となる。これは傾きが，$-1/(2.3\,CR)$ の直線を $\log E$ だけ上方に平行移動した直線となる。**図 4.5** に示すように，グラフ上で傾きのみに注目し，縦軸上で 1 に相当する 10 倍比（$\log 10 = 1$）になる 2 点間の時間を計測し，それを 2.3 で割ると時定数が得られる。10 倍になる間隔のことを 1 **ディケード**（decade）と呼ぶこともある。

同じような方法で v_C 曲線の時定数を求めるとき

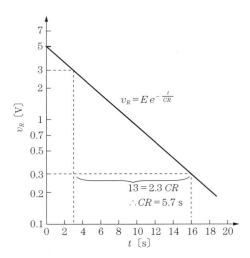

図 4.5 片対数方眼紙から時定数を算出する方法

は，v_C を

$$v_C = E(1 - e^{-\frac{t}{CR}})$$
$$E - v_C = E e^{-\frac{t}{CR}} \qquad (4.10)$$

と変形し，v_R と同じ手順で算出する。グラフの縦軸は $(E - v_C)$ となる。

4.2 CR 回路の放電

4.2.1 放電式（1）

コンデンサに蓄えられた電荷を放電するときの過渡現象を学ぶ。図 4.6 において，スイッチを 1 側に倒してコンデンサを充電した後，2 側に切り換えて蓄えられた電荷を R を通して放電する。キルヒホッフの法則から

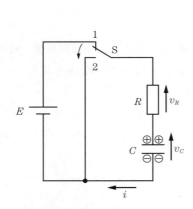

図 4.6 CR 直列回路の放電（1）

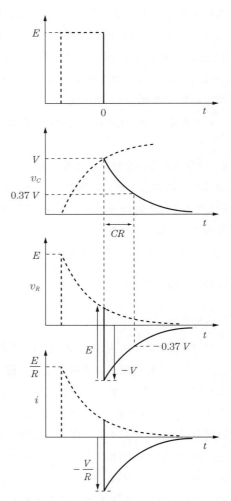

図 4.7 v_C，v_R および i の過渡応答曲線（放電時）

$$v_C + v_R = 0 \tag{4.11}$$

充電のとき導いた式(4.6)において起電力 E は存在しないので，$E = 0$ から

$$v_C = -Ke^{-\frac{t}{CR}}$$

が導かれ，放電開始時（$t = 0$）のコンデンサの端子電圧を V とおくと，$K = -V$ より v_C の放電式が求まる。

$$v_C = Ve^{-\frac{t}{CR}} \tag{4.12}$$

式(4.11)に代入して

$$v_R = -Ve^{-\frac{t}{CR}} \tag{4.13}$$

も得られる。$i = v_R/R$ から

$$i = -\frac{V}{R}e^{-\frac{t}{CR}} \tag{4.14}$$

である。

以上の各応答をグラフに表すと**図4.7**となる。図中の点線で表された充電曲線と実線の放電曲線を合わせると，単一方形波（矩形波）のレスポンスになる。

図の v_C と v_R の応答を定性的に説明しよう。スイッチを2に切り換えた瞬間はコンデンサは電荷を保持するので v_C はそのときの端子電圧 V を保ち，以後時定数 CR で減衰する。

一方，起電力が E から 0 に瞬時に変化するとき，コンデンサは短絡状態となるので瞬時変化は v_R に直接現れる。したがって v_R は，E だけ － 側に引きこまれる。その後は CR の時定数で 0 に戻っていく。

単一方形波の応答曲線を重ね合わせの定理を使って説明したのが**図4.8**である。単一方形波を分解すると，位相が t_w だけずれた正負の階段状電圧の重ね合わせから成っているとみなせる。それぞれの入力に対する v_R の応答曲線を別々に求め，再び重ね合わせると方形波のレスポンスが得られる。

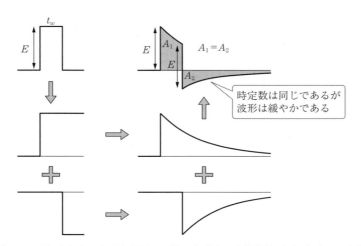

図 4.8　重ね合わせの定理を応用して単一方形波の応答曲線（v_R）を求める方法

充電曲線と放電曲線が時間軸で囲まれる面積 A_1 および A_2 は等しくなる。充電曲線に比べ放電曲線は，時定数が同じでもゆるやかな曲線を描くので注意する。

4.2.2 放 電 式 （2）

図 4.9 の回路において，スイッチ S をはじめ 1 側に閉じてコンデンサを E_1 まで充電しておく。つぎに S を 2 側に倒し，この時刻を $t=0$ とする。$t>0$ では，v_C は式(4.6)から求まるが，式中の E は E_2 に等しいので

$$E_2 - v_C = K e^{-\frac{t}{CR}} \tag{4.15}$$

と書ける。$t=0$ のときコンデンサは E_1 に充電されていることから，$K = E_2 - E_1$ が得られ

$$v_C = (E_1 - E_2) e^{-\frac{t}{CR}} + E_2 \tag{4.16}$$

が導かれる。式(4.16)は

$t = \infty$ のとき，$v_C = E_2$

$t = 0$ のとき，$v_C = E_1$

図 4.9 CR 直列回路の放電(2)

となる。E_2 は十分時間がたったときの v_C の最終値，E_1 はスイッチを切り換える直前の v_C の初期値と呼ぶと，式(4.16)はつぎのように書ける。

$$v_C = [(初期値) - (最終値)] e^{-\frac{t}{CR}} + (最終値) \tag{4.17}$$

E_1，E_2 の大小によって図 4.10 の実線の示すような応答曲線が得られる。

なお，回路内のどの部分の電圧や電流も同じ時定数で初期値から最終値に向かって変化する。v_R，i についても

$$v_R, i = [(初期値) - (最終値)] e^{-\frac{t}{CR}} + (最終値) \tag{4.18}$$

で与えられる。

例えば図 4.9 において v_R の初期値を求めると，$t=0$ では E_2 とコンデンサの充電電圧 E_1 との差の電圧が R に加わるので $v_R = E_2 - E_1$ が得られる。最終値は，コンデンサが E_2 で充電されると $i=0$ となるので $v_R = 0$ である。よって

$$v_R = (E_2 - E_1) e^{-\frac{t}{CR}} \tag{4.19}$$

が得られ，図 4.10 の破線の曲線が求まる。図からも $E_2 = v_R + v_C$ が成り立つ。

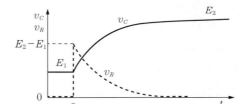

（a） $E_1 < E_2$

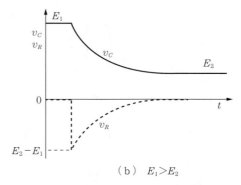

（b） $E_1 > E_2$

図 4.10 放電時の v_R，v_C の過渡応答曲線

4.3 時定数の性質

4.3.1 過渡応答曲線の接線と時定数の関係

図 4.2 の v_R 曲線の $t=0$ における接線の傾きは，式 (4.8) を微分して得られる。

$$\frac{dv_R}{dt} = -\frac{E}{CR}e^{-\frac{t}{CR}} \tag{4.20}$$

$$\frac{dv_R(0)}{dt} = -\frac{E}{CR} \tag{4.21}$$

この接線は横軸の $t=CR$ の点で交わる。この時刻の v_R の値は

$$v_R(CR) = \frac{E}{e} \fallingdotseq 0.37E$$

となり，時定数の定義でもある。

任意の時刻 t_k における接線の方程式は

$$v_R(t) - Ee^{-\frac{t_k}{CR}} = -\frac{E}{CR}e^{-\frac{t_k}{CR}}(t - t_k) \tag{4.22}$$

で与えられる。この接線式が横軸と交わる点は，$v_R(t)=0$ より

$$t = t_k + CR \tag{4.23}$$

となる。すなわち，任意の時刻の接線の傾きのまま減衰して 0 に達するまでの時間は CR（時定数）に等しいことがわかる。

CR 時間離れた点の v_R の値の比をとると

$$\frac{v_R(t_k + CR)}{v_R(t_k)} = \frac{Ee^{-\frac{t_k+CR}{CR}}}{Ee^{-\frac{t_k}{CR}}} = \frac{1}{e} \fallingdotseq 0.37 \tag{4.24}$$

が得られる。

v_R のどの時点でも CR 時間経過すると v_R は $1/e$ に減少するといえる（図 4.11）。

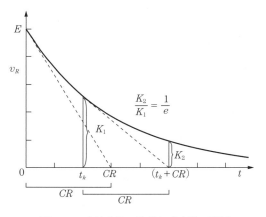

図 4.11 応答曲線の接線と時定数の関係

4.3.2 時定数と遮断周波数の関係

v_R や v_C 曲線のように，時間 t の経過に対する変化を表すような関数を**時間領域表示**といい，v_R や v_C は厳密には t の関数であることを示して $v_R(t)$ や $v_C(t)$ と書く。

一方，任意の波形は，フーリエ展開によって周波数の異なる正弦波の集まりとして表現でき，周波数の関数で表した**周波数スペクトル**を，時間領域表示に対して**周波数領域表示**と呼ぶ。

時間領域で表した時定数 CR は，周波数領域表示の指標とは式 (4.25) で結ばれる。両者は 1：1 に対応する。

$$f_c = \frac{1}{2\pi CR} \tag{4.25}$$

f_c は**遮断周波数**と呼ばれる。この式については7.2節で詳しく述べる。

4.3.3 時定数と立上り時間の関係

図 4.12 に CR 回路の単一方形波に対する応答曲線 v_C を示す。

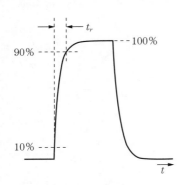

図 4.12 立上り時間の測定法

このような波形の**立上り時間** t_r を求める場合，計測する時点によって値が異なってしまう。そこで，t_r は応答波形の最終値の 10% から 90% に達するまでの時間と決められている。式 (4.7) において最終値 E の 0.1 および 0.9 を与える時刻を t_1，t_2 とおくと，式 (4.26) が成り立つ。

$$\left. \begin{array}{l} t_r = t_2 - t_1 \\ 0.1E = E(1 - e^{-\frac{t_1}{CR}}), \quad \therefore \quad 0.9 = e^{-\frac{t_1}{CR}} \\ 0.9E = E(1 - e^{-\frac{t_2}{CR}}), \quad \therefore \quad 0.1 = e^{-\frac{t_2}{CR}} \end{array} \right\} \tag{4.26}$$

よって

$$\begin{aligned} t_r = t_2 - t_1 &= -CR\ln 0.1 + CR\ln 0.9 \\ &= (2.303 - 0.105)CR = 2.20\,CR \end{aligned} \tag{4.27}$$

が求まり，式 (4.25) に代入すると

$$t_r \cdot f_c = \frac{2.20}{2\pi} = 0.35 \tag{4.28}$$

が得られる。式 (4.28) は，遮断周波数 f_c が決まると立上り時間は一義的に決まることを教える。

v_R の波形については立下り時間が定義され，初期値の 90% から 10% に達するまでの時間から求める。立上り時間と同様に計算すると式 (4.28) と同じ結果が得られる。

単一の時定数でない回路においても

$$（立上り時間）\times（遮断周波数）= 0.35\sim0.45 \tag{4.29}$$

の関係が成り立つことが知られている。時定数が小さいほど，あるいは遮断周波数が高いほど，立上りあるいは立下り時間は短くなる。この関係を利用すると増幅器のおよその高域特性を簡単に調べられる。

すなわち，方形波を増幅器に入力しオシロスコープで出力波形の立上り時間を計測することによって式 (4.29) から算出される。

4.3.4 時定数とサグの関係

図 4.13 の波形は，CR 回路の方形波に対する応答曲線 v_R である。方形波の頭（頂）が下方に下がっている。これを**サグ**（sag）といい，下がり部分の振幅（B）を全体の振幅（A）で割って $\%$ 表示する。これを S と書く。4.3.1 項の説明および図 4.11 から，応答波形の $t=0$ における接線

4.3 時定数の性質   101

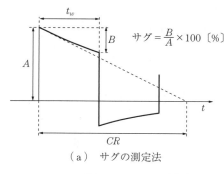
（a）サグの測定法

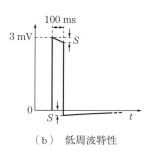
（b）低周波特性

図 4.13 サグの測定法と心電計の低周波特性の求め方

は時間軸とは CR で交わる．図 4.13 において，$A:CR \fallingdotseq B:t_w$ であるので，つぎの近似式が成り立つ．

$$S = \frac{B}{A} \fallingdotseq \frac{t_w}{CR} \times 100 \; [\%] \tag{4.30}$$

方形波の周波数 $f = 1/(2\,t_w)$ および式(4.25)を式(4.30)に代入すると

$$S \fallingdotseq \frac{\pi f_c}{f} \times 100 \; [\%] \tag{4.31}$$

が導ける．

　式(4.30)を知っておくと方形波の出力ひずみをざっと見ただけで計算でき，回路を設計するときに応用できる．すなわち，サグを 5% 以内に抑えたければ t_w/CR を 0.05 以下にすればよい．

　また，逆に増幅器のおよその低域遮断周波数 f_c を知りたいときは，方形波を入力して出力波形をオシロスコープで計測し，式(4.31)から f_c を算出できる．

　心電計の入力部には**高域通過フィルタ**（high-pass filter，**HPF**）が挿入され，その時定数（低域遮断周波数）は 3.2 s 以上と旧 JIS では定められていた．アナログ心電計では，1 mV の校正電圧ボタンを押し続けて（直角波を加えて）その振幅が 37% に減衰するまでの時間から時定数を測定していたが，最近のディジタル心電計では，基線安定化処理がなされるためにこの方法では測定できない．そこで，現行の JIS（T 0601-2-25）では，図 4.13（b）に示すように短時間の応答から低周波特性を求めることを定めている．

　具体的には「振幅 3 mV，パルス幅 100 ms の単一方形波を入力したとき，方形波の範囲外で 0.1 mV を超える変位を与えてはならない」と規定していて，時定数 3.2 s の記載はない．ここでいう変位はサグ（S）のことであるから，時定数を 3.2 s として式(4.30)に従って変位量を求めると $S = 0.1/3.2 = 0.0312$ が得られ，振幅 3 mV ではサグの値は 0.0936 mV（0.1 mV 未満）となる．したがって，サグが 0.1 mV を超えないとする規定は，時定数 3.2 s 以上と同等性が得られるように設定されているとみなしてよい．時定数 3.2 s は周波数領域では 0.05 Hz に当たるので，現行規格では低域遮断周波数は 0.05 Hz 以下と定められている．

4.4 RL 直列回路

4.4.1 充 磁 式

図4.14の回路でスイッチSを1側に閉じて電圧 E を RL 直列回路に加える。回路に電流 i が流れようとするが，コイルの作用によって $-L\,di/dt$ の逆起電力が発生する。しかし，これを式(2.43)に従って電圧降下 v_L とみなすとつぎの関係が成り立つ。

$$E = v_R + v_L$$
$$v_R = Ri$$
$$v_L = L\frac{di}{dt}$$
$$\therefore\ E = Ri + L\frac{di}{dt} \tag{4.32}$$

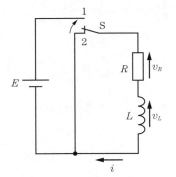

図4.14 RL 直列回路

式(4.32)を変形して

$$\frac{di}{E - Ri} = \frac{dt}{L}$$

となる。式(4.4)の解法を参考にして解くと

$$E - Ri = Ke^{-\frac{R}{L}t} \tag{4.33}$$

が得られる。鎖交磁束の連続性あるいはコイルを流れる電流は急変できない性質から，スイッチを閉じる前，および直後は電流は流れない。したがって，$t = 0$ のとき $i = 0$ を式(4.33)に代入して，$K = E$ が求まる。よって

$$i = \frac{E}{R}\left(1 - e^{-\frac{R}{L}t}\right) \tag{4.34}$$

となる。v_L, v_R についても式(4.35)，(4.36)が導ける。

$$v_L = Ee^{-\frac{R}{L}t} \tag{4.35}$$
$$v_R = E\left(1 - e^{-\frac{R}{L}t}\right) \tag{4.36}$$

v_L, v_R および i の波形は**図4.15**のように描かれる。CR 直列回路と比べると，v_L 曲線は CR 回路の v_R 曲線に，v_R 曲線は CR 回路の v_C 曲線に一致する。CR 直列回路の時定数は CR であったが，RL 直列回路の時定数 τ は $\tau = L/R$ 〔s〕となる。

スイッチを閉じて L/R 秒後に，v_L 曲線は初期値の37％に，v_R 曲線は最終値の63％に達することも CR 回路と同じである。電流 i はスイッチ

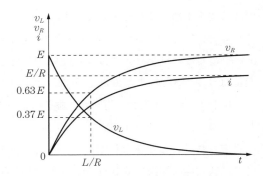

図4.15 RL 直列回路の充磁時の過渡応答曲線

を閉じた直後は0であるが次第に増大し，E/R〔A〕に漸近する。

4.4.2 放　磁　式

図4.14の回路において，スイッチSを1側に倒して十分時間がたった後，Sを2側に倒す。このとき$E=0$なので，式(4.37)が成り立つ。

$$v_R + v_L = 0 \tag{4.37}$$

t秒後の応答は，式(4.33)において$E=0$とおくと

$$Ri = -Ke^{-\frac{R}{L}t} = v_R \tag{4.38}$$

が得られる。$t=0$のとき$i=E/R$の電流が流れているはずであるから，式(4.38)にそれらを代入して$K=-E$が得られ，式(4.39)が導ける。

$$v_R = Ri = Ee^{-\frac{R}{L}t} \tag{4.39}$$

これより

$$v_L = -Ee^{-\frac{R}{L}t}$$

$$i = \frac{v_R}{R} = \frac{E}{R}e^{-\frac{R}{L}t} \tag{4.40}$$

と書ける。v_R, v_Lおよびiの波形を**図4.16**に示す。

RL回路もCR回路も時定数が等しければ同じ波形となり，**図4.17**に示すようにCR回路とRL回路の間に互換性が成り立つ。しかし，コイルのインダクタンスを簡単に変えたり，所要のコイルを入手するのが難しく，またコイルが大形となったり，比較的高価であるなどの理由から，実用回路ではCR回路が多く使われている。ただし，大電力を扱う場合はコイルを使う。本書でも主としてCR回路で説明する。

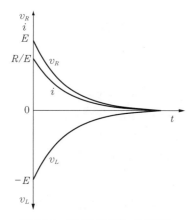

図4.16　RL直列回路の放磁時の過渡応答曲線

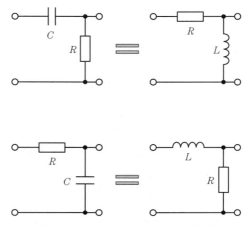

図4.17　CR回路とRL回路の互換性

MEノート 17

生体情報と時定数

　大動脈弓部の動脈壁は抵抗血管と呼ばれる細動脈に比べ弾性線維に富み，粘性抵抗管としての働きよりもむしろコンプライアンス（弾性抵抗の逆数で軟らかさの指標）として作用する。収縮期のエネルギー（拍出される血液）の一部は弾性線維が伸びることによって蓄えられ，拡張期（非駆出時）には弾性線維が縮んで蓄えた血液を末梢に送り出す（**図 4.18**（a））。これによって左室から拍出される血液は周期的に途切れるにもかかわらず，大動脈では連続的な脈動流となる。これは電源に用いられる平滑回路と同じ作用である。これを**Windkessel**（空気室）**理論**と呼んでいる（図 5.10 参照）。

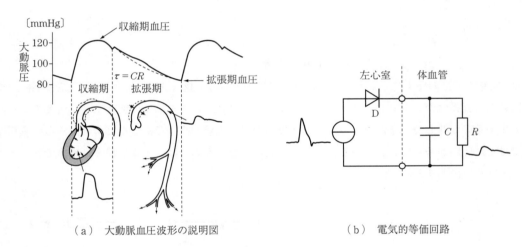

(a) 大動脈血圧波形の説明図　　　　(b) 電気的等価回路

図 4.18 Windkessel 理論

　コンプライアンスを静電容量 C，粘性抵抗を R，心臓および大動脈弁をそれぞれ電流源とダイオードに置き換えると，心血管系は図(b)に示す電気的等価回路で表せる。

　収縮期は電流源とほぼ同じパターンをとり，拡張期はダイオードが OFF 状態となるため，図(a)上段の破線で示すように CR の時定数（τ）で放電する曲線を描く。しかし，生体では反射波が破線に重畳するため実線の波形が観察される。

　このように生体組織は粘弾性体なので，生体の機械的特性を時定数で定量評価できる。

　この他，肺の Flow-Volum 曲線の下向脚や左室内圧の弛緩特性も時定数を用いて表せる。

4.5 ランプ関数応答と微分/積分回路

4.5.1 CR 回路のランプ関数応答

CR 回路に α の傾斜をもつ**ランプ関数**を入力したときの過渡応答をしらべる。ランプ (ramp) とは高速道路の入口の傾斜路のことで，入力波形 v_i は

$$v_i = \alpha t \tag{4.41}$$

と表せる。**図 4.19** の回路でコンデンサの電荷を q とすると，t 秒後には式 (4.42) が成り立つ。

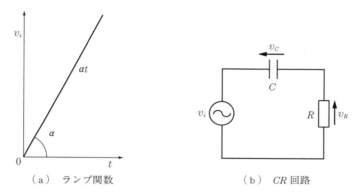

図 4.19 ランプ関数と CR 回路

$$v_i = \alpha t = v_C + v_R = \frac{q}{C} + v_R \tag{4.42}$$

両辺を t で微分して，$i = dq/dt = v_R/R$ を代入すると

$$\alpha = \frac{1}{C}\frac{dq}{dt} + \frac{dv_R}{dt} = \frac{i}{C} + \frac{dv_R}{dt} = \frac{v_R}{CR} + \frac{dv_R}{dt}$$

$$\therefore \quad CR\frac{dv_R}{dt} + v_R = \alpha CR \tag{4.43}$$

が導かれる。式 (4.43) は，式 (4.3) と同じ形の微分方程式なのでただちに式 (4.44)，(4.45) が求まる。

$$v_R = \alpha CR\left(1 - e^{-\frac{t}{CR}}\right) \tag{4.44}$$

$$v_C = v_i - v_R = \alpha t - \alpha CR\left(1 - e^{-\frac{t}{CR}}\right) \tag{4.45}$$

4.5.2 微 分 回 路

式 (4.44) の v_R について時定数の値を変えて描いたのが**図 4.20** である。ランプ波形を入力した直後 ($t \ll CR$) では v_R は入力波形 ($v_i = \alpha t$) と同じ傾きで上昇し，時間が経過するにつれてねてきて，ついに一定値 αCR ($t \gg CR$) に落ち着く。CR の値が小さいほど早くねた波形になる。v_R

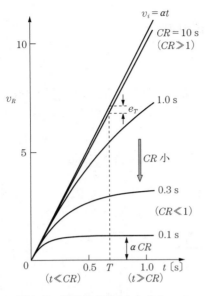

図 4.20 時定数を変えたときの v_R のランプ関数応答

$(=\alpha CR)$ の値を既知量である CR で割れば入力波形 v_i の微分値（傾き）α が求められる。

CR の値が非常に小さいと，式(4.44)および式(4.45)から $v_C \gg v_R$ となるので

$$v_i \fallingdotseq v_C$$

と書け

$$v_R = Ri = R \cdot C \frac{dv_C}{dt} \fallingdotseq CR \frac{dv_i}{dt} \tag{4.46}$$

が導かれる。v_R は v_i の微分値と CR の積で与えられ，式の上からも微分動作をすることがわかる。これを**微分回路**と呼んでいるが，CR が大きいと微分波形にならないことに注意する。

微分の誤差をみるために，式(4.44)において誤差の項となる $e^{-\frac{t}{CR}}$ を計算すると**表 4.2** が得られる。

v_i を入力した後の観測時間 t が CR に比べて大きいほど，すなわち時定数が相対的に小さいほど v_R はより正しい微分値 α を与える。t が CR の 4.6 倍あれば微分誤差はわずか 1% である。2.3 倍で 10% の誤差である。

逆に，v_R 波形が入力波形 $v_i (= \alpha t)$ から解離してくる時点の誤差を検討しよう。観測時間 t に対して CR が十分大きい場合 $(t \ll CR)$，式(4.44)はつぎのように変形できる。

一般的に

$$e^z = 1 + \frac{z}{1} + \frac{z^2}{2!} + \frac{z^3}{3!} + \cdots \tag{4.47}$$

であるから，$z = -t/CR$ とおいて

$$e^{-\frac{t}{CR}} = 1 + \left(-\frac{t}{CR}\right) + \frac{\left(-\frac{t}{CR}\right)^2}{2} + \frac{\left(-\frac{t}{CR}\right)^3}{3 \cdot 2} + \cdots$$

が得られる。よって v_R は式(4.44)から

$$v_R = \alpha CR(1 - e^{-\frac{t}{CR}}) = \alpha t - \alpha CR\left\{\frac{\left(-\frac{t}{CR}\right)^2}{2} + \frac{\left(-\frac{t}{CR}\right)^3}{6} + \cdots\right\} \tag{4.48}$$

$$\fallingdotseq \alpha t - \frac{\alpha t^2}{2CR} \tag{4.49}$$

となる。

表 4.2 t/CR 値に対する微分誤差

t/CR	1.00	2.30	3.00	4.00	4.60
$e^{-\frac{t}{CR}}$	0.368	0.100	0.050	0.018	0.010

$t=T$ における v_i に対する v_R の相対誤差を e_T とおくと，式(4.49)から

$$e_T = \frac{v_i - v_R}{v_i} \fallingdotseq \frac{T}{2CR} \tag{4.50}$$

が得られる。

例えば，**図 4.21**(a)に示すような周期 2 ms の鋸歯状波のひずみを 1 % 以下に抑えたいときは，式(4.50)を使ってつぎのように簡単に計算できる。

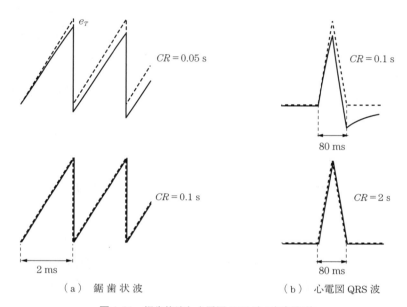

(a) 鋸歯状波　　　　(b) 心電図 QRS 波

図 4.21 鋸歯状波と心電図 QRS 波の振幅誤差

$$e_T = \frac{2 \times 10^{-3}}{2CR} < 0.01$$

$$\therefore\ CR > 0.1\,\text{s}$$

時定数 CR を 0.1 秒以上にすればよいことがわかる。

また，心電図の QRS 波の幅を 80 ms とすると，QRS 波の前半はパルス幅が 40 ms のランプ波形とみなせる（図(b)）。QRS 波の波高値の誤差を 1 % 以下に抑えるためには

$$e_T = \frac{40 \times 10^{-3}}{2CR} < 0.01$$

$$\therefore\ CR > 2.0\,\text{s}$$

となり，2 秒以上の時定数が必要である。時定数が小さいと ST 部分のような低周波成分にひずみが現れると教えられているが，QRS 波も影響されることに注意する。

4.5.3　積分回路

式(4.45)の v_C について時定数を 0.1 s から 10 s に変化させて描いたのが**図 4.22** である。CR の値が非常に大きいとき，式(4.48)および式(4.42)から $v_C \ll v_R$ となるので

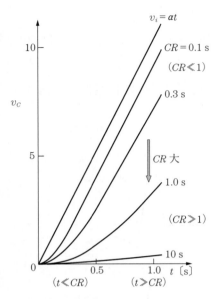

図 4.22 時定数を変えたときの v_C のランプ関数応答

$$v_i \fallingdotseq v_R = Ri$$

と近似できる。よって

$$v_C = \frac{q}{C} = \frac{1}{C}\int i\,dt \fallingdotseq \frac{1}{CR}\int v_i\,dt \quad (4.51)$$

が導かれ，v_C の値に CR を掛ければ v_i の積分値が与えられる。このような回路を**積分回路**と呼んでいるが，CR が小さいと決して積分波形は得られないことに注意する。

式(4.45)および式(4.48)を用いると v_C はつぎのように展開できる。

$$v_C = v_i - v_R = \frac{1}{CR}\cdot\frac{\alpha t^2}{2}\left(1 - \frac{t}{3CR} + \cdots\right) \quad (4.52)$$

式(4.52)で $\alpha t^2/2$ は入力 αt の積分値であることに注目する。$t \ll 3CR$，すなわち CR が十分大きいときは

$$v_C \fallingdotseq \frac{1}{CR}\cdot\frac{\alpha t^2}{2} = \frac{1}{CR}\int \alpha t\,dt = \frac{1}{CR}\int v_i\,dt \quad (4.53)$$

と変形でき，式(4.51)と一致する。式(4.52)において，積分の誤差をみるために異なる t/CR に対する，$t/3CR$ の値を計算すると**表 4.3** が得られる。観測時間 t が時定数の 0.03 倍ならば，$0 \sim t$ 間のどこでも誤差 1% で v_C に CR を乗じた値が v_i の積分値に等しい。t が CR の 0.30 倍程度なら誤差は 10% である。

表 4.3 t/CR 値に対する積分誤差

t/CR	0.03	0.15	0.30	0.60
$t/3CR$	0.01	0.05	0.10	0.20

積分回路の誤差は，ランプ関数よりも**階段状関数**の応答に明瞭に現れる。**図 4.23** に式(4.17)を使って時定数を変えたときの v_C の応答波形を示してある。階段状関数 v_i に対して v_C の出力は，時定数がより大きくなるほど理想カーブに近づく。

観測時間に対して時定数 τ が 100 倍程度あれば，積分値の誤差は 1〜2% に抑えられることが図から理解でき，表 4.3 の計算とも一致する。

CR 回路で微分値や積分値を求めることができるが，より精度を上げようとすると，微分回路ではより小さい時定数を，積分回路ではより大きい時定数を必要とする。その結果，微分出力（式(4.46)）や積分出力（式(4.51)）は，ますます小さい出力電圧となる。そしてこの出力信号と，もともと電子回路に存在する雑音との差が縮まり，信号対雑音比あるいは SN 比（S/N）がわるくなり，雑音の多い出力波形が得られる。したがって，SN 比のよい正確な微分/積分値を得たいときは，後述する演算増幅器を用いるのがよい。

4.5 ランプ関数応答と微分/積分回路　109

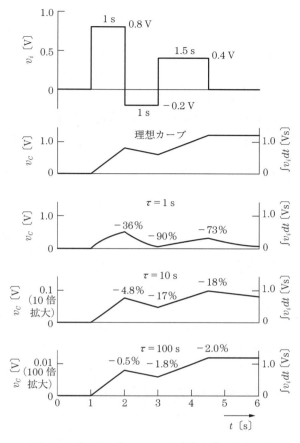

図 4.23 時定数の違いによる階段状関数の積分誤差

4.5.4　$j\omega$ 法を用いた微分/積分動作の説明

図 4.24 に示すように，交流電圧源，抵抗あるいはコンデンサの各端子電圧を複素表示すると，それぞれ $\dot{E}$，$\dot{V}_R$ および $\dot{V}_C$ となる．交流回路における分圧の法則を使うと微分動作では

$$\dot{V}_R = \frac{R}{1/j\omega C + R}\,\dot{E} = \frac{j\omega CR}{1 + j\omega CR}\,\dot{E} \tag{4.54}$$

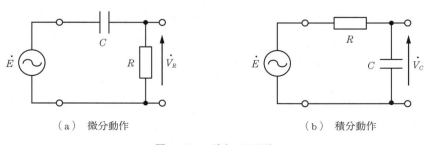

　　（a）微分動作　　　　　　　　　　　（b）積分動作

図 4.24 $j\omega$ 法と CR 回路

となる。もし，$\omega CR \ll 1$ であるならば

$$\dot{V}_R \fallingdotseq j\omega CR\dot{E} \tag{4.55}$$

と書ける。ここで，式(2.104)から $j\omega$ を d/dt とおくと

$$\dot{V}_R \fallingdotseq \frac{d}{dt}(CR\dot{E}) = CR\frac{d\dot{E}}{dt} \tag{4.56}$$

が得られる。$\dot{V}_R$ には，確かに $\dot{E}$ の微分値に CR を乗じた出力が現れる。

同様にして積分動作では

$$\dot{V}_C = \frac{1/j\omega C}{1/j\omega C + R}\dot{E} = \frac{1}{1 + j\omega CR}\dot{E} \tag{4.57}$$

が得られる。もし，$\omega CR \gg 1$ ならば

$$\dot{V}_C \fallingdotseq \frac{\dot{E}}{j\omega CR} \tag{4.58}$$

と書ける。ここで，式(2.104)を用いて，$1/j\omega$ を $\int dt$ とおくと

$$\dot{V}_C = \int \frac{\dot{E}}{CR}\,dt = \frac{1}{CR}\int \dot{E}\,dt \tag{4.59}$$

が得られ，$\dot{V}_C$ は積分値を与えることが周波数領域からも説明される。

CR 回路の遮断角周波数を ω_0 とすると

$$\omega_0 CR = 1$$

であるので，微分回路になり得る条件（$\omega CR \ll 1$）は

$$\frac{\omega}{\omega_0} \ll 1, \qquad \frac{f}{f_0} \ll 1 \tag{4.60}$$

と書ける。すなわち，入力波形の基本（角）周波数（ω）が CR 回路の遮断（角）周波数（ω_0）より十分小さいことが条件となる。積分回路についてはつぎの条件が必要である。

$$\frac{\omega}{\omega_0} \gg 1, \qquad \frac{f}{f_0} \gg 1 \tag{4.61}$$

これらの条件については，後の章で別の角度から取り上げる。

4.5.5 時定数の大小と心電図波形のひずみ

心電計には，検出電極に発生する分極電圧（直流成分）をカットする目的で，入力部に CR 回路が挿入されている（図 4.35 参照）。この CR 回路の時定数が小さ過ぎると，心電図波形にひずみを与えるので，CR の値は 3.2 s（0.05 Hz）以上と決められている（4.3.4 項参照）。

いま，水平 ST 低下を示す心電図波形を模式化し，この波形を CR 回路に入力したとき CR の大小で出力波形がどのようにひずむかを作図から求める。

模式化心電図波形の形状は，**図 4.25** に示す通りとする。P 波は省略してある。この模式化心電図波形は**図 4.26** のようにいくつかのランプ関数に分解できる。したがって，求める出力波形は，各ランプ関数が単独に入力されたときの出力波形を重ね合わせの定理によって合成すれば得られ

る。QRS 波の立上りの傾き α_1 は

$$\alpha_1 = \frac{1.5\,\mathrm{mV}}{30\,\mathrm{ms}} = 0.05\,\mathrm{V/s}$$

である。QRS 波の立下りの傾きは

$$\frac{-(1.5+0.3)\,\mathrm{mV}}{(60-30)\,\mathrm{ms}} = -0.06\,\mathrm{V/s}$$

となる。

ところが，QRS 波の立上りの傾斜をつくるために α_1 の傾きをもつランプ関数を使っているので，まずその分を $-\alpha_1$ で相殺し（傾き 0），ついで QRS 波の立下りの傾きを加えて 2 番目のランプ関数 α_2 をつくる。

よって

$$\alpha_2 = -0.05 + (-0.06) = -0.11\,\mathrm{V/s}$$

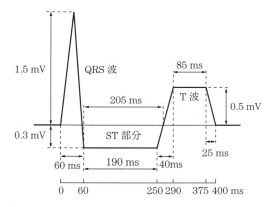

図 4.25 水平 ST 低下を伴う模式化心電図波形（P 波は省略）

が得られる。平坦な ST 部分は，QRS 波の立下りの傾きを相殺して 0 にすればよいから，$\alpha_3 = 0.06\,\mathrm{V/s}$ となる。T 波も同様に分解してランプ関数に置き換える。それらの傾きを順に α_4, α_5, α_6, α_7 とすると

$$\alpha_4 = 0.02\,\mathrm{V/s}$$
$$\alpha_5 = -0.02\,\mathrm{V/s}$$
$$\alpha_6 = -0.02\,\mathrm{V/s}$$
$$\alpha_7 = 0.02\,\mathrm{V/s}$$

となる。

模式化心電図波形は，以上の $\alpha_1 \sim \alpha_7$ の傾きをもつ 7 個のランプ関数の重ね合わせからなると考え，時定数 3.2 s と 0.1 s の CR 回路に時系列的に入力して式 (4.44) から v_R の値を計算してプロットすると図 **4.27** が得られる。

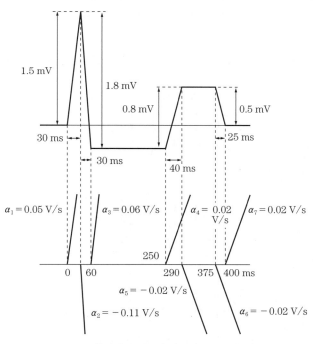

図 4.26 模式化心電図波形のランプ関数分解

詳細は拙著（「心臓の電気現象」，東京電機大学出版局）を参照されたい。

時定数が 3.2 s 以上あれば出力波形（実線）は入力波形（破線）と一致し，心電図波形は忠実に検出されるといってよい。時定数が 0.1 s の場合は出力波形が著しく歪曲されている。

R 波の高さは約 13 % 減少し，ST 接合部の深さは約 97 % 増大して，およそ 2 倍の深さにひずん

112　　　4. 過 渡 現 象

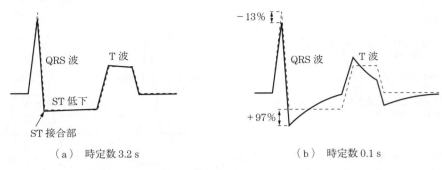

(a)　時定数 3.2 s　　　　　　　　　(b)　時定数 0.1 s

図 4.27　模式化心電図波形（破線）の過渡応答（実線）
（図(a)の実線は少し誇張して描いてある）

でいる。ST 部分の水平低下は上向きの低下に変化し，そのなごりをとどめないほどである。ST 低下の形状は心筋虚血の有無の判定の鍵をにぎっているので，短い時定数の心電計を用いると誤った判読がなされることになる。

　ST の水平低下を伴う実際の心電図のうち V_1 および V_5 誘導波形を，**直流増幅器**（時定数無限大）および時定数が 3.2 s，0.1 s，0.01 s の各 CR 回路を通して記録したものを図 4.28 に示す。直流増幅器と $CR = 3.2$ s の出力波形の形状はまったく同じである。

　$CR = 0.1$ s の出力波形は模式化心電図で調べたように，V_5 誘導波形では QRS の波高値は減少

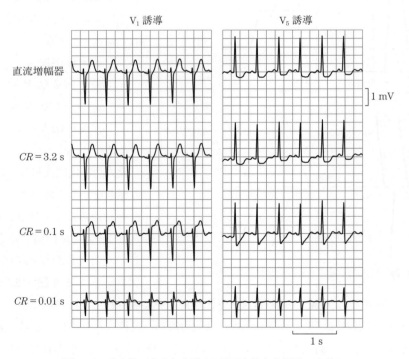

図 4.28　時定数の大小と水平 ST 低下を伴う心電図のひずみ

し，S 波は深くなり，ST の水平低下はゆがめられ上向きの ST 低下に変容している。$CR = 0.01\,\mathrm{s}$ の出力波形は入力波形を微分したような形状を呈し，ST 低下は消失して認められない。一方，V_1 誘導波形では V_5 波形とは逆に，ST 上昇のパターンに変形している。

心電図モニタの時定数は，通常心電計の 1/10（0.32 s）に設定されているので，ST 変化を観察するときは注意する必要がある。

ME ノート 18

生体組織の力学特性

生体組織の機械的性質は，ばねのもつ弾性成分と**ダッシュポット**（流体中をピストンが移動する）で表される粘性成分が種々に混ざり合った粘弾性体で説明できる。最も基本的なモデルはばねとダッシュポットの各要素が直列，あるいは並列につながった 2 要素モデルである。**図 4.29**（a）はばねとダッシュポットが直列につながった**マクスウェル**（Maxwell，略して M）**モデル**である。

このモデルの一端を固定し，他端に一定の外力 f を加えた後取り去ると，どのような変形（変位，x）が起こるかを考える。表 2.7 を参考にばねをコンデンサ C に，ダッシュポットを抵抗 R にアナロジーする。

モデルに加えられる荷重（電圧 v）は各要素に共通であるが，全体の変位量（電荷 q）は各要素の変位量の和になることから，このモデルは C と R の並列回路に置き換えられる（図（b））。したがって，変位量 x は，CR 回路に単位方形パルス電圧 E を加え，コンデンサと抵抗を流れる電流を個々に積分して得られる電荷量 q_C および q_R の和から求められる。

図（c）において，コンデンサに電圧 E が加えられると（時定数が無限小なので）瞬時に充電され $q_C = EC\,(= x_0)$ となる。一方，抵抗には E/R の一定電流が流れるので

$$q = q_C + q_R = EC + \int \frac{E}{R}\,dt = EC + \frac{Et}{R}$$

が得られる。

電圧を取り去るとコンデンサにたまった電荷 EC が瞬時に流れ去る（放電する）ので，図（d）の電荷（変位）–時間曲線が得られる。

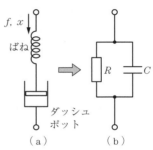

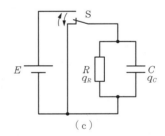

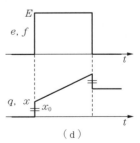

図 4.29 マクスウェルモデル（a）と，その電気的等価回路（b），（c）。（d）は単位方形パルス電圧を加えたときの電荷（変位）–時間曲線

114　4. 過 渡 現 象

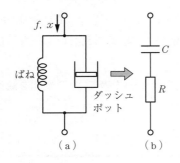

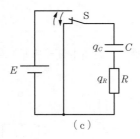

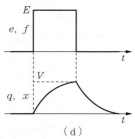

図 4.30 フォークトモデル(a) と，その電気的等価回路(b)，(c)。(d)は単位方形パルス電圧を加えたときの電荷（変位）-時間曲線

このレスポンスを見ながらMモデルの変形の様相を追ってみよう。Mモデルに外力を加えるとばねは瞬時に縮んで x_0 の変位が起こるが，つぎの瞬間からはばねがもとに戻ろうとする力に押されてピストンは一定の速さで短縮する。

その後外力を取り去るとばねは瞬時に最初の変位量 x_0 分だけ伸びるが，ピストンはそのままの位置で，永久変形が残る。

図 4.30(a)のようにばねとダッシュポットを並列につないだものを**フォークト**（Voigt，略してV）**モデル**という。荷重を二つの要素で別々に受け持つが，変位量は両要素に共通なのでこのモデルは C と R の直列接続回路にアナロジーされる（図(b)）。この回路に単位方形パルス電圧 E を加えたとき，すなわち充電時の電荷 q は，式(4.2)および式(4.7)から

$$q = CE(1 - \varepsilon^{-\frac{t}{CR}})$$

で与えられる。

また，放電開始時のコンデンサの端子電圧を V とおくと，式(4.12)から

$$q = CV\varepsilon^{-\frac{t}{CR}}$$

となる。よって図(d)の電荷（変位）-時間曲線が求まる。

Vモデルに外力を加えるとダッシュポットは急激な変形を許さず，CR の時定数で徐々に短縮していく。外力を取り去るとばねはもとに戻ろうとするから，ピストンも徐々に伸ばされてもとの位置に復帰する。

皮下組織に水の貯留した状態を浮腫という。水分貯留がある程度以上になると，指圧により圧痕を生じるようになる。圧痕が長時間戻らない現象はMモデルで説明できる。圧痕が徐々にもとに戻るような浮腫はVモデルの CR (時定数) が大きい場合に相当するであろう。

MモデルやVモデルを基本にして3要素以上からなる多要素モデルを考えれば，浮腫のメカニズムをレオロジーの立場から解析できるであろう。

4.6 方形パルスの過渡応答

心臓の鼓動のように一定の間隔 T で，一定の電圧あるいは電流がある時間 (t_w) だけ繰り返されるような波形を**パルス**という．正弦波も周期的に繰り返されるがパルスには含めない．パルスには，**図4.31**に示すような**対称方形波**，**三角波**，**のこぎり（鋸歯状）波**，**非対称方形波**などがある．このような周期的なもの以外に，ランダムに波形が現れるものもある．ここでは基本的な対称方形波について学ぶ．

図の各波形について，t_w〔s〕を**パルス幅**，T〔s〕を（繰り返し）**周期**，$1/T$〔Hz〕を**周波数**，t_w/T を**デューティ**（duty）**比**と呼ぶ．方形波を心電図の校正波形とみなして，$t_w = 0.5$ s，$T = 1.0$ s，振幅 1 mV のパルス列が CR 回路に入力されたときの過渡応答を調べる．

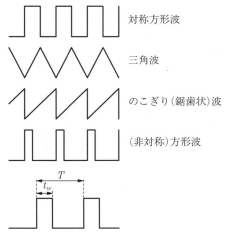

図4.31 基本的なパルスの形状と名称

4.6.1 方形パルス応答波形

時定数が 3.2 s の CR 回路の v_R および v_C 出力波形の過渡応答を**図4.32**に示す．この応答波形を求めるには，まず v_C の応答を式(4.17)を使って解いていく．入力波形 v_i の立上り，立下りの時点を順に t_1, t_2, t_3, $\cdots$ とし，それらの時刻の出力波形の値を v_{C1}, v_{C2}, v_{C3}, $\cdots$ とおく．各 v_C の値はつぎのようにして求まる．

v_{C1}：初期値 0 mV，最終値 1 mV

$\therefore \quad v_{C1} = (0 - 1)e^{-\frac{0.5}{3.2}} + 1 = 1 - e^{-0.1563} = 0.1447$ mV

v_{C2}：初期値 $v_{C1}(= 0.1447)$，最終値 0 mV

$\therefore \quad v_{C2} = (0.1447 - 0)e^{-\frac{0.5}{3.2}} + 0 = 0.1238$ mV

v_{C3}：初期値 $v_{C2}(= 0.1238)$，最終値 1 mV

$\therefore \quad v_{C3} = (0.1238 - 1)e^{-\frac{0.5}{3.2}} + 1 = 0.2506$ mV

以下同様に計算は可能であるが，時間のむだ遣いになるので v_{Ck} の一般式を求める．パルスの振幅を E，$e^{-\frac{t_w}{CR}}$ を K とおいて v_{C1} から v_{C5} あたりまで計算すると規則性が見い出され，式(4.62)および式(4.63)が導かれる．

$$v_{C(2n-1)} = E\frac{1 - K^{2n}}{1 + K} \quad (n \geq 1) \tag{4.62}$$

$$v_{C(2n)} = EK\frac{1 - K^{2n}}{1 + K} \quad (n \geq 1) \tag{4.63}$$

116 4. 過 渡 現 象

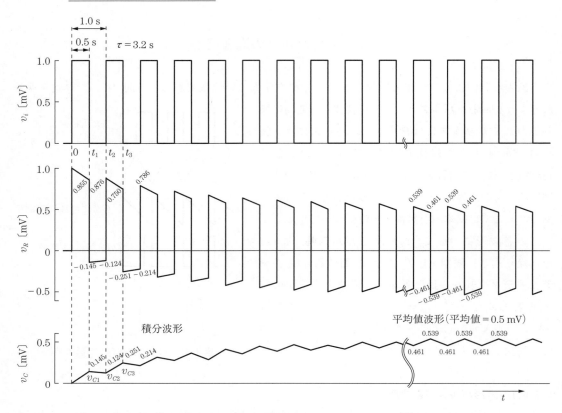

図 4.32 方形パルスを CR 回路（時定数 3.2 s）に入力したときの過渡応答

式 (4.62)，(4.63) を用いて描いたのが図 4.32 の v_C 曲線である．放電あるいは充電のカーブは厳密には指数曲線であるが，時定数がパルス幅に対して十分大きいので直線とみなしても構わない．

図の v_C 曲線をよく眺めると，最初の数パルスの v_C はパルスの立上りに一致して直線的に上昇し，ほぼ入力波形の積分値を示している．一方，時間が十分経過した図の後半部分の v_C は，入力波形の平均値である 0.5 mV を中心に上下に変動する三角波を呈している．

けっきょく，パルス幅に比べ十分大きい時定数をもつ CR 回路の v_C 出力波形は，観測時間が時定数に比べ十分小さい区間では積分波形を与え，時間が十分経過した区間では平均値波形になっているといえる．

v_R 波形は，$v_R = v_i - v_C$ から図の中段に示すような応答曲線になる．図の後半の周期的波形の + 側と - 側の波形の面積は等しく平均すれば 0 mV である．これは，入力波形から直流分が差し引かれた波形になっている．これからも，コンデンサは直流分を通さないことがわかる．

これまでの方形波は 0 V より + 側で変動し直流成分を含んでいたが，0 V を中心に +，- 側に等しく変化し，平均値が 0 である方形パルスの応答を**図 4.33** に示す．図 4.32 の応答と同様に，最初の数パルスの v_C 出力は v_i の積分波形を呈している．しかし，時定数に対して十分時間が経過し

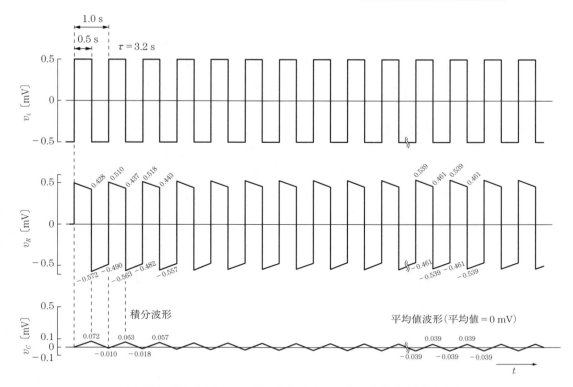

図 4.33 0 V を中心に正負に振れる方形パルスの過渡応答（時定数 3.2 s）

た図の後半の区間では，積分波形は得られず，0 V を中心に ＋，－ に変化する三角波が見られ，平均値は 0 V となる。

パルス幅に対して時定数をより大きくすれば，この三角波の振幅は小さくなる。このように，CR 回路の v_C 波形は時定数に対して観測時間が十分大きければ入力波形の平均値波形となる。このことを周波数領域から考えてみる。

フーリエ解析によれば，すべての波形は直流成分（平均値）と高調波（交流）成分（平均値 0）の和からなる。したがって，すべての波形は CR 回路を通すと，コンデンサの端子 v_C には，時定数 CR で直流成分を積分した波形と交流分を積分した波形が重畳して表れる。交流分の積分は 0 であるから，けっきょく，十分時間が経過した後の出力は平均値を与える。

すべての波形 ＝ 直流分(平均値) ＋ 交流分
⇩
| CR回路 |
⇩
コンデンサの端子電圧 v_C ＝ 直流分の平均値 ＋ 交流分の積分 （＝ 0）
　　　　　　　　　　＝ 平均値

この回路（積分回路の v_C 出力）は血圧の瞬時波形から平均血圧値をモニタしたいときに応用できる。このとき，時定数が大きいと変動の少ない滑らかな平均値波形が得られるが，血圧が変化（動揺）したときの応答は遅くなる。逆に，時定数が小さいと応答は速いが，平均値波形の変動成分（これをリプルという）が大きくなり平均値を読み取りにくくなる。

4.6.2　時定数の大小による方形パルス応答の変化

図 4.34 は方形パルスを CR 回路に入力し，十分時間が経過したときの v_R および v_C の波形を，パルス幅に対する時定数の大きさ（t_w/CR）を変えて表してある。v_R および v_C が t_w/CR の大小で大幅に変化することに注目されたい。v_R の波形から，正しい微分波形を得るには t_w/CR が数十倍以上必要であることがわかる。

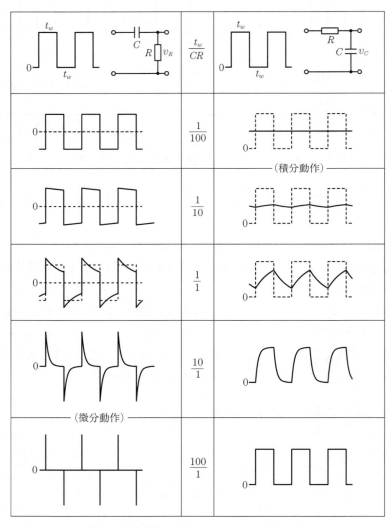

図 4.34　時定数の大小による v_R, v_C 波形の変化

一方，v_C 波形からは，積分波形を得るには t_w/CR が 1/10 以下でなければならないことがわかる。CR 回路を結合回路として使う場合は，t_w と CR の値が数十倍以上離れていれば，入力波形がひずみを受けないでそのまま通過できることも理解できる。

ME ノート 19

心電図の基線は 0 V ではない

心電図は，体表面に装着した電極の電位変化を差動増幅器に導いて検出する。このとき皮膚と電極間に分極電圧が発生するので，増幅器の入力には，数 mV の心電図信号のほかに 2 電極間の分極電圧の差による数十 mV の直流成分が加えられる（**図 4.35**）。

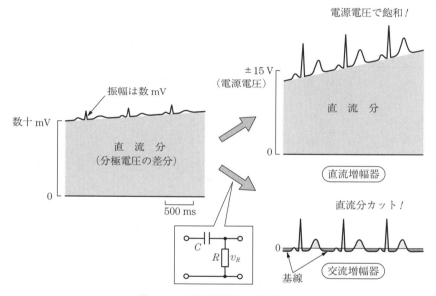

図 4.35 直流増幅器と交流増幅器

この信号をそのまま増幅すると，直流分も同じ倍率で増幅されるため出力が電源電圧で飽和して信号が現れない。しかし，一度 CR 回路を通して直流分をカットして増幅すると，心電図信号のみ増幅される。前者を**直流増幅器**，後者を**交流増幅器**と呼ぶ。直流増幅器は，細胞内電位（活動電位）の記録に用いられる。交流増幅器の増幅作用には周波数帯域があり，その低域（下限）を決めるのが CR（時定数）の値である。

図 4.32 で明らかになったように，CR 回路の v_R 波形は時定数に比して十分時間が経過すると，0 V を中心に ＋ 側と － 側で面積が等しくなる波形に落ちつく。換言すれば，直流分がカットされるので積分（平均）すると 0 V になるような高さ（電圧）で安定する。

一方，心電図で基線といっているのは心電図波形で，一番平坦な TP 部分（T 波の終りから P 波の始めまで）のことなので，図 4.35 に示すように電気的な 0 V と基線とは一致しな

い。心電図波形の振れが + あるいは − のどちらかに偏っているほど，記録紙上で電気的な0と基線はズレがより大きくなる。心電図読影上，電気的0Vを知る必要はまずないので，実際は基線を見掛け上の0Vとみなしている。

図4.36に擬似心電図の記録波形を示すので確認されたい。電気的0Vは，誘導コード先端のリードチップをまとめて短絡すれば求まる。

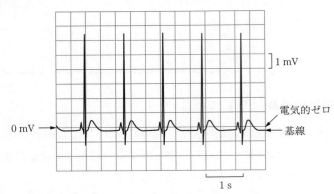

図4.36 擬似心電図の記録波形（ポリグラフの心電図用増幅器で記録したもの。基線と電気的0Vのずれを誇張するため感度を標準の5倍に高くしてある）

5 ダイオード

5.1 整流作用とスイッチング作用

ダイオード（diode）は，一方向だけに電流を流す弁のような性質をもっている。ダイオードは**図** 5.1 に示すような図記号で表される。

弁の A 側に B 側より高い圧力を加えると弁は開き，管内の液体は矢印の方向に流れる。逆に，B 側の圧力を A 側より高くすると弁は閉じて液体は流れない。圧力を電圧に置き換えてダイオードの A 側に K 側よりも高い電圧を加えると，矢印のように A から K に向かって電流が流れる。これを**順方向**という。

K 側に A 側よりも高い電圧を加えても弁と同じように電流はほとんど流れない。この向きを**逆方向**と呼ぶ。加える電圧の方向によって電流が流れたり流れなかったりする性質を**整流作用**という。動作原理については 6.2 節で学ぶ。

順方向として動作させるために，より高い電圧を加える A 側を**アノード**（anode），低い電圧がかかる K 側を**カソード**（cathode）と呼ぶ。実際のダイオードの極性表示は図 5.2 のようにいろいろある。ふつう，カソード側に色帯や色点をつけて表示する。

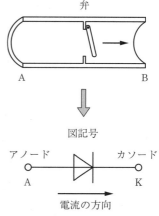

図 5.1　弁とダイオードの図記号

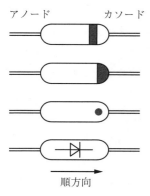

図 5.2　極性表示のいろいろ

ダイオードは順方向では単なる導体（抵抗体）として作用し等価的な抵抗で置き換えられるが，このとき加える電圧を**順方向電圧** V_F，電流を**順方向電流** I_F，抵抗を**動作抵抗**（順方向抵抗）r_d と呼ぶ。逆方向の状態では，わずかな電流しか流れないので絶縁体とみなせる。このときの電圧，電流および抵抗をそれぞれ**逆方向電圧** V_R，**逆方向電流** I_R および**逆方向抵抗** r_R という。これらの値は電流に依存して変動するが，具体的な数値をよく使われているダイオード（IS 2471）について規格表から抜き出して示しておく。

表 5.1 をみると，ダイオードは順方向時は $9.2\,\Omega$ の抵抗値をもつ導体，逆方向時は $4\,\mathrm{G}\Omega$ の絶縁体として作用することがわかる。

したがって，順方向時の数 Ω の抵抗を無視できるような回路では，順方向時はスイッチ ON，逆方向時はスイッチ OFF の切換スイッチとしてダイオードを使うことができる（図5.3）。

表 5.1 電気的特性（1S 2471）

	V_F, V_R	I_F, I_R	r_d, r_R
順方向	0.92 V	100 mA	9.2 Ω
逆方向	80 V	0.020 μA	4 GΩ

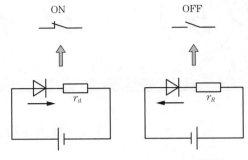

図 5.3　ダイオードのスイッチング作用

5.2　静　特　性

ここまでの性質を電圧を横軸に，電流を縦軸にとった電圧-電流特性図で表すと図 5.4 になる。

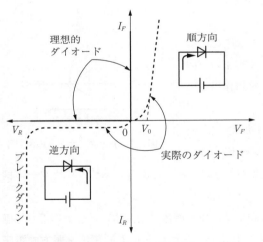

図 5.4　ダイオードの静特性

理想的なダイオードは順方向では抵抗 0，逆方向では抵抗が ∞ と考えられるので，図に示すように直交する 2 直線となる。

しかし，実際はいくらかの順方向電圧が加えられないと電流が流れないし，また逆方向にもごくわずかの電流が流れる。

順方向電圧がある値 V_0 以上になると特性曲線は立ち上がって，電流が急に流れ出す。V_0 をオフセットあるいは立上り電圧と呼んでいる。電圧が V_0 に達しない範囲では電圧-電流関係は非線形であるが，V_0 を超えると線形性が保たれ，この傾きから動作抵抗 r_d が求まる。

ダイオードに逆方向電圧をどんどんかけていくと，数十〜数百 V のところで逆電流が急に流れ出す。これを**ブレークダウン**といい，そのときの電圧を**降伏電圧**と呼び，降伏のメカニズムにはなだれ降伏とツェナー降伏がある（図 5.4 参照）。ツェナー降伏の特性を積極的に利用しているのがツェナーダイオード（後出）である。降伏電圧や立上り電圧は，ダイオードの素材であるゲルマニウム（Ge）とシリコン（Si）で異なるので，図 5.5 に両者の特性曲線を示す。

Ge ダイオードの特性は順方向および逆方向とも比較的なだらかであるが，Si ダイオードは立上りが急峻でダイオードの理想カーブに比較的近い。Ge ダイオードの立上り電圧 V_0 は小さい

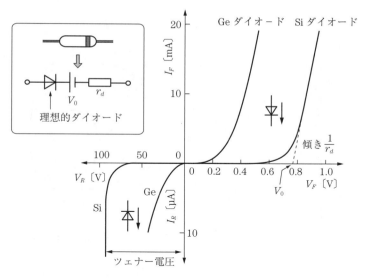

図 5.5 Ge ダイオードと Si ダイオードの静特性

(0.1〜0.3 V) ので信号処理回路に使われる。Si ダイオードの V_0 は 0.5〜0.7 V と高く,降伏電圧は大きくて熱にも強いので,電源の整流回路に使われる。けっきょく,ダイオードは図中の囲みで示すように,理想的ダイオードに V_0 と r_d が直列接続された回路と等価と考えられる。

ME ノート 20

生体とダイオード

全身に血液を送り続ける心臓には 2 個の房室弁(三尖弁と僧帽弁)と肺動脈弁,大動脈弁の四つの弁があり,正常では逆流は起こらず弁の抵抗も小さい値になっている。したがって,心臓の弁の電気的等価回路は図 5.3 のように,収縮期と拡張期で血液を断続させる機能を表すダイオードと弁抵抗に相当する電気抵抗の直列接続で表現できる。

心臓の血液拍出に伴う圧脈波は動脈から毛細血管へと伝搬するにつれて弱くなり,静脈では血液を心臓に戻すのに十分な駆動力はなくなっている。したがって,静脈内の血液はその周囲の筋が収縮する際に血管がしごかれることによって,右心房のほうに移動していく。これを**筋ポンプ**という。このとき血液が末梢側に戻るのを静脈弁が阻止する(**図 5.6**)。静脈弁もダイオードに類似である。

心臓にはポンプの作用をする作業筋のほかに,興奮伝導系と呼ばれる電気興奮を速く伝える特殊筋が備わっている(**図 5.7**)。この系は洞房結節に始まり,房室接合部→脚枝→プルキンエ線維から成り立ち,正常では洞房結節で発生する毎分 60〜80 回の興奮が心臓の歩調取りをしている。いわば,洞房結節は発振器,それ以外の伝導系はリード線ともみなせる。

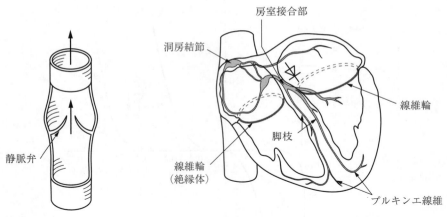

図5.6 静脈弁　　　　図5.7 心臓の興奮伝導系の整流作用

　また，心房筋と心室筋は房室弁をつくっている線維輪で電気的に隔絶され，心房筋の興奮が直接心室筋に伝播することはなく，興奮伝導系によってのみ心室筋へ伝導される。さらに，通常は房室接合部の興奮伝導は一方向性で，心室筋の興奮が心房筋に逆伝導されない性質がある。すなわち房室接合部は，ダイオードと類似の整流作用をもっている。

5.3 動 特 性

　実際の回路では，ダイオードに直列に数百 Ω の抵抗を接続して使うことがほとんどである。このときの電圧-電流特性曲線は**図5.8**のようになる。

　電源電圧を V，ダイオードおよび抵抗の端子電圧をそれぞれ V_D，V_R，電流を I とおくと

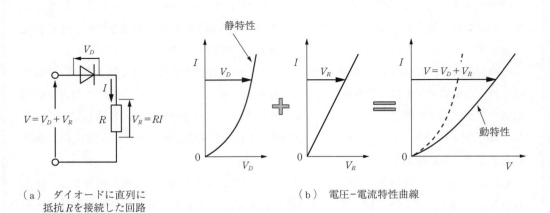

（a）ダイオードに直列に抵抗 R を接続した回路　　　　（b）電圧-電流特性曲線

図5.8 ダイオードの動特性

$$V = V_D + V_R$$
$$= r_d I + RI \tag{5.1}$$

となる．r_d は動作抵抗である．

このようにダイオードに負荷を接続して動作させたときの電圧−電流特性曲線は，動作状態の性質を表現しているので**動特性**と呼ばれる．図 5.5 のような無負荷時のダイオードだけの特性は一般的に**静特性**という．動特性の V は式 (5.1) から，静特性による電圧降下 V_D に，抵抗 R の端子電圧 V_R を加えたものであるから，図 5.8 (b) のようにダイオードの静特性を V_R 分だけ右方に移動して作図できる．

ここで図 (a) の回路に正弦波電圧を加えたときの電流波形をしらべよう．正弦波の時間軸を電流軸に一致させる（**図 5.9**）．正弦波の正の半周期にはダイオードに順方向の電圧が加わり，順方向電流が流れる．負の半周期では逆方向に電圧がダイオードにかかるので電流は流れない．けっきょく，正弦波の正の半周期分のみが切り取られた電流波形が得られる．この電流は抵抗 R を流れて電圧降下をもたらすので，抵抗の端子電圧波形も電流波形と相似となる．

図 5.8 や図 5.9 の回路では，ダイオードに逆方向電圧がかかったときは抵抗 R に電流が流れなかった．ここで，負荷抵抗 R に並列にコンデンサ C を接続すると抵抗の端子電圧 v_R がどうなるかをしらべる．

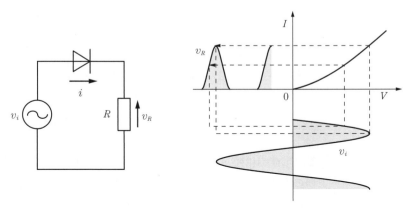

図 5.9 正弦波電圧の整流波形

図 5.10 (a) に示すように，正弦波の最初の 1/4 周期（$0 \sim t_1$）ではダイオードが順方向のため，コンデンサ C と抵抗 R の両方に電流が流れる．このとき電源の内部抵抗は非常に小さいので，充電回路の時定数は極小値をとり，v_R すなわちコンデンサの端子電圧 v_C は正弦波電圧と同じ形状で最大値まで充電される．

入力電圧が時刻 t_1 を過ぎると，コンデンサはすでに最大値まで充電されているのでダイオードのアノード側の電位がカソード側の電位より低くなり，逆方向状態となってダイオードは OFF になる．

よって図 (b) のように，コンデンサの電荷は抵抗 R を通って CR の時定数で放電し，v_R（v_C）

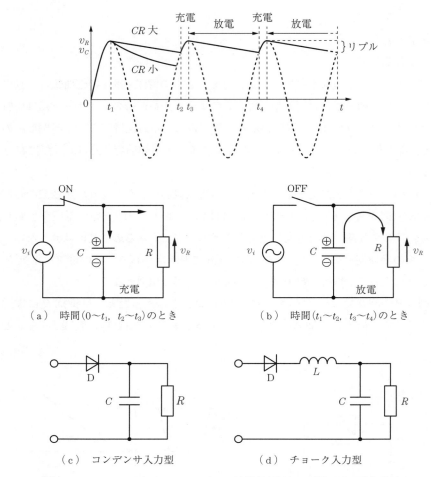

図5.10 コンデンサとチョークコイルの性質を利用した平滑回路の動作特性

も減少していく（$t_1 \sim t_2$）。この放電曲線は時定数が大きいとほぼ直線，小さいときは指数関数的に減少する。そのうちアノード側の電圧は上昇し，コンデンサの端子電圧を超える時点でダイオードは順方向状態になり，再び入力電圧と同様の波形が現れる（$t_2 \sim t_3$）。

時間（$t_3 \sim t_4$）ではダイオードは逆方向状態でOFFとなり，放電曲線を描く。この後は時間（$t_2 \sim t_4$）で見られた波形が繰り返される。この回路は，整流された脈流を滑らかな波形にするので**平滑回路**と呼ばれ，電源回路に欠かせない。

平滑回路は動作の上では通過フィルタであるので，コンデンサの代わりに高い周波数の電流を通しにくいコイルの性質を利用することもできる。図（d）はコアに巻線を巻いてつくったチョークコイル（choke coil）を応用した回路で，整流素子のダイオードDから見てコイルが先にあるので，チョーク入力型と呼ぶ。図（c）はこれまで説明してきたコンデンサ入力型である。

5.4 定電圧電源回路

一般的な電子機器では，商用交流の100Vを必要な直流電圧に変換して使用している。この回路は定電圧電源回路と呼ばれ，**図5.11**のように変圧回路，整流回路，平滑回路および電圧安定化回路から構成される。

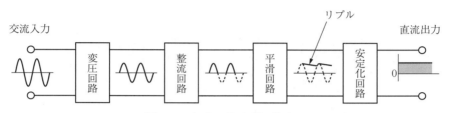

図5.11 定電圧電源回路の構成図

変圧回路は，希望の直流電圧を得るために必要な交流電圧をあらかじめ変圧しておく回路で，トランスの巻数比を調節して行う（2.4.3節参照）。変圧された交流は，整流回路によって正または負のいずれか一方だけが取り出され，後段の平滑回路（5.3項参照）で変動の少ない脈流となって出力される。脈流に含まれる変動分の程度は，直流の出力電圧の平均値に対する変動分の実効値の割合（％）をとって表し，**リプル百分率**（リプル（ripple）は，さざ波の意味）と呼ぶ。

変動分を少なくするには平滑回路に容量の大きいコンデンサを用いればよいが，さらにリプルを軽減させ，負荷の急激な変動に対して電圧を一定に保つために，平滑回路の後段に安定化回路をつける。

ノートパソコンや携帯ゲーム機のように，電子機器の内部に電源回路を内蔵しないで付属品として別になっているものがあり，これらをAC（AC-DC）アダプタという。整流回路には種々の方式があるので，それらについて説明しよう。

図5.12(a)は半波整流方式で，交流の正あるいは負の半波だけがダイオードで整流される。図(b)は全波整流方式と呼ばれ，交流の正と負の両方の波を取りだして直流をつくる。この回路ではトランスに中間タップが必要で，2個のダイオードが交互に整流作用を行い全周期にわたって一方向の電流を得る。図(c)も全波整流方式であるが中間タップは不要で，4個のダイオードでブリッジ回路を組んで全波整流を行うもので，ブリッジ整流回路と呼ばれる。図中の実線と破線は電流の通り道を示す。線を辿りながら正しい波形が得られることを確かめよう。

図5.13は中間タップ付のトランスにブリッジ整流回路を応用した回路で，正負の大きさの等しい直流電圧をつくることができる。これを両極性電源という。後出の演算増幅器をはじめ電子機器では両極性電源を必要とすることが多いので，この整流方式がよく使われる。

このように交流を直流に変換する装置を**コンバータ**（converter）という（広義には，電気信号一般を変換する装置の総称として用いられる）。一方，直流を交流に変換する装置を**インバータ**

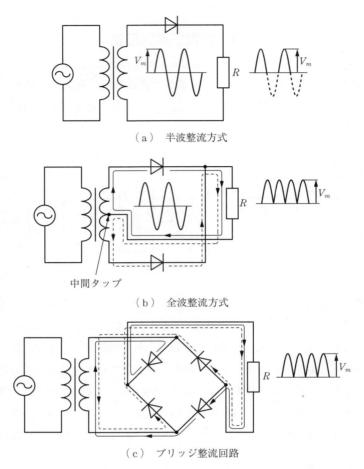

(a) 半波整流方式

(b) 全波整流方式

(c) ブリッジ整流回路

図 5.12 定電圧電源回路に用いられている代表的な整流方式

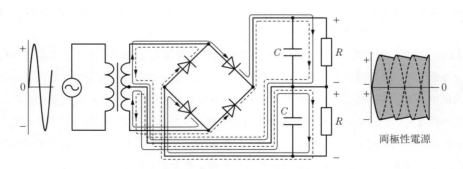

図 5.13 両極性ブリッジ整流回路

(inverter) という。交流の周波数と電圧を変えることは容易ではないが，交流をいったんコンバータで直流に変換後，再度インバータで交流に変換すると，所望の周波数と電圧をもつ交流に変えることができる。

5.5 波形の整形

ダイオードのカソード側に電池 E を接続した**図5.14**(a)のような回路では，入力電圧 v_i が E より（正確には E に立上り電圧 V_0 を加えた電圧）大きいか小さいかでダイオードがON, OFFとなり，$v_i > E$ の範囲では出力 v_o は E に固定される。

なお，R は電流制限用抵抗である。この回路は信号の上方を切り取りたいときに使われ，**上限クリップ回路**（クリッパ）と呼ばれる。ダイオードと E の向きを逆にすると信号の下方

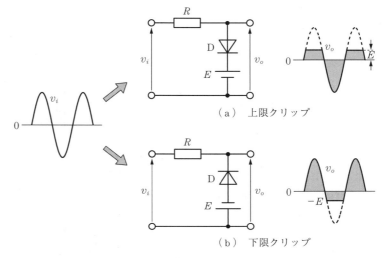

図5.14 クリップ回路

が切り取られるので下限クリップ回路という（図(b)）。

クリップ回路を発展させると信号の上部と下部を切り取る回路が考えられ，これを**図5.15**に示す。これを**リミッタ回路**（リミッタ，狭い振幅の範囲の切り取りはスライサ）と呼んでいる。

図4.34において，いわゆる微分回路の時定数を十分大きくすると入力波形がひずみを受けないで，そのまま出力されることを学んだ。

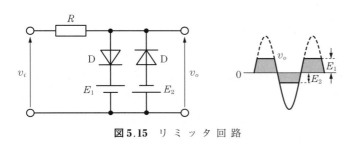

図5.15 リミッタ回路

図5.16は，微分回路の抵抗に並列にダイオードを接続した回路である。この回路に，平均値が 0 である方形パルス（図(a)）を入力したときの動作を解析しよう。

図(b)の回路において，方形パルスの $v_i < 0$ の範囲ではダイオード（D）に順方向電圧がかかるが，Dは理想的素子であるので出力 v_o は 0 V となる。このときコンデンサ（C）には瞬時に E〔V〕の電荷が蓄えられる。$v_i \geqq 0$ の範囲ではDには逆方向電圧がかかるので，DはOFF状態となる。このとき時定数（CR）はパルス幅（観測時間）に比べて十分大きくしてあるので，C の電荷はほとんど放電されず，出力には入力電圧 E と，C の端子電圧 E が加算された $2E$〔V〕の出力が現れる。この回路では方形パルスが＋側にシフトされ，v_o の最小値が 0 V にクランプされる。このように，入力波形の振幅を変えずに直流レベルを変化させ振幅の一部を固定する回路を，**クラ**

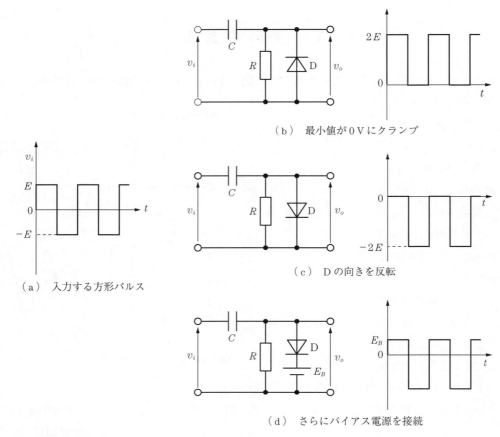

図5.16 クランプ回路

ンプ (clamp) 回路という。

図(c)はDの向きを反転させた回路である。この回路において、$v_i > 0$ の範囲ではDには順方向電圧が加わるので出力には0Vが現れ、Cには瞬時に E 〔V〕の電荷が蓄積される。$v_i \leq 0$ の範囲ではDに逆方向電圧がかかるので、Cの端子電圧 $-E$ に入力電圧 $-E$ が加算された $-2E$ が出力される。このとき、方形パルスの最大値は0Vにクランプされる。

図(d)は、図(c)の回路のDに直列にバイアス電源 E_B を接続した回路である。$v_i > E_B$ の範囲ではDに順方向電圧がかかり、$v_i \leq E_B$ の範囲ではDに逆方向電圧が加わるので、v_o は図(c)の波形を E_B だけ+側にシフトした波形になり、方形パルスは E_B 〔V〕にクランプされる。

5.6 定電圧ダイオード

シリコンダイオードの降伏電圧は図5.5に示すように急峻に逆電流が増加し、特性曲線は垂直に立っている。この部分は、電流が変化しても一定電圧が保たれる特徴をもっている。これを利用し、降伏電圧を加えても破損しないように特別につくられたダイオードを**定電圧**（ツェナー、Zener）

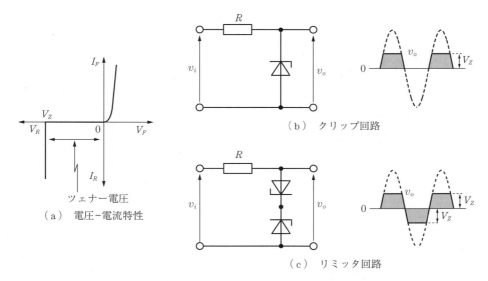

図 5.17 定電圧ダイオードの特性と応用回路例

ダイオードと呼び，降伏電圧を**ツェナー電圧**といい V_Z で表す．特性曲線を図 5.17(a)に示す．

定電圧ダイオードは，ダイオードと電池（V_Z）の直列回路と等価であるので，クリップ回路やリミッタ回路は図 5.17(b)，(c)のようになる．定電圧ダイオードは，ふつうのダイオードとは逆に接続して使用することと，図記号に注目されたい．リミッタ回路の制限電圧は，正確には V_Z に順方向電圧を加えた値になる．

左室内圧の拡張末期圧（LVEDP）の値は左室の前負荷の指標として重要であるが，心臓カテーテル検査でこの値を読み取るとき，左室圧波形の上部をクリップ回路で切り取り低圧部分を拡大して判読しやすくすることがよく行われる．図 5.18 にその一例を示す．

電気的除細動を施すときは同時に心電図をモニタリングするが，通電時には前胸部に装着した心電図用電極を通じて数 kV の出力電圧（あるいは数十 A の出力電流）の一部が，心電計に印加されることになる．この大電圧による損傷を防ぐために，心電計の入力部には耐除細動用の保護回路が組み込まれている．

図 5.19 に，ツェナーダイオードを応用した保護回路を示す．除細動器は据置き型あるいは AED（automatic external defibrillator）を問わず，出力は接地から浮いたフローティング回路になっている．通電時の出力電流の一部は心電計の正，負の入力端子から出入し，抵抗 R とツェナーダイオードを介した閉鎖回路をつくるため，差動増幅器に出力電流の影響を及ばなくすることができる．心電計に入力する通電エネルギーの大部分は抵抗 R で消費される．入力端子と中性点（N）との端子間電圧はツェナー電圧と順方向電圧の和，すなわち 6 V 程度の電圧でクランプされるが，心電図検出には数百 mV の入力端子間電圧が確保されていればよいので，心電図情報の採取に支障はない．

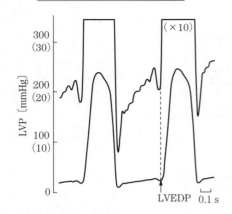

図5.18 拡大左室圧波形による左室拡張末期圧（LVEDP）の観察と記録

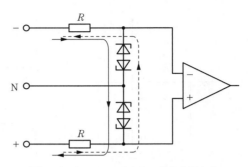

図5.19 ツェナーダイオードを応用した保護回路

MEノート 21

心臓弁膜症の電気的アナロジー

心臓の弁にかかる差圧（P）を電圧（V）に，血流（F）を電流（I）に類推すると，正常弁の電気的アナロジーは図5.20(a)のように，ダイオードDと弁抵抗rの直列回路になる。僧帽弁狭窄症のような狭窄弁は血流に対する抵抗が増大しているので，正常の弁抵抗rに直列に狭窄に相当する抵抗R_sを加えればよい（図(b)）。

一方，僧帽弁閉鎖不全（逆流）症のような弁では，病状によって異なるが，収縮期に左心室の血液が左心房に逆流する。ダイオードに逆方向電圧が加わるとき，比較的多くの電流が流れるように類推すると，等価回路としてはダイオードと抵抗rに並列にシャント（短絡）抵抗R_rを加えればよいであろう（図(c)）。

この等価回路ではダイオードがON状態（弁解放時）のとき，合成弁抵抗はR_rとrの並列接続となるためrよりも小さくなる。閉鎖不全症では弁狭窄を合併することが多いので，狭窄弁の等価回路（図(b)）にR_rを並列接続した回路のほうがより実際的であろう。

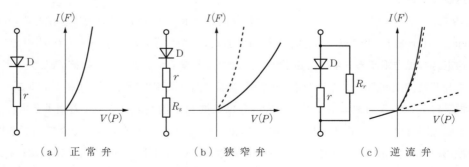

(a) 正常弁　　(b) 狭窄弁　　(c) 逆流弁

図5.20 ヒトの正常弁と心臓弁膜症の電気的アナロジー

6 トランジスタ

6.1 半導体とは

物質の構成単位である原子は原子核と電子からなり，金属原子が集まると各原子の最も外側の電子の軌道（通路）が重なり合い，電子は物質の中を自由に動き回ることができるようになる（**図6.1**）。この電子を**自由電子**と呼ぶ。

自由電子は電気の通じやすさ（導電率）を左右し，自由電子の多い金属は**導体**と呼ばれる。

ゴムやガラスなどの絶縁物は自由電子をもたないために導電性が悪く，抵抗率が非常に大きい（絶縁体）。これ

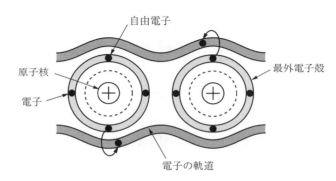

図6.1 電子の軌道と自由電子

らの導体と絶縁物の中間の抵抗率をもっている物質を**半導体**という。

代表的な半導体には，シリコン（ケイ素，Si），ゲルマニウム（Ge），セレン（Se）があり，これらは**真性**（純粋）**半導体**と呼ばれる。

一方，SiやGeにごく微量の不純物（金属原子）を混入すると導電性が増すなど，半導体の性質を大きく変えることができるので，これらを**不純物半導体**という。金属は温度が上がると抵抗は大きくなるが，半導体は温度上昇で抵抗が減少する。この電気抵抗の温度係数が負になることが半導体の特徴である。

4価原子であるSiやGeの結晶では**図6.2**に示すように，電子を1個ずつ出し合って共有結合をしているが，アンチモン（Sb）のような5価の金属が入るとSbの1個の電子が余ってしまう。この過剰電子は自由電子と同じように結晶の中をさまよい歩くことができるので，導電性がよくなる。これを**n形半導体**という（図(a)）。nは電子のもっている負（negative）の電荷を意味する。

一方，インジウム（In）のような3価の原子が入ると，図(b)に示すように共有結合するのに電子が1個不足する状態，すなわち電子の抜けたホール（正孔，hole）ができる。このホールに近くの電子が移ると，その電子のもとの位置にホールが発生するという具合に，ホールの移動が起こり

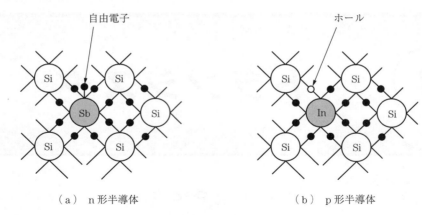

(a) n形半導体　　　　(b) p形半導体

図6.2　不純物半導体

電流が流れることになる。このような半導体を，正（positive）の電荷が動くので**p形半導体**と呼ぶ。

n形半導体では電子が多数を占めて電荷の運び屋（carrier）となるが，電子以外に熱的に発生したわずかのホールも存在する。したがって，n形半導体中の電子は**多数キャリヤ**，ホールは**少数キャリヤ**と呼ばれる。同様に，p形半導体ではホールが多数キャリヤ，電子が少数キャリヤとなる。

導体や半導体中の自由電子が移動することによって生じる電流を，**伝導電流**という。

MEノート 22

半導体と生体微量元素

人類の歴史を利器の材料によって分けると，石器時代，青銅器時代，鉄器時代に区分されることはよく知られている。現代でもなお鉄は主要な金属であるが，鉄以外にも Al，Cu，Zn あるいは Ni，Co（コバルト），Cr（クロム），Se などの希少金属の需要が多い。

さらに半導体の材料として Ge，Si のほか As（ヒ素），Sb，Ga（ガリウム），In が使用され，これらは**非鉄金属**と呼ばれている。とりわけ，Al は金属として優れた特長をもちあらゆる分野に浸透し，現代は Al 時代ともいわれる。

一方，医学の分野では最近微量な元素がヒトにとって必須であることが解明されつつある。生体微量元素として，V（バナジウム），Cr，Mn（マンガン），Fe，Co，Cu，Zn，Se，Mo（モリブデン），I が挙げられ，これらの欠乏症や過剰症が指摘されている。

例えば，Zn 欠乏による味覚障害，鉄欠乏性貧血，先天的な Cu の肝蓄積によるウィルソン病などがそうである。真性半導体に不純物金属として入れられる As や Sb も，生体に必須であろうと考えられている。生体系は生命の誕生の当初から，人類が金属を利用してきた順序とは逆の方向で，金属を代謝過程の中や，細胞の構成要素に取りこんで進化してきたと推察されており大変興味深い。

6.2 pn 接合

p形とn形半導体を機械的に接触させるのではなく，結晶がつながった状態で接合したものを**pn接合**という。前章で説明した（半導体）ダイオードはpn接合でつくられている。このpn接合に電圧をくわえたらどうなるであろうか。

図6.3(a)のようにp形を電池の陽極に，n形を電池の陰極に接続すると，接合面を通ってホールはn形側に，電子はp形側に移動する（これを**注入**という）。さらに外部電圧を大きくすると電流はますます盛んに流れる。これを**順方向**といい，このとき，n形に引かれたホールやp形に移動した電子は，出身はいずれも多数キャリヤであるが相手側では少数キャリヤになり，順方向電流の源泉になっていることは興味深い。

逆に，p形に電池の陰極を，n形に電池の陽極をつなぐと，ホールも電子も図(b)のようにそれぞれの電極のほうに近づいて空乏層が形成され，電荷の移動が起こらないので電流はほとんど流れない。これを**逆方向**という。ただし，p形に電子，n形にホールが少数キャリヤとして存在するので，わずかの逆方向電流が流れる。電圧と電流の関係はすでに学んだように図5.4のような特性になり，整流性を示す。

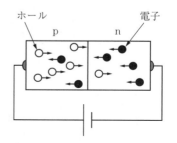

(a) 順方向

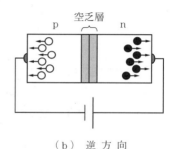

(b) 逆方向

図6.3 pn接合

6.3 トランジスタの構造と動作原理

トランジスタは3個の不純物半導体を接合したもので，図6.4に示すように二つのタイプがある。一つは，p形半導体の間に薄いn形半導体をサンドイッチ状に挟んだ構造の**pnp形**と，もう一方は2個のn形半導体の間に薄いp形半導体を挟んだ構造の**npn形**である。見方を変えれば，トランジスタpn接合（ダイオード）を2個背中合わせにくっつけた素子とも考えられる。

このような電子と正孔の2種類のキャリヤをもつ形式のトランジスタを，**バイポーラトランジスタ**（bipolar transistor）とい

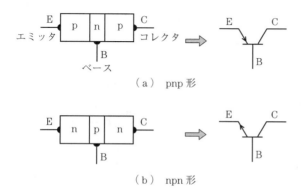

図6.4 トランジスタの二つのタイプとその図記号

う。図の模式図で左から，**エミッタ** (E)，**ベース** (B)，**コレクタ** (C) である。それらを流れる電流を，それぞれ**エミッタ電流** (I_E)，**ベース電流** (I_B)，**コレクタ電流** (I_C) という。図記号も図に示すように表され，エミッタの矢の向きで pnp と npn を区別する。

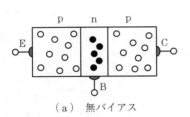

(a) 無バイアス

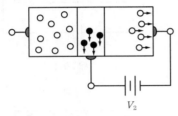

(b) 逆バイアス（流れない）

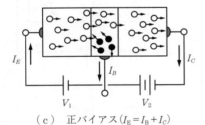

(c) 正バイアス（$I_E = I_B + I_C$）

図 6.5 トランジスタの模式構造とバイアス電圧

トランジスタを動作させるには，E-B 間に 0.3～1 V の順方向電圧 V_1 を，B-C 間に（実際の回路では E-C 間に）1～数十 V の逆方向電圧 V_2 をかける。これを模式的に示すと**図 6.5** のようになる。このようにトランジスタの動作点を決めるために加える電圧を**バイアス電圧**，そのための直流電源を**バイアス電源**という。

pnp 形を例にとって考える。図(a)のように p 形にはホール（○），n 形には電子（●）が多数キャリヤとして存在する。いま，図(b)のように B-C 間に逆方向のバイアス電圧 V_2 を加えると，ベース領域の電子はベース端子側へ，コレクタ領域のホールはコレクタ端子側に移動して，B-C 接合面には電子やホールが消え失せて電流はほとんど流れない。

ここで，図(c)のように E-B 間に順方向バイアス電圧 V_1 をかけると，エミッタ領域のホールは次々にベース領域に拡散し，流れこむ。

ところが，このベース領域はもともと多数キャリヤである電子を少なくし，厚さも非常に薄くつくってあるので，ベース領域に流れこんだ（注入された）ホールが電子と結合して I_B となる確率は少ない。大部分のホールは B-C 接合を越え，大きい逆方向電圧に引き寄せられてコレクタ端子に達して I_C となる。I_B は I_E に比べはるかに少ないので I_C は I_E とほぼ等しくなる。E-B 間の電圧を変えることによってベース領域に拡散するホールの数も増減し，I_C を制御することができる。

npn 形の場合は，エミッタ領域から電子がベース領域に注入され，逆電圧によってコレクタ領域に引きこまれて I_C となる。トランジスタは I_B によって I_C を制御できるので**電流制御素子**と呼ばれる。後述（6.6 節）の **FET** や**真空管**は**電圧制御素子**である。

トランジスタは目的や用途によって使い分ける必要があるので**図 6.6** のように分類され，製品に表示されている。

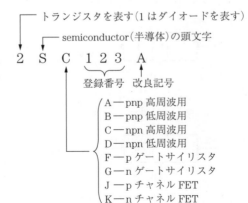

図 6.6 トランジスタの用途別の命名法

図 **6.7** にトランジスタ全体の電流の流れ方を示す。エミッタから 1 の電流が注入されるとその α がコレクタへ流れこみ，残り $(1-\alpha)$ は I_B となる。いま，I_C が 0.95 であれば I_B は 0.05 になる。I_B はコレクタ端子に 19 倍（$= 0.95/0.05$）に増幅されて流れることになる。実際の回路では数十倍以上に増幅される。これを**電流増幅率** β とすると，$I_C = \beta \times I_B$ で表される。小さな $I_B(V_B)$ を少し変えることで大きな I_C を自由に制御できることが要点で，I_C は I_B の β 倍に増幅されるのである。

この動作原理はよく川の流れや水道に例えられるので図 **6.8** に示しておく。川に差しこんだ板や水道のコックは $V_B(I_B)$ に相当する。板を上げ下げしたり，コックを回すと川や水道の水量が変わる。つまり，小さな力で大きなエネルギーを調節することができることを意味し，これは I_B が I_C を決定することに似ている。

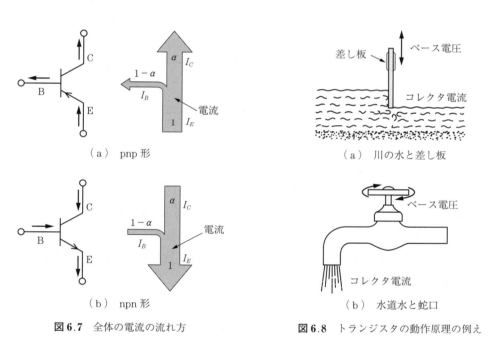

図 **6.7** 全体の電流の流れ方

図 **6.8** トランジスタの動作原理の例え

6.4 増幅作用

図 **6.9** のように，npn 形トランジスタの B-E 間と C-E 間にバイアス電圧を加えると，各端子にバイアス電流が流れて動作点が決まり，直流動作が可能な回路になる。

つぎに，B-E 間に正弦波信号電圧 v_i を加えると，B-E 間にはバイアス電源 V_1 に v_i が重畳した電圧 V_{BE} が加わる。信号電圧 v_i が変化すると I_B も直流動作電流を中心に図に示すように変化する。I_B の変化は β（電流増幅度）倍され，大きな I_C となって出力側に現れる。

ここで，コレクタ回路に抵抗 R を挿入しておくと，R に出力信号電流が流れて電圧降下を生じるが，その電圧の極性はバイアス電圧 V_2 とは逆なので，C-E 間の電圧 V_{CE} の変化は図に示すよう

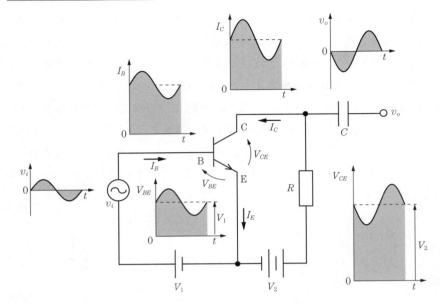

図 6.9　エミッタ接地増幅回路の動作説明

に入力信号とは逆になって現れる。この V_{CE} にはバイアス電圧（直流分）が含まれているのでコレクタ端子にコンデンサ C を挿入し，直流分をカットして信号成分のみを取り出すと，増幅された出力信号 v_o が得られる。出力端子 v_o の後段に別の独立した増幅器を接続すると多段増幅器ができる。各段をコンデンサで結合した回路を CR 結合増幅器と呼ぶ。接続に用いるコンデンサ C を，カップリングコンデンサ（結合コンデンサ）と呼ぶ。

v_i に対する v_o の比を**電圧増幅度**という。v_o は v_i とは 180°位相が異なる。これを逆相になる，あるいは波形が反転するという。

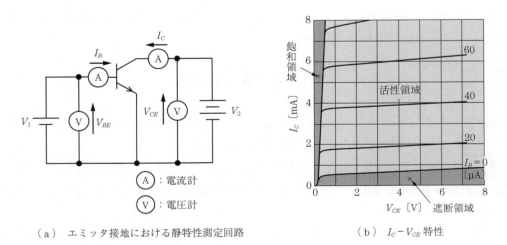

（a）エミッタ接地における静特性測定回路　　　（b）I_C-V_{CE} 特性

図 6.10　トランジスタ単体の静特性

トランジスタ単体の電気的特性を**静特性**といい，図 6.10（a）のようにバイアス電源だけをつないだ回路において，電流と電圧あるいは電流間の関係を測定して求める。このエミッタ接地測定回路からは，I_B-V_{BE} 特性（入力特性），I_C-I_B 特性（電流伝達特性），I_C-V_{CE} 特性（出力特性）の静特性曲線が得られる。

図（b）はエミッタ接地の代表的な静特性曲線である。曲線はベース電流 I_B を一定に保って，コレクタ電流 I_C とコレクタ-エミッタ間の電圧 V_{CE} の関係を表したもので，I_C-V_{CE} 特性という。V_{CE} が 0 から 1 V 付近までは I_C が急激に増加するが，1 V 以上では V_{CE} が変化しても I_C はほとんど変化しないことがわかる。すなわち，I_C は V_{CE} の変化を伴わないで I_B の値によって変化する。この動作領域を**活性領域**といい，増幅作用はこの領域を利用している。

V_{CE} の非常に低い領域を**飽和領域**，$I_B = 0$ の領域を**遮断領域**と呼ぶが，これらについては 6.5 節で説明する。

図 6.11（a）のように，コレクタ回路に負荷 R を挿入した回路においてつぎの式が成り立つ。

$$V_{CE} = V_2 - R \cdot I_C \tag{6.1}$$

式 (6.1) の V_{CE} と I_C との関係を示す直線のように，負荷抵抗で定まる直線を**負荷線**という。I_C-V_{CE} 特性図の上で $V_{CE} = 0$ のときの $I_C = V_2/R$ と，$I_C = 0$ のときの $V_{CE} = V_2$ の値を求めて両点を結ぶと，負荷線（図（b））が描ける。入力信号 i_1 がわかると出力信号電圧 v_o を負荷線から作図により求めることができるので，負荷線は回路を設計するときに便利である。

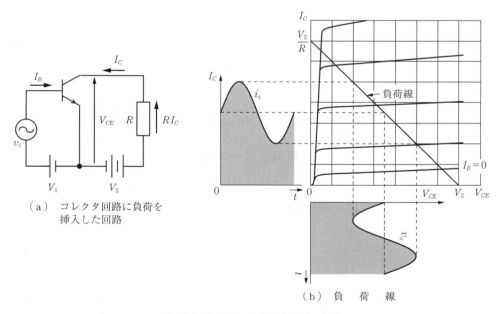

図 6.11　負荷線による出力電圧の作図

これまで説明した回路は入力と出力にエミッタが共通に使われているので，**エミッタ接地**という。エミッタ接地は，電流増幅と電圧増幅の両方の働きをするので電力（電流 × 電圧）も当然増

140　6. トランジスタ

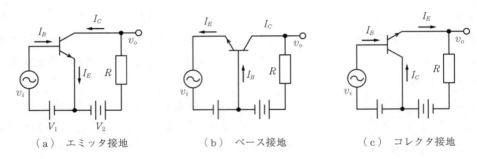

(a) エミッタ接地　　　(b) ベース接地　　　(c) コレクタ接地

図 6.12　トランジスタの三つの接地方式

幅される。エミッタ接地のほか，図 6.12 に示すように，入出力に共通の端子の名称をとってベース接地，コレクタ接地（エミッタフォロワ回路）があり，いずれも電力増幅作用がある。このようにエネルギーを使って電力を増幅する素子を**能動素子**と呼んでいる。

　増幅回路をエネルギーの面からみると，E-B 間に順方向，C-E 間（の C）に逆方向のバイアス電圧を加えてエネルギーを供給し，小さな I_B を少し変えることで大きな I_C を制御しているに過ぎないことがわかる。再度図 6.8 をみると，定性的によく理解できるであろう。

　したがって，トランジスタがエネルギーを発生しているのではなく，供給したエネルギーの形を変えて利用しているだけなのである。供給した以上の電力を取り出せないことは，「エネルギー保存の法則」からも明らかである。

　トランジスタ増幅回路は，演算増幅器が常用されるようになってから使用されることが少なく，これまで説明した基本動作を理解しておけば十分である。ただし，スイッチング回路にはトランジスタが有用なのでこれについては次節で解説する。

ME ノート 23

冠循環とベース接地

　心臓のポンプ作用を行う心筋は，それに必要な酸素や栄養物を心室内腔の血液から直接とることができない。そのために**冠状動脈**と呼ばれる特別の血管が備わっている。冠状動脈は大動脈基始部から左右に分岐して起こり，心筋組織内に枝分かれしながら分布し血液を供給している。

　この様子を図 6.13(a) に模式的に示す。左心室から 1 分間に拍出される血液量は**心拍出量**と呼ばれ，成人男性で約 5 L/min である。このうちのおよそ 5％が冠血流量で，残りが大動脈血流量となって全身に運ばれる。この循環系の血液配分は図(b)に示すように，pnp 形トランジスタのベース接地回路に模擬できそうである。心拍出量をエミッタ電流とすると，冠血流量と大動脈血流量はそれぞれ，ベース電流とコレクタ電流に相当する。コレクタ電流は冠電流に相当するベース電流分だけエミッタ電流より減少するので，**ベース接地回路**

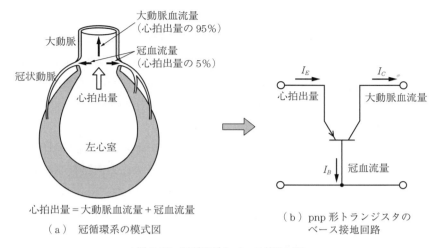

図 6.13 冠循環系とベース接地回路

では電流は増幅されない。しかし，電圧増幅はあるので電力は増幅される。

このように血流配分に関しては，ベース接地回路に類似点が認められるが，増幅のしくみはそれぞれ異なっている。心臓には**スターリングの法則**があり，拡張期に心室内に流入する血液量（拡張末期容積，前負荷）が多いほど，つぎの収縮期に拍出される大動脈血流量も比例して増加する。

すなわち，大動脈血流量は冠血流量ではなく心臓に戻ってくる静脈還流量によって調整される。この性質が，コレクタ電流（大動脈血流）がベース電流（冠血流）によって制御されるトランジスタと異なる。これについては ME ノート 27 で別の角度から述べる。

このように電気現象を生体に類推して考えると，トランジスタも身近かなものになる。

6.5 スイッチング回路

トランジスタを増幅素子としてではなく，I_B の大小によって I_C を ON/OFF することができるスイッチとして働かせることができる。

トランジスタを図 6.14 に示すように，2 個のダイオード D_C, D_E を背中合わせにくっつけた素子とみなすと，それぞれのダイオードの ON/OFF 状態で三つの異なった動作が可能である。I_B を流さないと D_E は OFF，コレクタ電流も流れないため D_C も OFF となる。これをトランジスタの**遮断状態**という。

ベース電流を徐々に増やしていくとコレクタ電流も増え，$I_C = \beta \cdot I_B$ に従って信号の増幅作用が行われる。この範囲は**活性状態**と呼ばれる。さらにベース電流を増やすとコレクタ電流も増加し，ついにコレクタ電圧がベース電圧より低下して D_C が ON になる。両方のダイオードが ON になった状態を**飽和状態**という。図 6.10 を見て 3 種類の動作領域を確認しよう。

142   6. トランジスタ

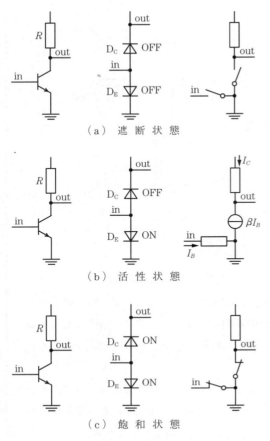

(a) 遮断状態

(b) 活性状態

(c) 飽和状態

図 6.14 トランジスタの動作を決める三つの状態

飽和状態のコレクタ-エミッタ間の抵抗は数 Ω から数百 Ω になる。したがって，コレクタ-エミッタ間の遮断状態（OFF 抵抗）と飽和状態（ON 抵抗）をうまく利用すると，コレクタとエミッタの 2 端子をスイッチの接点として使える。

スイッチング回路の応用例として人工心臓ペースメーカの出力回路を取り上げる。**図 6.15**(a) に示すように，npn 形エミッタ接地回路のベースに，ペーシングレートやパルス幅で決まる方形パルス電圧を加える。出力端に**心臓ペースメーカ**の JIS 規格で決められた標準負荷抵抗 R_L（人体の擬似抵抗で，通常 500 Ω）を接続しておく。

ベース端子にパルス入力が加わらない 0 V のときは，トランジスタは OFF 状態となるので，コンデンサはコレクタ抵抗（4.7 kΩ）と負荷抵抗（0.5 kΩ）を通じて時定数 $\tau = 24.4$ ms（$= 4.7\,\mu\mathrm{F} \times 5.2\,\mathrm{k}\Omega$）で充電される。

つぎに，ベース端子にパルス電圧が加わるとトランジスタは ON 状態になり，コンデンサ

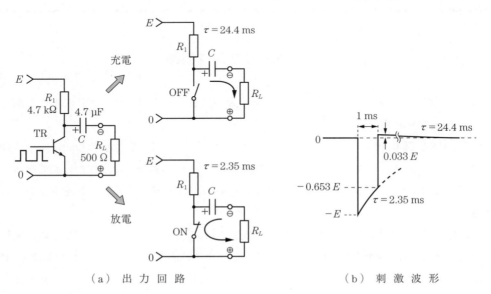

(a) 出力回路   (b) 刺激波形

図 6.15 スイッチング回路を利用した心臓ペースメーカ

の蓄積電荷は負荷抵抗だけを通じて時定数 $\tau = 2.35$ ms で放電する。パルス幅が 1 ms の場合の刺激波形（負荷抵抗の端子電圧）は図（b）のようになる。陰性波形になっているのは陰極刺激のためであるが，これについては ME ノート 24 で述べる。

ME ノート 24

心臓刺激装置とカエルの心電図

筆者が，動物実験に使用している**心臓電気刺激装置**の回路図を**図 6.16** に示す。図中の IC は**単安定マルチバイブレータ**（ワンショット）で，パルスが 1 発加わると一定幅のパルスを出力する。出力回路は図 6.15（a）と同じである。スイッチ（S）に接続されたコンデンサや抵抗は，スイッチを開閉したときの接点のバウンドによる不安定動作（チャタリング）を防ぐためのものである。

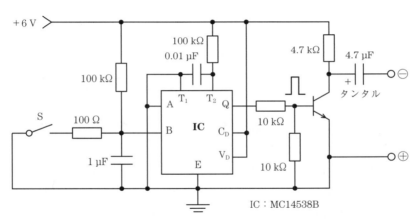

図 6.16 心臓刺激装置

スイッチを閉じるとコンデンサは 0.1 ms で放電し，その立下りで IC の B がトリガされ，Q からパルス幅が 1 ms の正パルスが出力される。このパルスでトランジスタは飽和状態になり，同じパルス幅の刺激パルスが得られる。パルス幅は T_1，T_2 に接続された C，R の時定数で決まる。

興奮性組織を電気刺激するときは，刺激部位を陰極電極で刺激するほうが閾値が低い。これを**極興奮の法則**という。これは**図 6.17** に示すように，刺激電極の陰極には電流が吸いこまれていくので，その近傍の細胞の細胞膜には外向きに電流が流れて膜電位が浅くなり，膜電位が閾膜電位に近づいて脱分極しやすい状態になるためである。

図 6.18 にカエルの四肢から誘導した自発心電図と，心室を電気刺激して心室性期外収縮を誘発したときの波形を示す。自発心電図は細部を除けばヒトの心電図によく似ている。また，期外収縮もヒトのそれと同じようである。

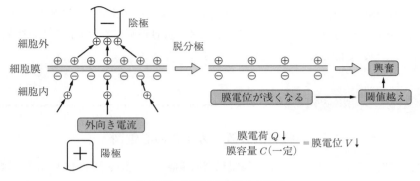

図 6.17 極興奮の法則の説明図

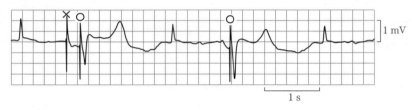

図 6.18 誘発されたカエルの心室性期外収縮（○印，×印は無効刺激）

6.6 電界効果トランジスタ

トランジスタには，これまで述べてきた 2 個の pn 接合で構成されるバイポーラ形のほかに，**電界効果トランジスタ**（field effect transistor, FET）がある。FET はさらに，pn 接合を利用した**接合形 FET**（JFET）と，金属酸化皮膜を利用した **MOS**（metal oxide semiconductor）**形 FET** に分かれる。ここでは JFET の構造と動作について簡単に説明する。

JFET の模式的構造は**図 6.19** のようになり，n チャネル形と p チャネル形がある。チャネルの両側に**ソース**（source）と**ドレイン**（drain）と呼ばれる端子があり，そのチャネルの途中に pn 接合がつくられてある。この端子を，**ゲート**（gate）と呼ぶ。FET はキャリヤが電子か正孔の 1 種類だけなので，**ユニポーラトランジスタ**（unipolar transistor）という。

図 6.20 に示すように，ソースとドレインの間に高い電圧をかけると多数キャリヤである電子が

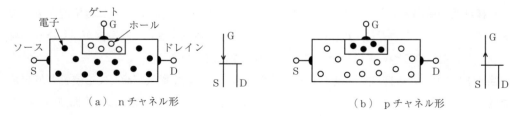

図 6.19 接合型 FET の模式的構造と図記号

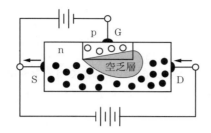

図 6.20 n 形 JFET の動作原理

ソースからドレインに向かって流れ，ドレイン電流となる。このときゲートに逆方向電圧をかけると pn 接合部に空乏層ができて通路が狭くなるため，ソースに向かう電子は制限される。

小さなゲート電圧変化で大きなドレイン電流を制御できるので，ドレイン回路に挿入したドレイン抵抗の端子電圧から出力を取り出せば，ゲート電圧が大きく増幅されて出てくる。

FET は多数キャリヤを使う点がトランジスタとまったく異なっており，また，ゲートには逆バイアス電圧を加えるので入力インピーダンスが非常に高く，真空管と同じように電圧制御素子といえる。高い入力インピーダンスを必要とする生体用前置増幅器に必須の素子である。

多くのトランジスタや回路素子を一つにまとめて小形パッケージに封入したものを，**集積回路**あるいは **IC**（integrated circuit）と呼ぶ。大形の IC は LSI，VLSI などと呼ばれる。

6.7 その他の半導体素子

6.7.1 発光ダイオード（LED）

リン化ガリウム（GaP）やガリウムヒ素リン（GaAsP）を材料にして pn 接合をつくり，順方向に電流を流すと電子と正孔が接合面で再結合し発光する。この原理を応用したのが **LED**（light emitting diode）で，図記号は**図 6.21**（a）である。順方向電圧が 1.5～6 V あり，一般的なダイオ

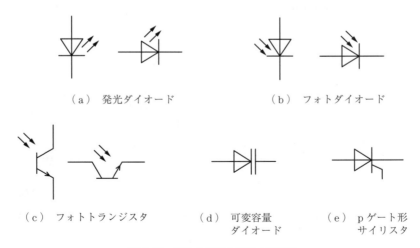

(a) 発光ダイオード　　(b) フォトダイオード

(c) フォトトランジスタ　　(d) 可変容量ダイオード　　(e) p ゲート形サイリスタ

図 6.21 特殊な半導体素子の図記号

ードに比べて高い。表示装置や生体用光センサの発光素子として使用される。

6.7.2 フォトダイオードとフォトトランジスタ

半導体の接合面に光を当てると電子とホールが発生し電流が増加する現象を利用した素子を，フォトダイオードという。pn接合面に光が当たるようにケースをガラスでつくり，逆バイアスをかけて使用する。

トランジスタのベース面を照射すると，光を受けて発生したベース電流がコレクタ電流を増加させ大きな信号が得られる。この素子はフォトトランジスタと呼ばれ，フォトダイオードに比べ感度がよい。光信号を電気信号に変換する光検出器は，テレビのリモコン受光部やカード読み取り装置などに使われている。発光ダイオードとフォトトランジスタを一対にしてパッケージに収めた素子をフォトカプラといい，電気回路の絶縁に用いる。これらの素子の図記号を図6.21(b)，(c)に示す。

6.7.3 サーミスタ，硫化カドミウム

サーミスタ，硫化カドミウムについては，2.4.1項の〔3〕を参照されたい。

6.7.4 可変容量ダイオード

シリコンダイオードに加えた逆方向電圧を変えると空乏層の幅，すなわち静電容量が変化する。この現象を利用した素子が**可変容量ダイオード**（variable capacitance diode）で，バリキャップ（varicap）ダイオードやバラクタ（varactor）ダイオードとも呼ばれる。図記号を図6.21(d)に示す。バリキャップは電圧の変化で静電容量を可変できる特徴をもっており，逆電圧が大きいほど空乏層は大きくなるので静電容量は減少する。

6.7.5 サイリスタ

サイリスタ（thyristor）は基本的には図6.22(a)のようにpnpnの4層構造からなるダイオード

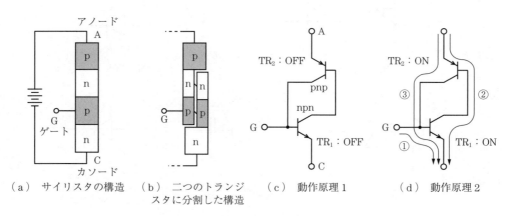

(a) サイリスタの構造　(b) 二つのトランジスタに分割した構造　(c) 動作原理1　(d) 動作原理2

図6.22　サイリスタの基本構造と動作原理

に似た電流制御素子で，アノード（A），カソード（C），ゲート（G）の3端子をもつ。ゲートを取り出す位置によってpゲート形とnゲート形があり，pゲート形の図記号を図6.21（e）に示す。

　ゲートに信号を加えることによってアノードとカソード間の導通を制御することができ，SCR（silicon controlled rectifier：シリコン制御整流素子）とも呼ばれる。pnpn構造を図6.22（b）のようにpnp形とnpn形の二つのトランジスタ（TR）に分割してその一部がつながった複合回路に置き換えて説明しよう。

　ゲートに電流が流れないとTR$_1$はOFFになり，その結果TR$_2$のベースにも電流が流れないのでTR$_2$もOFFになる。この状態では，アノードに電圧を加えてもサイリスタに電流は流れない（図（c），動作原理1）。一方，ゲート電流①が流れるとTR$_1$はONになり，TR$_1$のコレレクタ電流を介してTR$_2$のベース電流②が流れる。するとTR$_2$はONとなりTR$_2$のコレクタを介してTR$_1$のベースに電流③が流れ，アノードとカソード間が導通状態となる。この状態でゲート電流①が遮断されてもTR$_2$からベース電流③が流れているので，サイリスタには電流が流れ続ける（図（d），動作原理2）。サイリスタをオフ（非導通）状態にするには，アノードに負電圧（逆バイアス）を掛ければよい。

　サイリスタは小形で構造が簡単なうえ大電力を制御することができるので，電車のモータのスイッチング制御に用いられている。

7 周波数伝達関数

いろいろな現象を示す系の性質は，原因に対する結果，入力に対する出力の関係を調べることによってわかる。この系を**図7.1**のように，1対の入力端子と1対の出力端子をもつ四角の箱（black box）で表し，箱の中身にはあまり関知せず，入，出力関係のみを取り扱う。これを**4端子回路網**という。

実際の回路では，入，出力のそれぞれ1個の端子をアースとして共用することが多いので，この共通端子を省略して，単に入，出力を各1個の端子で表すこともある（図7.1参照）。回路網中に電源を含む場合と含まない場合がある。

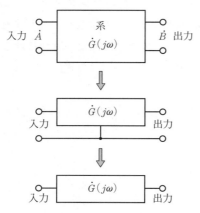

図7.1 4端子回路網

ある系に $\dot{A}$ の入力信号を加えたとき $\dot{B}$ の出力信号が得られたとする。$\dot{A}$，$\dot{B}$ を正弦波信号とすると，2.6節の交流のベクトル表示にならって複素表示（$j\omega$）が使え，入力に対する出力の比 $\dot{G}(j\omega)$ は

$$\dot{G}(j\omega) = \frac{\dot{B}}{\dot{A}} = \frac{複素出力}{複素入力} \tag{7.1}$$

で表せる。$\dot{G}(j\omega)$ は $\dot{G}$ が $j\omega$ の関数であることを表すが，以後はこれを単に $\dot{G}$ と略記する。

ある系に任意の正弦波を入力し，十分時間がたった後の出力（応答）は，入力信号に $\dot{G}$ を乗ずることによって得られるので $\dot{G}$ を**周波数伝達関数**と呼ぶ。あくまでも定常状態の系の性質を表すことに注意する。また，このときの入，出力は t-関数（時間領域）のままでよい。$\dot{A}$，$\dot{B}$ の絶対値（振幅）および初期位相角をそれぞれ，A，θ_1 および B，θ_2 とおくと

$$\dot{A} = A e^{j\theta_1}, \qquad \dot{B} = B e^{j\theta_2} \tag{7.2}$$

であるから

$$\dot{G} = \frac{\dot{B}}{\dot{A}} = \frac{B e^{j\theta_2}}{A e^{j\theta_1}} = \frac{B}{A} e^{j(\theta_2 - \theta_1)}$$

$$|\dot{G}| = \frac{B}{A}, \qquad \angle \dot{G} = \theta_2 - \theta_1 \tag{7.3}$$

が得られる。$|\dot{G}|$ は入力信号に対する出力信号の**振幅比**，偏角 $\angle \dot{G}$ は出力信号と入力信号の初期位

相角の差となる。$|\dot{G}|$ は**利得**（あるいは**ゲイン**，gain），$\angle\dot{G}$ は**位相角**（あるいは単に**位相**）と呼ばれる。

$\dot{G}$ や $\angle\dot{G}$ は角周波数 ω に従って変化する。ω を 0 から ∞ まで変化させたときの $|\dot{G}|$ の変化を**振幅特性**あるいは**利得**（**ゲイン**）**特性**，$\angle\dot{G}$ の変化を**位相特性**といい，振幅特性と位相特性と合わせて**周波数特性**という。これを一目でわかるように図示したのが**ボード線図**（Bode diagram）である。ボード線図では増幅度をデシベルで表示するので，まずこの単位について説明する。

7.1 デ シ ベ ル

増幅器やフィルタなどの入力に対する出力の比を対数で表したものを**デシベル**といい，単位記号に〔dB〕を用いる。dB の B は電話で有名な Bell の頭文字，d は deci，すなわち，その 1/10 という意味である。もともと，入，出力の電力比（P_o/P_i）を対数表示したもの（$\log P_o/P_i$）をベルと名づけたが，大き過ぎるためにその 1/10 をとって $10\log P_o/P_i$ とし，デシベル（deci Bell）とするようになった。すなわち

$$\text{電力利得} = 10\log\frac{\text{出力電力}\ P_o}{\text{入力電力}\ P_i}\ \text{〔dB〕} \tag{7.4}$$

である。負荷抵抗 Z が等しい場合，電力と電圧，電流の間には

$$P = \frac{V^2}{Z} = ZI^2 \tag{7.5}$$

の関係があるので

$$10\log\frac{P_o}{P_i} = 10\log\frac{V_o{}^2/Z}{V_i{}^2/Z} = 20\log\frac{V_o}{V_i} = 20\log\frac{I_o}{I_i} \tag{7.6}$$

が導かれ，電圧利得と電流利得は式(7.7)，(7.8)のように係数が 20 になる。

$$\text{電圧利得} = 20\log\frac{\text{出力電圧}\ V_o}{\text{入力電圧}\ V_i}\ \text{〔dB〕} \tag{7.7}$$

$$\text{電流利得} = 20\log\frac{\text{出力電流}\ I_o}{\text{入力電流}\ I_i}\ \text{〔dB〕} \tag{7.8}$$

デシベルは増幅度やフィルタの入，出力比（レスポンス）を表示するのによく用いられるが，つぎのような利点をもっている。

① **大きな値を小さな数値に圧縮して表せる**　　例えば電圧で倍数 $10\,000 = 10^4$ は，80 dB と小さな数値になる。あるいは，等分目盛りのグラフ上に書きこめない数値が対数目盛り上では記入できる。

② **ヒトの感覚器の特性によく合う**　　ヒトの感覚器は，振幅や周波数の変化に対して，それらの変化の対数に比例して感じるようにつくられている。

③ **掛け算や割り算が加減算でできる**

表7.1 に主要な倍数のデシベル値を示す。1 倍，2 倍，3 倍および 10 倍はぜひ覚えておくとよ

表7.1 主要な倍数のデシベル値

電圧（電流）比〔倍〕	計算方法	デシベル〔dB〕
1	$\log 1 = 0$	0
$\sqrt{2}$	$1/2 \log 2 \fallingdotseq 0.15$	3
2	$\log 2 \fallingdotseq 0.3$	6
3	$\log 3 \fallingdotseq 0.477 \fallingdotseq 0.5$	$9.5 \fallingdotseq 10$
4	$2 \times 2 = 2^2$	$6 + 6 = 2 \times 6 = 12$
5	$10/2$	$20 - 6 = 14$
6	3×2	$9.5 + 6 = 15.5$
7	$\sqrt{49} \fallingdotseq \sqrt{100/2}$	$(20 \times 2 - 6)/2 = 17$
8	$2 \times 4 = 2^3$	$6 + 12 = 6 \times 3 = 18$
9	3^2	$9.5 \times 2 = 19$
10	$\log 10 = 1$	20
100	10^2	$2 \times 20 = 40$
$1/\sqrt{2}$	$1/2^{1/2}$	$0 - 3 = -3$
0.1 （減衰）	$1/10 = 10^{-1}$	$0 - 20 = -20$
0.01	$1/10^2 = 10^{-2}$	$0 - 20 \times 2 = -40$

い。倍数が1以下，すなわち減衰するときはデシベル値は負の値をとる。

増幅度 $|\dot{G}|$ を $|\dot{G}|$〔dB〕で表したとき

$$\left.\begin{array}{l} \dfrac{1}{|\dot{G}|} = -|\dot{G}|\,\text{〔dB〕} \\ |\dot{G}_1||\dot{G}_2| = |\dot{G}_1|\,\text{〔dB〕} + |\dot{G}_2|\,\text{〔dB〕} \\ \dfrac{|\dot{G}_2|}{|\dot{G}_1|} = |\dot{G}_2|\,\text{〔dB〕} - |\dot{G}_1|\,\text{〔dB〕} \\ |\dot{G}|^n = n|\dot{G}|\,\text{〔dB〕} \end{array}\right\} \tag{7.9}$$

が成り立つ。複数の増幅器を何段も縦続接続したとき，総合増幅度は各増幅器がデシベルで表示してあれば，それらの利得〔dB〕の和で表されて便利である。

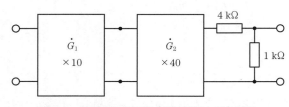

図7.2 増幅器と減衰器の縦続接続と総合利得

図7.2のように2個の増幅器と**減衰器**（**アッテネータ**，attenuator）を接続したときの総合増幅度 $|\dot{G}_0|$ は

$$|\dot{G}_0| = |\dot{G}_1| \times |\dot{G}_2| \times \frac{1}{4+1}$$
$$= 10 \times 40 \times \frac{1}{5} = 80$$

であるが，これをデシベルで計算すると

$$|\dot{G}_0| = 20\,\text{dB} + (12 + 20)\,\text{dB} - 14\,\text{dB} = 38\,\text{dB}$$

となる。それぞれの増幅度を dB 値にしておくと総合増幅度はそれらの和をとれば求まる。

7.2 ボード線図

ボード線図は片対数グラフの横軸（対数目盛り）に ω〔rad〕を，縦軸（等分目盛り）に

$20 \log |\dot{G}|$ をとって線図にした**利得（ゲイン）曲線**と，横軸に ω，縦軸に $\angle \dot{G}$ をとった**位相曲線**からなる。具体例を示そう。

7.2.1 *CR* 微分回路のボード線図

図 7.3 の 4 端子回路網はいわゆる *CR* 微分回路（ハイパスフィルタ）を表す（4.5.2〜4.5.4 項参照）。

この回路の入，出力比は，入力を $1/j\omega C$ と R の比に分圧したものに等しい。よって周波数伝達関数 $\dot{G}$ は

$$\left.\begin{array}{l} \dot{G} = \dfrac{R}{1/j\omega C + R} = \dfrac{1}{1 - j/(\omega CR)} \\[2mm] |\dot{G}| = \dfrac{1}{\sqrt{1 + 1/(\omega CR)^2}} \\[2mm] \angle \dot{G} = \tan^{-1} \dfrac{1}{\omega CR} \end{array}\right\} \quad (7.10)$$

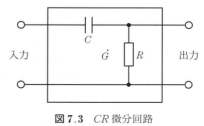

図 7.3 *CR* 微分回路

である。ここで $\omega_c CR = 1$ とおくと

$$g = 20 \log |\dot{G}| = 20 \log \dfrac{1}{\sqrt{1 + 1/(\omega/\omega_c)^2}}$$

$$= -10 \log \left\{1 + \dfrac{1}{(\omega/\omega_c)^2}\right\} \ [\text{dB}] \ (\text{利得特性}) \tag{7.11}$$

$$\angle \dot{G} = \tan^{-1} \dfrac{1}{\omega/\omega_c} \ [°] \ (\text{位相特性}) \tag{7.12}$$

が得られる。ω/ω_c を横軸にとってボード線図を描こう。

① **$\omega/\omega_c \gg 1$ のとき**　　式 (7.11)，式 (7.12) はつぎのように簡略化できる。

$$g = -10 \log \left\{1 + \dfrac{1}{(\omega/\omega_c)^2}\right\} \fallingdotseq -10 \log 1 = 0 \ \text{dB}$$

$$\angle \dot{G} \fallingdotseq \tan^{-1} 0 = 0°$$

$\omega (= 2\pi f)$ が十分大きいときは，利得が 0 dB，すなわち，入，出力電圧の振幅比が 1 で，ボード線図上で水平の直線に漸近する。よって，入力信号の振幅は減衰されることなくそのまま出力に現れる。位相は限りなく 0° に漸近し，進みや遅れはなくほぼ同相である。

② **$\omega/\omega_c = 1 \ (f_c = 1/(2\pi CR))$ のとき**

$$g = 20 \log \dfrac{1}{\sqrt{2}} = -10 \log 2 \fallingdotseq -3 \ \text{dB}$$

$$\angle \dot{G} = \tan^{-1} 1 = 45°$$

が得られ，利得は -3 dB $(1/\sqrt{2})$ に減衰し，出力の位相は入力に比べ 45° 進む。

③ **$\omega/\omega_c \ll 1$ のとき**　　すなわち $\omega \to 0$ のときは，式 (7.11)，(7.12) は以下のように近似できる。

$$g \fallingdotseq -10 \log \frac{1}{(\omega/\omega_c)^2} = 20 \log \frac{\omega}{\omega_c} \ \text{[dB]} \tag{7.13}$$

$$\angle \dot{G} \fallingdotseq \tan^{-1} \infty = 90° \tag{7.14}$$

式(7.13)において，ω/ω_c を2倍（**オクターブ**，octave）にするごとに利得も2倍の6 dBずつ増加する。これは漸近線の勾配が6 dB/octであることを示す。また，ω/ω_c が10倍（ディケード，decade）になるごとに利得は20 dBずつ増加するので，6 dB/octの傾きを20 dB/decadeと表しても同じである。この傾きはじつは微分特性を表すのであるが，これについては8.9節で詳しく述べる。出力の位相は入力に比べ45°以上進み，また，ω が小さくなるほど進み位相は限りなく90°に近づく。

以上の利得特性と位相特性を片対数グラフにプロットすると**図7.4**のボード線図が得られる。利得曲線の6 dB/octの漸近線が0 dBと交わる点の周波数を**折点周波数**という。

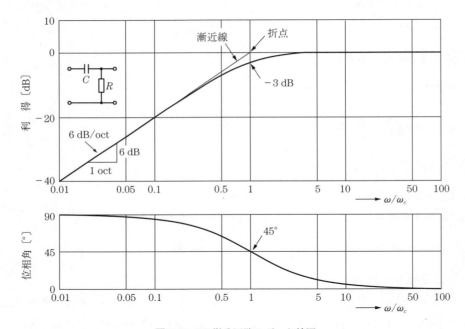

図7.4 CR 微分回路のボード線図

このボード線図を見ると，$\omega/\omega_c > 1$ の範囲すなわち入力信号の中の高い周波数成分はそのまま通過し，$\omega/\omega_c < 1$ の範囲つまり低い周波数成分は遮断（減衰）されて透過できないことがわかる。このような周波数特性をもつ回路を**高域通過フィルタ**（HPF）と呼ぶ。$\omega_c = 1/CR$ あるいは $f_c = 1/(2\pi CR)$ は通過域と遮断域の境界となる周波数なので**遮断周波数**（cut-off frequency）と呼ばれ，フィルタの重要なパラメータとなる。

7.2.2 CR 積分回路のボード線図

いわゆる CR 積分回路（ローパスフィルタ）が**図7.5**のような4端子回路網で表されることはす

でに学んだ。この回路のボード線図を描こう。周波数伝達関数は，式(7.15)となる。

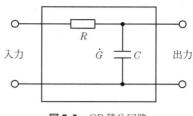

図7.5 CR 積分回路

$$\left.\begin{aligned}\dot{G} &= \frac{1/j\omega C}{R + 1/j\omega C} = \frac{1}{1 + j\omega CR} \\ |\dot{G}| &= \frac{1}{\sqrt{1 + (\omega CR)^2}} \\ \angle \dot{G} &= \tan^{-1}(-\omega CR)\end{aligned}\right\} \quad (7.15)$$

ここで，$\omega_c CR = 1$ とおくと

$$g = 20 \log |\dot{G}| = -10 \log \left\{1 + \left(\frac{\omega}{\omega_c}\right)^2\right\} \text{〔dB〕（利得特性）} \quad (7.16)$$

$$\angle \dot{G} = -\tan^{-1} \frac{\omega}{\omega_c} \text{〔°〕（位相特性）} \quad (7.17)$$

となる。7.2.1項と同じ要領でボード線図を描くと**図7.6**が得られる。

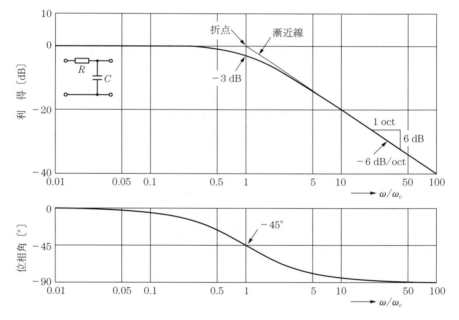

図7.6 CR 積分回路のボード線図

入力信号は，$\omega/\omega_c \ll 1$ の範囲ではほぼそのまま通過し位相も同相とみなしてよい。$\omega/\omega_c \gg 1$ の範囲では入力信号は遮断される。したがって，この4端子回路網は**低域通過フィルタ**（low-pass filter，略してLPF）と呼ばれる。$\omega \to \infty$ の漸近線の傾きを求めると，式(7.16)において ω/ω_c が2倍になるごとに，利得は6dBずつ減少するので勾配は -6 dB/oct となる。この傾きを**減衰傾度**（あるいは，ロールオフ，roll-off）と呼ぶ。-20 dB/decade で傾きを表すこともある。この傾きは積分特性を表す（8.10節参照）。

$\omega/\omega_c = 1$，すなわち $f_c = 1/(2\pi CR)$ は遮断周波数を与える。このとき，利得が -3 dB（振幅

比 $1/\sqrt{2}$）に減衰することは**微分回路**（HPF）と同じであるが，位相は 45°遅れることに注意する。ω が大きくなるほど位相は入力に比べ遅れ，限りなく $-90°$ に近づく。

7.2.3 生体用増幅器のボード線図

ハイパスフィルタとローパスフィルタを，増幅度が周波数によらず一様な理想的アンプと組み合わせると，**図 7.7** の周波数特性をもつ増幅器が得られる。このボード線図の縦軸（振幅比）の目盛は対数で振られ，振幅比がそのままプロットされている。このほうが振幅比をデシベル量に換算する手間が省けて便利である。デシベル表示あるいは対数目盛のどちらを用いても減衰の曲線の形状は同じになる。

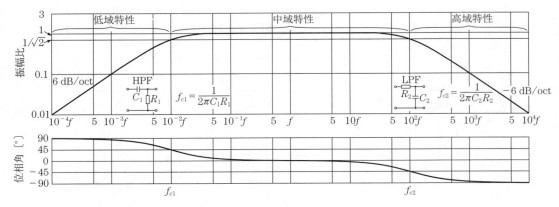

図 7.7 生体用増幅器の周波数特性

特性曲線は中域では平坦な特性を示すが，その両側の低域と高域では特性が直線的に減衰している。特性曲線が低域から中域，中域から高域に移る折点の周波数を，それぞれ**低域遮断周波数** f_{c1}，**高域遮断周波数** f_{c2} という。心電図や脳波などの多くの生体情報の計測に用いられる生体用増幅器の周波数特性はほとんど図のような特性を示す。入力信号の直流成分と超低周波成分がカットされるので，生体用増幅器は交流増幅器の一種といえる。

生体電気信号を忠実に検出，増幅するには，振幅比が一様（平坦）でかつ位相の進みや遅れがない特性が必要である。この条件は図 7.7 の中域特性（$10^{-2}f \sim 10^2 f$）を利用すれば満たされる。すなわち，生体情報に含まれる周波数成分が中域，つまり $f_{c1} \sim f_{c2}$ の範囲に入るように C や R の定数を設計すればよい。例えば，心電図では $f_{c1} = 0.05\,\mathrm{Hz}$（時定数 3.2 s，4.3.4 項参照），$f_{c2} = 100 \sim 150\,\mathrm{Hz}$ である。

ところが，心電図の f_{c1} である $0.05\,\mathrm{Hz}$ の周期は $20\,\mathrm{s}$ にもなるので，この近傍の周波数応答を観察・記録しようとするとかなりの時間を費やすことになる。一方，$0.05\,\mathrm{Hz}$ を時間領域で表すと時定数 $3.2\,\mathrm{s}$（$= 1/2\pi f_{c1}$）となり，これならインディシャル応答から短時間にしかも容易に低域特性が求められる。したがって，生体信号に多く含まれる $1 \sim 2\,\mathrm{Hz}$ 以下の超低域の遮断周波数はも

7.2 ボ ー ド 線 図　　155

っぱら時定数で表示・計測が行われる。生体用増幅器に民生機器計測ではあまり使われない時定数が用いられるのはこのような理由による。

ME ノート　25

病気の診断と伝達関数

　病気には原因（病因）があり，その原因となるものが生体機能（生体システム）を傷害し，発熱や腹痛，下痢などの症状（兆候）をもたらすと考えられる。そして，同じかぜのウィルスに感染しても個体によって発熱があったり，咽頭痛であったりと症状はさまざまである。つまり，ヒトをある伝達系とみなすと病因 $\dot{A}$ は入力であり，病状 $\dot{B}$ は出力といえる。そして，個々の患者の伝達関数（特性）$\dot{G}$ の違いによって発症の現れ方が異なると考えられる。

　よって
$$\dot{B} = \dot{G}\dot{A}$$

$\dot{B}$ から $\dot{A}$ を推測することが病気の診断といえる。生体の伝達特性 $\dot{G}$ が個体によって変わらなければ病気の診断は簡単なのであるが，実際は各個体の $\dot{G}$ は千差万別である。医学書に書いてあるような患者は一人もいない。このことが，臨床はすべて応用問題といわれるゆえんである。長い臨床経験から $\dot{G}$ の個人差を考慮しつつ $\dot{A}$ を正しく推測（診断）できる医者が名医といえる。

8 演算増幅器

　圧力や温度などの直流成分を含んだ信号を増幅するには，**直流増幅回路**を必要とする。直流増幅回路には，トランジスタ増幅回路を抵抗で直結したものや，チョッパ増幅回路があるが，最もよく用いられるのは**差動増幅器**である。電圧利得を高くした差動増幅器は，昔，アナログ式電子計算機に使われ，いろいろな関数（微分，積分や対数計算など）の演算用に用いられたことから**演算増幅器**（operational amplifier）と呼ばれ，ふつうは**オペアンプ**と略称される。

　オペアンプは，たくさんのトランジスタで構成されるのでIC（集積回路）化されている。ICは，大きくアナログICとディジタルICに分けられる。オペアンプはアナログICであるが，入，出力関係がある範囲内で直線的であるので**リニアIC**とも呼ばれる。

8.1 差動増幅器

　オペアンプの入力段には差動増幅器が必ず用いられる。差動増幅器は，図 **8.1**（a）のように2個の特性のそろったトランジスタ（TR_1，TR_2）のエミッタをまとめて共通の抵抗につなぎ，無信号時に各ベース電位がアース電位になるように，V_{CC} と V_{EE} の2電源を用いる。回路は左右対称である。出力は TR_1，TR_2 のコレクタ間から取り出す。エミッタ抵抗 R_E がコレクタ抵抗 R_C に比べて十分大きな値につくられているので，エミッタ電流 I_E は式(8.1)からほぼ一定電流となる。

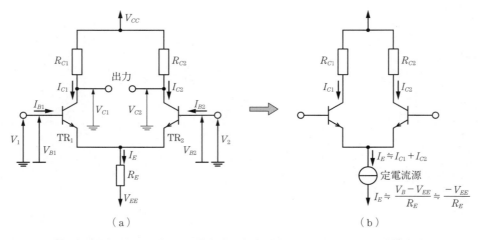

図 8.1　差動増幅器の基本的回路（a）と定電流源としての共通エミッタ抵抗（b）

$$I_E \fallingdotseq \frac{V_B - V_{EE}}{R_E} \fallingdotseq \frac{-V_{EE}}{R_E} = \frac{供給電源}{R_E} = 一定 \tag{8.1}$$

したがって，TR_1 および TR_2 のエミッタは定電流源につながっているのと同じと考えられる（図(b)）。そして，TR_1，TR_2 のコレクタ電流 I_{C1}，I_{C2} の和もほぼ一定で I_E に等しいとみなせる（$I_{C1} + I_{C2} \fallingdotseq I_E$）。

いま，**図8.2**のように TR_2 のベース電圧 V_B を一定にして TR_1 のベース電圧，すなわち入力電圧 V_1 を変化させる。このときの，I_B，I_C，V_C および $V_o = V_{C2} - V_{C1}$ の動きを**表8.1**に順を追って示した。

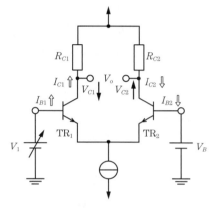

図8.2 差動増幅器の動作点の電流，電圧の動き（$V_1 > V_B$ の場合）

表8.1 ベース電圧の変化と左右の TR の I_B, I_C, V_C の動き

V_1	$V_1 > V_B$	$V_1 = V_B$	$V_1 < V_B$
I_B	$I_{B1} > I_{B2}$	$I_{B1} = I_{B2}$	$I_{B1} < I_{B2}$
	↓	↓	↓
I_C	$I_{C1} > I_{C2}$	$I_{C1} = I_{C2}$	$I_{C1} < I_{C2}$
	↓	↓	↓
V_C	$V_{C1} < V_{C2}$	$V_{C1} = V_{C2}$	$V_{C1} > V_{C2}$
	↓	↓	↓
V_o	正	0	負

ベース電流が増えるとコレクタ電流も大きくなることは，すでに6.4節のエミッタ接地回路のところで学んでいるが，I_C の増加はコレクタ抵抗による電圧降下（$= I_C \times R_C$）を大きくし，コレクタの電位 V_C を低下させることに注意して表を見れば，理解は容易であろう。

表の各パラメータの動きは図8.1の回路が差動増幅器として働いている範囲に限られる。これを図示すると**図8.3**の I_{C1} と I_{C2} が交差する部分となる。V_1 をさらに大きくすると I_{C1} は増大し，ついに飽和状態（ON）となり，I_E は TR_1 のみに流れ（$I_E = I_{C1}$），TR_2 は遮断状態（OFF）となってしまう（図の右方）。

逆に V_1 を V_B よりさらに減少させると $I_E = I_{C2}$ となり，TR_1 が OFF，TR_2 が ON となる（図の左方）。差動増幅器として動作するのは V_B を中心とした狭い

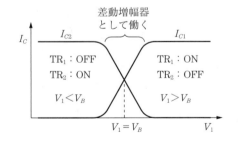

図8.3 V_1-I_C 関係と TR の ON，OFF

範囲でそれを超えると TR は ON あるいは OFF 状態となり，この領域はスイッチング回路として利用される。

なお，直線的動作をする範囲は V_B を中心として約 $\pm 200\,\mathrm{mV}$ である。この範囲ではベース間に

加えられた電圧の差を入力とする電圧増幅回路として働き，差動増幅器と呼ばれる。

電源電圧や周囲温度などの変化により回路の動作点が移動し，その影響が出力に現れることを**ドリフト**（drift）と呼ぶ。差動増幅器は特性のそろった 2 個の TR を左右対称に接続しているので，電源電圧や温度変化に対してコレクタ電流が同じように流れ，コレクタ電圧も左右同じ動きをするのでその差である出力は 0 を維持する。これが，差動増幅器がドリフトに強い理由である。

8.2 オペアンプ

オペアンプの図記号は**図 8.4** のように三角形の左側に 2 本の入力端子線と右側に出力端子線を出して表す。＋の符号は**非反転入力端子**，あるいは**正相入力端子**，－の符号は**反転入力端子**，あるいは**逆相入力端子**と呼ばれる。

非反転入力端子に±の信号を加えると，出力にも同相の±の増幅された信号が現れるが，反転入力端子に±の信号を加えると，出力には反転した逆位相の∓の信号が出てくる。

これは**図 8.5**(a)に示すように，二つの入力端子と一つの出力端子は，具体的には図 8.1 で学んだ差動増幅器のベース端子とコレクタ端子にそれぞれ接続されていることによる。すなわち，図 8.1 の V_{C1} から出力を取り出すとき，TR_2 のベース電圧の増減と出力の増減とは一致するが，TR_1 の入，出力の位相関係は逆位相となることから説明できる。

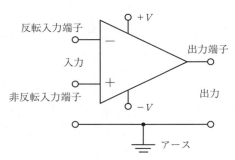

図 8.4 オペアンプの図記号

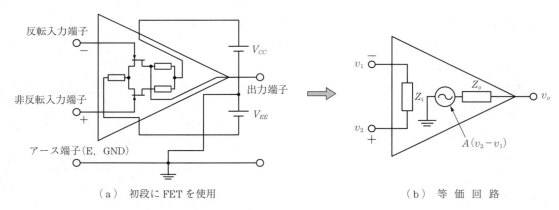

（a）初段に FET を使用　　　　　　　（b）等 価 回 路

図 8.5 差動増幅回路を土台に構成されるオペアンプ

この入，出力の位相関係を正弦波を入力してみたのが**図 8.6** である。非反転入力端子を接地し，反転入力端子に正弦波 v_i を入力すると出力には増幅されてはいるが反転した（逆位相の）正弦波 v_o が現れる。同様に，反転入力端子を接地し非反転入力端子に正弦波を入力すると，位相の一致

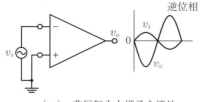

（a） 非反転入力端子を接地

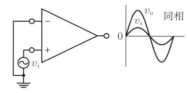

（b） 反転入力端子を接地

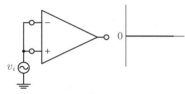

（c） 二つの入力端子をつないで信号を入力

図8.6 入力端子の極性の説明図

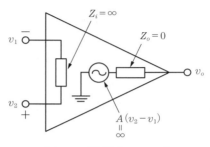

図8.7 理想的オペアンプ

した増幅された正弦波が出力される．二つの入力端子をつないで正弦波を入れても両端子間に電位差がないので，出力にはなにも現れない．

　図8.4に示した三角形の図記号の下の横線は，電圧の基準である0V，あるいはグラウンド（アース，接地）を表すが通常は省略して書かない．アンプにエネルギーを供給する＋電源と−電源を図示することもあるが省くことが多い．実際のオペアンプ回路は，初段の差動増幅器の後に数段の増幅回路を接続して高い増幅度を得るとともに，ドリフト軽減対策などが施されている．

　けっきょく，オペアンプは，図8.7に示すように，反転入力電圧をv_1，非反転入力電圧をv_2とすると，二つの入力電圧の差(v_2-v_1)がA倍された電圧$A(v_2-v_1)$が出力v_oに現れる等価回路に置き換えられる．Aは**差動利得**，あるいは**開ループ利得**（open loop gain）と呼ばれ，1万〜数十万倍の非常に大きな値である．

　また，回路的工夫によって入力端子からオペアンプ側を見たときの入力インピーダンスも高く（100 kΩ〜数GΩ）つくられ，かつ出力インピーダンスも低い（数十Ω）オペアンプが容易に入手できる．これからのオペアンプの回路解析を容易に行うために，つぎのような条件をもった理想的オペアンプを考える（図8.7）．

① 開ループ利得（増幅度）Aが無限大
② 入力インピーダンスZ_iが無限大
③ 出力インピーダンスZ_oがゼロ
④ 周波数帯域幅がDC〜無限大〔Hz〕

⑤ 内部雑音やオフセット，ドリフトがない
⑥ 同相利得が0で，同相分除去比が無限大

などが理想条件としてあげられる。

増幅度 $A = \infty$ とすると微小入力でも出力は無限大となり，実際の回路では，わずかな信号が入力に加わっても出力が供給電圧で飽和してしまう。したがって，このままではオペアンプの用途は限られるが，次節で述べる帰還回路の採用によって幅広い応用が実現できる。

8.3 帰還回路

出力信号の一部を入力側に戻すことを**帰還**（feedback）といい，そのための回路を**帰還回路**，これを用いた増幅回路を**帰還増幅回路**という。出力信号が入力側に戻される割合は**帰還率**と呼ばれ β で表す。帰還増幅回路は**図 8.8** に示すブロック線図で表される。出力が入力側に戻される分岐点（点 Q）を**引出し点**といい，入力側に帰還させる点を**加え合わせ点**（点 P）と呼んでいる。

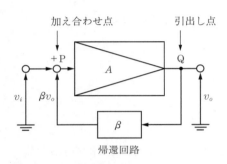

図 8.8 帰還増幅回路のブロック線図

帰還には，出力の一部を入力信号と同位相で帰還させる**正帰還**（positive feedback）と，入力信号と逆位相で（反転して）加え合わせる**負帰還**（negative feedback）とがある。

8.3.1 正帰還増幅回路

正帰還増幅回路は，**図 8.9**(a) のように出力信号の一部をそのまま入力側に帰還させる。すると，入力信号にさらに位相が合った（同相の）帰還信号が重なり合って出力信号はますます大きくなり，一部は電源電圧で飽和する。この状態を**発振**という。正帰還回路は発振回路に用いられる。

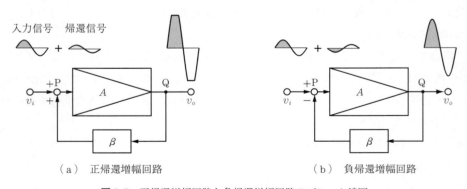

（a）正帰還増幅回路　　　　　　　　（b）負帰還増幅回路

図 8.9 正帰還増幅回路と負帰還増幅回路のブロック線図

8.3.2 負帰還増幅回路

負帰還回路は,図 8.9(b)のように出力信号の一部を逆位相にして点 P で加え合わせる。帰還信号は入力信号から差し引かれるので,増幅回路の利得は低下する。図(b)の負帰還回路において,入力および出力信号をそれぞれ v_i, v_o とし,帰還をかけないときの**開ループ利得**（open loop gain）を A, 帰還をかけたときの増幅度を A_f とする。A_f は**閉ループ利得**（closed loop gain）と呼ばれる。負帰還回路であるので,v_i に $-\beta v_o$ を加えた信号が A 倍された結果が v_o に等しいと考えれば次式が成立つ。

$$(v_i - \beta v_o)A = v_o \tag{8.2}$$

$A_f = v_o/v_i$ を求めると

$$A_f = \frac{A}{1 + A\beta} \tag{8.3}$$

負帰還をかけないときは $\beta = 0$ であるので $A_f = A$ となり,増幅回路の増幅度 A と一致する。負帰還をかけると A_f は A に比べて $1/(1+A\beta)$ に減少し,一見不利に見える。しかし,$1 \ll A\beta$ ならば

$$A_f = \frac{A}{1 + A\beta} \fallingdotseq \frac{1}{\beta} \tag{8.4}$$

となり,閉ループの増幅度 $1/\beta$ はアンプの増幅度とは無関係となる。帰還回路は普通,抵抗分割でつくられているので,β は外付け抵抗によって決まり,増幅度が定数となる。よって,A_f は能動素子のばらつきや温度変化に影響されないので安定化する。

負帰還回路において点 P に逆位相で加え合わせる信号 $-\beta v_o$（式(8.2)）は,$(-\beta) \cdot v_o$ あるいは $\beta \cdot (-v_o)$ と書きかえられ,これらを実現する回路として**図 8.10**に示すような 2 種類がある。$(-\beta) \cdot v_o$ の場合は,増幅器の入,出力関係は同位相（正相増幅器）で,帰還信号を帰還回路で逆位相（反転）にして加え合わせる（図(a)）。具体的回路としては後述の非反転増幅器（図 8.17）がこれに当たる。$\beta \cdot (-v_o)$ の場合は,出力信号が入力信号と逆位相になる逆相増幅器を用いて,帰還信号はそのまま（増幅器ですでに反転してある）入力信号に加え合わせればよい（図(b)）。図 8.13 の反転増幅器がこの具体例である。

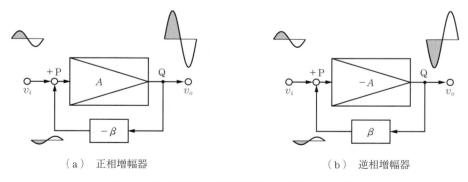

（a）正相増幅器　　　　　　　　（b）逆相増幅器

図 8.10 正相増幅器と逆相増幅器に負帰還を施す方法

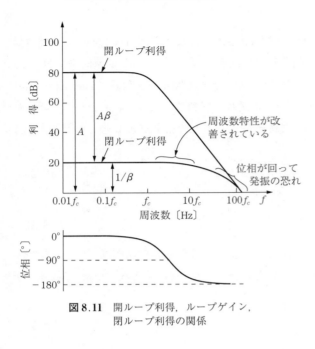

図 8.11 開ループ利得，ループゲイン，閉ループ利得の関係

式(8.4)をボード線図で表したのが**図 8.11**である．曲線は式(8.5)に従ってデシベルで表示してある．

$$20 \log A_f \fallingdotseq 20 \log \frac{1}{\beta} \quad (8.5)$$

図8.11上段の利得曲線に示すように，利得は直流から低域，中域周波数の範囲では$1/\beta$で，一定値を保って安定している．しかし，高周波数領域で増幅度Aが減少してくると$1 \ll A\beta$の条件が成立しなくなり，閉ループ利得は徐々に減少していく．

よって，周波数特性は，開ループ利得に比較して閉ループ利得は高域まで伸びて改善しているのがわかる．なお，$A\beta$は**ループゲイン**（帰還量）と呼ばれる．

このほか，**表8.2**に示すように，増幅器の内部で発生するひずみや雑音も負帰還回路によって$1/(1+A\beta)$に減少する効用もある．また，帰還回路の引き出し点の帰還方法や加え合わせ点の注入方法を工夫すれば，入力インピーダンスを高く，出力インピーダンスを低くすることが可能である．

表8.2 負帰還回路の利点

① 利得の安定化
② 周波数特性の改善
③ ひずみの低減
④ 入，出力インピーダンスの制御

これまで説明してきた開ループ利得Aや還環率βは，厳密には角周波数ωの関数であるので，A，βはそれぞれ周波数伝達関数$\dot{G}(j\omega)$，$\dot{H}(j\omega)$で表される．したがって，閉ループ利得$\dot{G}_f(j\omega)$は

$$\dot{G}_f(j\omega) = \frac{\dot{G}(j\omega)}{1 + \dot{G}(j\omega) \cdot \dot{H}(j\omega)} \quad (8.6)$$

と書き改められる．

負帰還増幅回路はよいことばかりではなく，図8.11下段の位相曲線からわかるように，負帰還を深くかけ過ぎると（帰還量を大きくすると）出力信号の位相が回り，入力信号に比べて位相遅れが180°に近づくようになる．

負帰還回路では位相が$-180°$の帰還がすでにかかっているので，さらに180°遅れると360°位相が回って正帰還となり，発振が起こる．このような不安定状態の判別には，式(8.6)とそれを図示したボード線図が利用される．

ME ノート 26

生体制御機構と負帰還

生体は温度，湿度などの変化の激しい外部環境にさらされて生命活動を維持している。外界の厳しい変化に耐えられるのは，体内の個々の細胞が体液という変化の少ない内部環境に包まれているからである。この内部環境の恒常性（**ホメオスターシス**）を支えているのは，おもに自律神経とホルモンを介した生体制御機構，すなわち負帰還制御である。

血圧調節（制御）を例にとってブロック線図を描くと**図8.12**になる。この制御系で血圧は制御量に相当し，延髄の血管運動中枢（調節部）からの指示を受けて，おもに呼吸循環系（制御対象）の働きによって調節されている。精神動揺，出血などの外乱によって血圧が変動すると，その情報は圧受容体（検出器）によって神経信号に変換され，帰還回路を通じて入力側に戻され目標値と比較される。

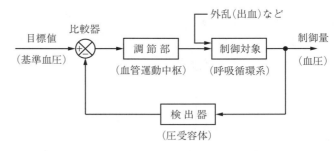

図8.12 生体の負帰還制御機構

そこで，あらかじめ設定された血圧値との偏差値に応じて呼吸循環系が動員され，外乱の影響が最小になるように調整される。このように，この系は負帰還制御を利用して血圧を一定に保っている。

ショックでは血圧が低下するが，負帰還制御機構がうまく働くと血圧は回復する。この病態を可逆性ショックと呼ぶ。

一方，治療に抵抗し，血圧低下がさらに血圧降下を招いて死に至る不可逆性ショックもある。不可逆性に陥る病因は，血圧の負帰還制御系が正帰還として動作するようになるためと説明されている。

8.4 反転増幅器

図8.13は反転増幅器の基本回路である。外付けの抵抗を R_1（入力抵抗），R_2（帰還抵抗）とし，それらを流れる電流を i_1, i_2 とおく。増幅器の入力抵抗が非常に大きくて，入力端子に電流が流れこめないので $i_1 = i_2$ である。

よって，次式が得られる。

$$R_1 i_1 = v_i - v_d, \qquad R_2 i_2 = v_d - v_o$$

$$i_1 = \frac{v_i - v_d}{R_1} = \frac{v_d - v_o}{R_2}$$

上式を変形して

$$v_o = -\frac{R_2}{R_1} v_i + \left(\frac{R_2}{R_1} + 1\right) v_d$$

が求まる。v_d は反転，非反転入力端子間の電圧であるので，オペアンプの性質から

$$v_o = -A v_d, \quad v_d = -\frac{v_o}{A}$$

である。A は十分大きいので

$$v_d = 0$$

となり，増幅度 A_{fi} が求まる。

$$\left.\begin{aligned} v_o &= -\frac{R_2}{R_1} v_i \\ A_{fi} &= \frac{v_o}{v_i} = -\frac{R_2}{R_1} \end{aligned}\right\} \quad (8.7)$$

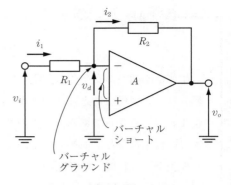

図 8.13　反転増幅器の基本回路

出力には入力と反対の極性で，R_2/R_1 倍された電圧が現れるので，この回路を**反転増幅器**（inverting amplifier）と呼ぶ。増幅度が外付け抵抗の比で決まり，アンプの増幅度と無関係であることが重要である。

理想オペアンプにはつぎのような性質がある。

① 入力抵抗が無限大なので入力端子に電流は流れこめない。

② 負帰還がかかっていると，反転，非反転入力端子間の差動電圧は 0 である。これを**バーチャルショート**（virtual short）あるいは**イマジナリーショート**（imaginary short）という。

上の ① および ② の性質を回路解析に使うと重宝である。

図 8.13 の回路で反転入力端子と非反転入力端子の電位は等しく，反転入力端子は接地されていないにもかかわらず，非反転入力端子を介して仮想的（virtual）に接地された状態である。この状態を**バーチャルグラウンド**（virtual ground，仮想接地）と呼ぶことがある。

入力信号 v_i から見た入力インピーダンス Z_{if} は点 P が仮想接地されているので R_1 そのものである。R_1 はあまり大きくできないので反転増幅器の Z_{if} は小さい。

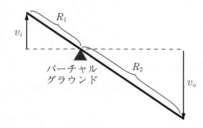

図 8.14　反転増幅器の入出力関係の説明図

式 (8.7) の入，出力電圧 v_i，v_o と抵抗 R_1，R_2 の関係は**図 8.14** のように，てこにアナロジーするとわかりやすい。てこの支点からのうでの長さを R_1，R_2 に，高さを v_i，v_o に対応させてある。棒の左端を v_i に相当する分だけ押し上げると，右端は $R_2/R_1 \cdot v_i$ だけ下がる。

反転増幅器の増幅度 A_{fi} を別の方法で算出しよう。図 8.13 の反転増幅器の回路を負帰還回路の基本的ブロッ

8.4 反転増幅器　165

ク線図に符号するように書き改めたのが**図8.15**である。図中の v_i' に重ね合わせの定理を適用するとつぎの関係が成り立つ。

$$v_i' = \frac{R_2}{R_1 + R_2} v_i + \frac{R_1}{R_1 + R_2} v_o \tag{8.8}$$

式(8.8)に，$v_i' = v_o/(-A)$ を代入して v_i' を消去し，A_{fi} を求めると

$$A_{fi} = \frac{v_o}{v_i} = -\frac{R_2}{R_1 + R_2} \cdot \frac{A}{1 + \{R_1/(R_1 + R_2)\}A}$$

$$\fallingdotseq -\frac{R_2}{R_1} \tag{8.9}$$

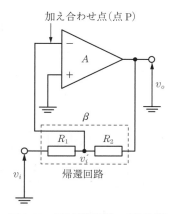

図8.15 反転増幅回路の帰還回路

となる。$A \to \infty$ とすると，$A_{fi} = -R_2/R_1$ となり式(8.7)と当然一致する。図の帰還回路（破線枠）は出力電圧を R_1 と R_2 の比に分圧して入力に戻す働きをしている。したがって，帰還率 β は

$$\beta = \frac{R_1}{R_1 + R_2} \tag{8.10}$$

である。よって，式(8.9)はつぎのように書き改められる。

$$A_{fi} = -\underbrace{\frac{R_2}{R_1 + R_2}}_{\text{係数}} \cdot \underbrace{\frac{A}{1 + \beta A}}_{\text{閉ループ利得}} \fallingdotseq -\frac{R_2}{R_1 + R_2} \cdot \frac{1}{\beta} \tag{8.11}$$

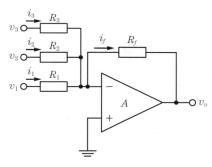

図8.16 加算回路

式(8.11)から，A_{fi} は一般的な負帰還回路の閉ループ利得の基本式（式(8.4)）で記述できること，また図8.10(b)の形式に当てはまることがわかる。反転増幅回路は，オペアンプを使った負帰還回路の基本となるので重要である。なお，$R_2/(R_1 + R_2)$ は v_i を v_i'（加え合わせ点Pの電圧）に換算するための係数である。

図8.16 は反転増幅器を応用した加算回路である。入力抵抗を R_k，その入力電圧と入力電流をそれぞれ v_k，i_k，帰還抵抗とその電流を R_f，i_f とおくと，理想オペアンプの性質から入力電流を加え合わせた全電流 i_s はすべて帰還抵抗を通って流れ i_f と等しい。

よって式(8.12)が得られる。

$$i_1 = \frac{v_i}{R_1}, \quad i_2 = \frac{v_2}{R_2}, \quad i_3 = \frac{v_3}{R_3}$$

$$i_s = i_1 + i_2 + i_3 = i_f$$

$$v_o = -R_f i_f = -R_f \left(\frac{v_i}{R_1} + \frac{v_2}{R_2} + \frac{v_3}{R_3} \right)$$

$$= -\left(\frac{R_f}{R_1} v_i + \frac{R_f}{R_2} v_2 + \frac{R_f}{R_3} v_3 \right) \tag{8.12}$$

出力には，各入力電圧に一定の係数を乗じて加算した電圧が反転されて現れる．$R_1 = R_2 = R_3 = R_f$ の場合は，各入力電圧の総和の反転出力が得られる．

$$v_o = -(v_i + v_2 + v_3) \tag{8.13}$$

8.5 非反転増幅器

非反転増幅回路においても反転入力端子に負帰還をかけ，信号は非反転端子に入力する（図8.17）．加え合わせ点の電圧を v_s とすると次式が成り立つ．

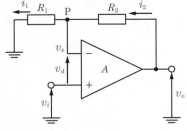

図8.17 非反転増幅回路の基本回路

$$v_s = \frac{R_1}{R_1 + R_2} v_o$$

$$v_s = v_i + v_d = v_i - \frac{v_o}{A}$$

A が十分大きいと，v_o および増幅度 A_{fn} は

$$\left.\begin{array}{l} v_o = \left(1 + \dfrac{R_2}{R_1}\right) v_i \\[6pt] A_{fn} = \dfrac{v_o}{v_i} = 1 + \dfrac{R_2}{R_1} \end{array}\right\} \tag{8.14}$$

で与えられる．出力には入力と同じ極性の $(1 + R_2/R_1)$ 倍に増幅された信号が現れるので，**非反転増幅器**（non-inverting amplifier）と呼ばれる．v_i 側から見た入力インピーダンス Z_{if} は，電流がほとんど流れこめない非反転端子に v_i がつながれているので非常に大きくなる．

非反転増幅器の入，出力関係をてこを例に使って説明すると図8.18になる．棒の左端が支点で，R_1，$R_1 + R_2$ の大きさに対応させてうでの長さを決め，それぞれの長さの点における棒の高さを v_i，v_o とする．点Pを v_i だけ持ち上げると v_o は $(R_1 + R_2)/R_1$ 倍に増幅されることが一目でわかる．R_2/R_1 が大きいほど増幅度も大きくなる．

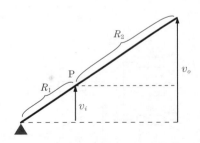

図8.18 非反転増幅器の入，出力関係の説明図

式(8.14)の A_{fn} をつぎのように変形する．

$$A_{fn} = \frac{1}{R_1/(R_1 + R_2)}$$

上式の $R_1/(R_1 + R_2)$ は式(8.10)から β と等しいので

$$A_{fn} = \frac{1}{\beta} \tag{8.15}$$

が導かれる（図8.19）．けっきょく，非反転増幅回路の増幅度 A_{fn} も一般的な負帰還回路の閉ループ利得（式(8.4)）と一致，図8.10(a)の形式に属する．式(8.15)には反転

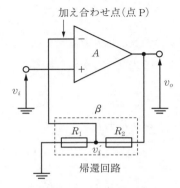

図8.19 非反転増幅回路の帰還回路

増幅回路の式(8.11)と違って係数がつかないのは，信号が加え合わせ点と仮想短絡している非反転端子に直接入力されるためである。

図 8.17 の回路で，$R_1 = \infty$（開放），$R_2 = 0$（短絡）とすると $A_{fn} = 1$，すなわち $v_o = v_i$ となり出力には入力信号がそのまま現れる。これを**ボルテージフォロワ**（voltage follower）**回路**という（**図 8.20**(a)）。

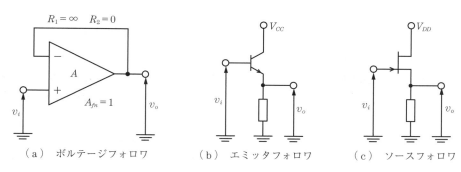

（a）ボルテージフォロワ　　（b）エミッタフォロワ　　（c）ソースフォロワ

図 8.20 バッファ回路

入力と同じ出力しか得られないのでは一見無意味のようであるが，この回路には入力インピーダンスがきわめて大きく，かつ出力インピーダンスがきわめて小さい特性があり，**インピーダンス変換器**（高インピーダンスで受けて低インピーダンスで出力する）あるいは**バッファ**（buffer）**回路**として重要である。トランジスタを用いたエミッタフォロワ（図(b)）やソースフォロワ（図(c)）も，バッファ回路である。

これらの回路は，インピーダンスの高い信号源から微小電圧を検出する場合などに用いられる。

ME ノート 27

インピーダンス変換器としての心臓

バッファ回路（図 8.20）は，高い入力インピーダンスと低い出力インピーダンスを特長とする回路であるが，心臓は逆に低入力インピーダンス（r_i），高出力インピーダンス（r_o）の能動素子といえる。

心臓をブラックボックス（4 端子回路網）に入れて，入，出力関係を見る（**図 8.21**(a)）。

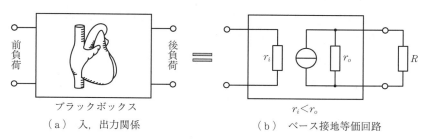

（a）入，出力関係　　　　　（b）ベース接地等価回路

図 8.21 4 端子回路網で表した心臓とベース接地等価回路

全身を巡った血液は右心房に流入し，肺循環系を経て左心室から再び拍出される。

ポンプとしての心臓の機能を表す心拍出量は

① 心臓に流入する血液量を表す右心房圧
② 心臓に負荷される体血管抵抗
③ 心筋の収縮能
④ 心拍数

によって規定される。①および②は，心臓に関して入，出力の条件を規定する因子でそれぞれ前負荷（preload），後負荷（after load）と呼ばれる。

正常心について右心房圧をいろいろ変えてそのときの心拍出量を，それぞれ横軸と縦軸にとってプロットしたのが図 8.22 の曲線（正常心）で，これを心機能曲線と呼んでいる。右心房壁は軟らかいため右心房圧は平均すると 0 mmHg を保ち，そのとき左心室から成人男性で約 5 L/min の血液が拍出され，平均大動脈圧は 90 mmHg 前後となる。

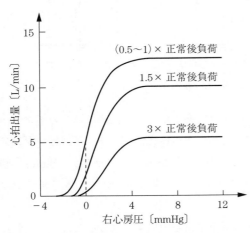

図 8.22 心機能曲線と後負荷増大の影響

つぎに，正常心に血管収縮剤を投与して後負荷を増大させた場合の心機能曲線に注目すると，体血管抵抗（後負荷）を正常時の 1.5 倍に増すと，心収縮能，前負荷，心拍数が同じ条件下で心拍出量は約 80 % に減少することが図から読みとれる。この結果にテブナンの定理（3.2 節参照）を適用して解くと

$$\text{出力抵抗 } r_o \fallingdotseq \text{ 体血管抵抗 } R$$

が得られ，r_o と R の間にインピーダンス整合が成立している。

以上は直流成分に関する実験結果であるが，交流成分については $r_o > R$ であることが報告されており，左心室は定電流源として振る舞うとみなしてよいであろう。

けっきょく，右心房はなるべく軟らかく，左心室はより硬くなれば，ポンプとしての心臓の働きはよくなる。ME ノート 23 で冠循環を含めた心臓の血液の流れはトランジスタのベース接地回路に模擬できることを説明した。

ベース接地の等価回路は図 8.21(b) のように表され，低入力インピーダンスで，かつ高出力インピーダンスの性質をもっているので，この等価回路はインピーダンス変換器としての心臓を類推しているともいえる。

8.6 オフセットとスルーレート

8.6.1 オフセットの発生原因

理想的オペアンプであれば入力電圧を０Ｖにすれば出力も０Ｖになるが，実際には差動増幅器の左右のトランジスタをまったく同じにつくることが不可能なので，不平衡成分が出力に現れる。この微少電圧を**オフセット**（offset）と呼ぶ。このオフセット電圧は，周囲温度の変化や時間で変動する。これをドリフトという。

オペアンプの初段は図 8.5 で説明したように，同じ特性のバイポーラトランジスタや FET を使った差動増幅器で構成され，＋，－の入力端子はベースやゲートにつながっている。入力端子を接地して無信号の状態にしても電源から直流バイアス電流（電圧）が供給されているため，ベース-エミッタ間電圧 V_{BE}（ゲート電圧 V_{GS}）およびベースバイアス電流 I_B に差が生じてオフセットの原因となる。前者を**入力オフセット電圧**，後者を**入力オフセット電流**という。

しかし，最近はほとんど FET 入力形のオペアンプを使用するので，入力バイアス電流はほとんど流れない（100 pA 以下）。

したがって，バイアス電流は問題にしなくてよくなった。ここでは入力オフセット電圧を V_{os} で表し，V_{os} が単独に存在するときの出力オフセット電圧 ΔV_o を求める。

図 8.23（ａ）に示すように V_{os} を等価的に電池に置き換えて（極性は任意）非反転増幅回路の非反転端子に直列に入力したとき，出力には式(8.14)に従って

$$\Delta V_o = \left(1 + \frac{R_2}{R_1}\right) V_{os} \tag{8.16}$$

の電圧が現れる。

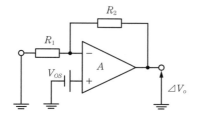 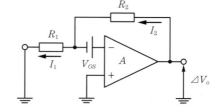

（ａ）　V_{OS} が非反転端子にある場合　　　　（ｂ）　V_{OS} が反転端子にある場合

図 8.23　入力オフセット電圧の出力への影響

V_{OS} が図（ｂ）のように反転端子に入力された場合は，R_1, R_2 の電流をそれぞれ I_1, I_2 とすると，入力端子にはバーチャルグラウンドの考えを適用して

$$I_1 = \frac{V_{os}}{R_1} = I_2 = \frac{\Delta V_o - V_{os}}{R_2}$$

$$\therefore \quad \Delta V_o = \left(1 + \frac{R_2}{R_1}\right) V_{os}$$

が得られ，いずれにしても式(8.16)と同じ結果になる。

ΔV_o は増幅度 (R_2/R_1) の影響を強く受けることがわかる。したがって，オフセット電圧は出力オフセット電圧を増幅度で除して入力換算値で表される。オフセットのゼロ調節については8.6.3項で述べる。

8.6.2 スルーレート

オペアンプに速い立上りの波形を入れたり，大振幅の出力波形を得ようとすると，**図8.24**のように立上りが遅くなり，波形がひずむ現象が見られる。これはスルーレート制約（slew-rate limit）から生じるひずみである。

スルーレート S_R を具体的に求めるには，オペアンプをボルテージフォロア回路にして帯域幅を広げ，十分速い方形波を入力してその最大の勾配から求める。

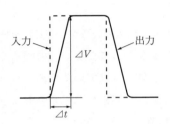

図8.24 スルーレートの説明図

$$S_R = \frac{\Delta V}{\Delta t} \ [\text{V}/\mu\text{s}] \tag{8.17}$$

1 μs につき何 V の変化まで追随することができるかを表す。この値は規格表に出ているので設計の際に参考にする。

正弦波信号 v_i を入力した場合の勾配は

$$v_i = E_m \sin \omega t$$

$$\frac{dv_i}{dt} = E_m \omega \cos \omega t = 2\pi f \cdot E_m \cos \omega t$$

である。勾配は $t = 0$ のとき最大となり，そのときの値は

$$\left. \frac{dv_i}{dt} \right|_{t=0} = 2\pi f \cdot E_m \ [\text{V}/\mu\text{s}]$$

となる。よって v_i を忠実に増幅するには

$$S_R \geq 2\pi f \cdot E_m \tag{8.18}$$

でなければならない。

8.6.3 実用回路例

図8.25(a)は増幅度10倍の**反転増幅回路**である。オペアンプは JFET 入力形（ADTL 082）を使用している。その規格の一部を**表8.3**に掲げておく。

図(b)は増幅度が可変できる反転増幅器である。半固定ボリュームの抵抗を $(m-1)R$ にとると増幅度 A_f は

$$A_f = -\frac{mR_2}{R_1} \tag{8.19}$$

となる。帰還抵抗 R_2 が見掛け上 m 倍に大きくなったことになり，A_f も $-m$ 倍に増加する。1 MΩ 以上の大きな抵抗が入手困難なときに利用すると便利な回路である。

8.6 オフセットとスルーレート

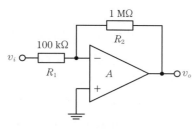

（a）反転増幅器（$A_f = 10$ 倍）

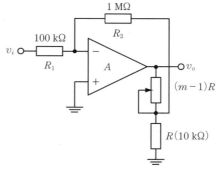

（b）増幅度可変の反転増幅器

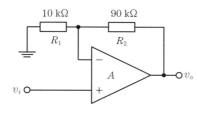

（c）非反転増幅器（$A_f = 10$ 倍）

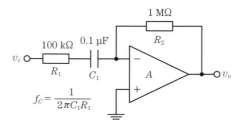

（d）交流増幅器（ハイパスフィルタ）

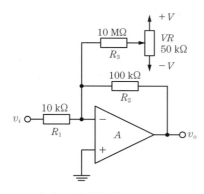

（e）反転増幅器のゼロ調節

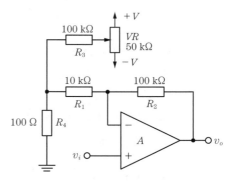

（f）非反転増幅器のゼロ調節

図 8.25　実 用 回 路 例

表 8.3　ADTL 082（JFET 入力型, 2 回路）オペアンプの規格表

電気的特性		最大定格
規　格	標準値	電源電圧 ± 18 V
入力オフセット電圧	2 mV	入力電圧 ± 18 V
入力オフセット電流	2 pA	ピン接続図
入力バイアス電流	2 pA	OUT A 1　　8 +V
温度ドリフト	15 μV/℃	-IN A 2　　7 OUT B
差動入力抵抗	10^{12} Ω	+IN A 3　　6 -IN B
同相信号除去比	86 dB	-V 4　　5 IN B
スルーレート	20 V/μs	

図(c)は非反転増幅器（$A_f = 10$ 倍）の回路である。

図(d)は反転増幅器であるが入力抵抗に周波数特性をもたせてある。遮断周波数 f_C（$= 1/2\pi C_1 R_1$, 15.9 Hz）より高域では $A_f = -R_2/R_1 = -10$ で反転増幅器として動作するが, f_C より低域では信号は 6 dB/oct の勾配で減衰する。一種の交流増幅器（ハイパスフィルタ）である。

図(e)および図(f)に出力オフセット電圧を打ち消してゼロバランスをとる方法を示す。図(e)は反転増幅器の場合で, オフセット分だけ R_3 を通じて電流を流して相殺する。動作は図 8.16 の加算器回路の応用である。出力で調節できる電圧の範囲は

$$V_{adj} = \pm \frac{R_2}{R_3} V$$

である。R_3 は, R_1 や R_2 の値の 100 倍以上の大きな抵抗にする必要がある。

図(f)は非反転増幅器の場合で, R_4 に補正用の電圧をつくって, これでオフセットを相殺する。出力における可変電圧範囲は

$$V_{adj} = \pm \frac{R_4}{R_3 + R_4} \cdot \frac{R_2}{R_1} V$$

となる。R_4 は R_1 に比べ十分小さい値とする。

8.7 差動（演算）増幅器

図 8.26(a)は反転増幅器と非反転増幅器を重ね合わせた回路である。増幅度（伝達関数）A_f は重ね合わせの定理を使ってつぎのように求まる。

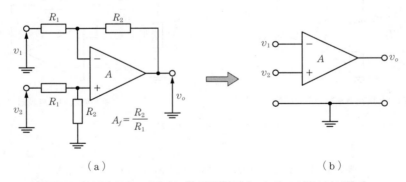

図 8.26 オペアンプを用いた基本的差動増幅器(a)と簡略化図記号(b)

$v_2 = 0$ で v_1 のみが存在するときこの回路は反転増幅器になるので

$$v_o' = -\frac{R_2}{R_1} v_1$$

となる。同様に, $v_1 = 0$ のときは非反転増幅器として働くが, 非反転入力端子には v_2 を R_1 と R_2 で分圧した電圧が加えられるので

$$v_o'' = \frac{R_2}{R_1 + R_2}\left(1 + \frac{R_2}{R_1}\right)v_2 = \frac{R_2}{R_1}v_2$$

となる．よって出力電圧 v_o は

$$v_o = v_o' + v_o'' = \frac{R_2}{R_1}(v_2 - v_1) = A_f(v_2 - v_1) \tag{8.20}$$

が導かれ，出力には二つの入力の差 $(v_2 - v_1)$ に R_2/R_1 を乗じた電圧が現れる．このアンプを**差動演算増幅器**，単に差動増幅器という．これを図(b)のように簡略化して表すことが多い．

精度のよい，実用的な差動増幅器として**図 8.27** の回路がよく使われる．これを**計装用増幅器**（インスツルメンテーションアンプ，instrumentation amplifier）と呼んでいる．出力電圧 v_o を計算しよう．

まず，入力段のオペアンプ A_1 と A_2 の出力を求めるが，これには重ね合わせの定理を適用する．$v_2 = 0$ のとき，A_2 の入力端子は仮想接地されるので A_1 は非反転増幅器として動作する．よって

$$v_{o1}' = \left(1 + \frac{R_2}{R_1}\right)v_1$$

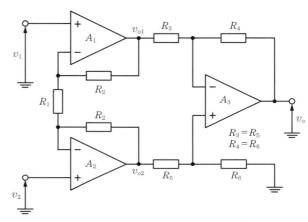

図 8.27 インスツルメンテーションアンプ

つぎに，$v_1 = 0$ のとき，A_1 は反転増幅器として働く．A_2 の反転，非反転の両端子間は仮想短絡しているので反転増幅器の入力には v_2 信号が加わる．よって

$$v_{o1}'' = -\frac{R_2}{R_1}v_2$$

となる．v_1 および v_2 が同時に存在すると

$$v_{o1} = v_{o1}' + v_{o1}'' = \left(1 + \frac{R_2}{R_1}\right)v_1 - \frac{R_2}{R_1}v_2 \tag{8.21}$$

同様にして

$$v_{o2} = \left(1 + \frac{R_2}{R_1}\right)v_2 - \frac{R_2}{R_1}v_1 \tag{8.22}$$

が得られる．A_1 と A_2 の出力電圧の差が後段の差動増幅器の入力に加わるので，式(8.21)と式(8.22)から

$$(v_{o2} - v_{o1}) = (v_2 - v_1)\left(1 + \frac{2R_2}{R_1}\right) \tag{8.23}$$

が導かれる．差動増幅器の出力電圧は式(8.20)で与えられるので，けっきょくこのアンプの出力電圧 v_o は式(8.24)となる．

$$v_o = \frac{R_4}{R_3}(v_{o2} - v_{o1}) = (v_2 - v_1)\left(1 + \frac{2R_2}{R_1}\right)\frac{R_4}{R_3} \tag{8.24}$$

次項で述べる CMRR は A_3 の差動増幅器で決まるので，$R_3 = R_5$，$R_4 = R_6$ の関係が得られるように抵抗値を合わせこむのがよい。

8.7.1 同相信号除去比

生体電気信号を計測する場合，生体には周りから静電的，電磁的あるいは漏れ電流の形で雑音（ハム）が誘導される（図 8.28（a））。このとき周りの空気に比べて導電性の非常によい生体に誘起される雑音は，生体のどこでもほぼ同時（同相）に現れる。

いま，生体の2点間の電位差を検出する場合，図（b）のように各点の電位を e_1, e_2 とし，同相雑音を e_c とすると，雑音はそれぞれの信号に重畳して入力する。差動増幅器は入力電圧の差を増幅するので，同相成分である誘導雑音は出力には現れないことになる。数式で示せば

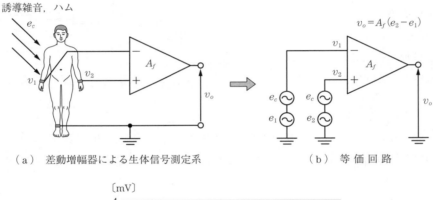

（a）差動増幅器による生体信号測定系　　　（b）等価回路

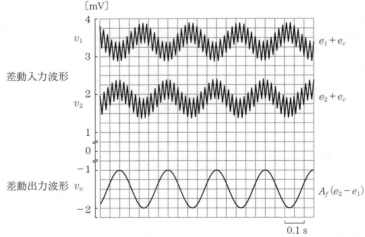

（c）4 Hz の正弦波に 50 Hz の商用交流が重畳している差動入力波形 (v_1, v_2) とその差動出力波形 (v_o)。図は $A_f=1$ の場合。

図 8.28 生体電気信号の測定

$$v_o = A_f(v_2 - v_1) = A_f\{(e_2 + e_c) - (e_1 + e_c)\}$$
$$= A_f(e_2 - e_1) \tag{8.25}$$

となる．図（c）にハムの重畳した差動入力波形（v_1, v_2）とその出力波形を示す．同相雑音（ハム）が見事に除去されていることがわかる．

しかし，実際には不平衡成分が残るので同相成分も多少増幅される．差動増幅器において，差動入力の増幅度（**差動利得**，A_d）と同相入力の増幅度（**同相利得**，A_c）の比を**同相信号除去比**（common mode rejection ratio，**CMRR**），または**弁別比**と称し

$$\text{CMRR} = \frac{\text{差動利得}}{\text{同相利得}} = \frac{A_d}{A_c} \tag{8.26}$$

で表す．

二つの入力信号のどちらにも共通に含まれる同相成分をどれだけ除去できるかを示す．この値が高いほどよい増幅器といえる．

ふつう，心電計は10^4倍（= 80 dB）以上のCMRRをもっている．すなわち，信号と同じ電圧を得るのに信号電圧の10^4倍の雑音電圧を必要とすることを意味する．このようにして，差動増幅器は生体の微小信号に重畳する大きな同相信号を有効に除去できる．

図8.29に具体的な測定法を示す．差動利得（図（a））は，+入力端子を接地し反転増幅器として働かせ，適当な周波

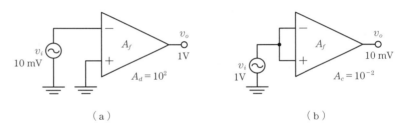

図8.29 差動利得（a）と同相利得（b）の測定法

数の正弦波を入力して増幅比から増幅度を求める．

この場合は，$A_d = 1\,\text{V}/10\,\text{mV} = 100$（= 40 dB）である．同相利得（図（b））は，二つの入力端子をまとめて結合し，アースとの間に1〜2 Vの正弦波信号を入力して出力電圧を測定する．入力に対する出力の比が同相利得となる．この測定例では$A_c = 10\,\text{mV}/1\,\text{V} = 0.01$（= −40 dB）である．よって

$$\text{CMRR} = \frac{A_d}{A_c} = \frac{100}{0.01} = \frac{40\,\text{dB}}{-40\,\text{dB}} = 80\,\text{dB} = 10^4$$

と計算される．

8.7.2 信号源インピーダンスと同相信号除去比

生体から差動増幅器を使って信号を検出する場合，発電体から入力端子までの間には生体組織や電極（接触）インピーダンスなどの**信号源インピーダンス**r_1，r_2が介在し，それらが入力に直列に接続された回路構成になる（**図8.30**）．そこで，r_1，r_2のCMRRに対する影響を調べてみる．

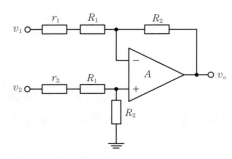

図 8.30 信号源インピーダンス r_1, r_2 を考慮した差動増幅回路

－入力端子の増幅度 $A_{f(-)}$ は

$$A_{f(-)} = -\frac{R_2}{r_1 + R_1}$$

である。また，＋入力端子の増幅度 $A_{f(+)}$ は

$$A_{f(+)} = \frac{R_2}{r_2 + R_1 + R_2}\left(1 + \frac{R_2}{r_1 + R_1}\right)$$

$$= \frac{R_2}{r_1 + R_1} \times \frac{r_1 + R_1 + R_2}{r_2 + R_1 + R_2}$$

で与えられる。図 8.29 を参考にして A_d, A_c を求めると式 (8.27)，(8.28) となる。

$$A_d = A_{f(-)} = -\frac{R_2}{r_1 + R_1} \tag{8.27}$$

$$A_c = A_{f(-)} + A_{f(+)} = \frac{R_2}{r_1 + R_1} \times \frac{r_1 - r_2}{r_2 + R_1 + R_2} \tag{8.28}$$

よって，CMRR は

$$\text{CMRR} = \left|\frac{A_d}{A_c}\right| = \frac{r_2 + R_1 + R_2}{|r_1 - r_2|}$$

となる。$r_2 \ll (R_1 + R_2)$ なので

$$\text{CMRR} = \frac{R_1 + R_2}{|r_1 - r_2|} = \frac{R_1}{|r_1 - r_2|}\left(1 + \frac{R_2}{R_1}\right)$$

が導かれ，デシベルで表すと

$$\text{CMRR} = 20\log\frac{R_1}{|r_1 - r_2|} + 20\log\left(1 + \frac{R_2}{R_1}\right) \tag{8.29}$$

　　　　　　　　（同相）　　　　　　　（差動）

が得られる。式 (8.29) から CMRR は信号源インピーダンスの差（不平衡分）に依存し，不平衡分は差動信号として増幅されるので同相利得を悪化させることがわかる。$r_1 = r_2$ であれば無限大の CMRR が得られるはずであるが，電極とシールド線を用いた計測では 40 dB 程度にとどまる。

いま，$|r_1 - r_2|$（不平衡分）が R_1 に比べて 1％ であると，CMRR は差動利得分より 40 dB よくなる。10％ の不平衡があると 20 dB しか CMRR は上昇しない。差動増幅器単独の CMRR についても同様で，R_1, R_2 がよく合っているほどよくなる。なお，前述の計装用増幅器（図 8.27）は，差動増幅回路の入力側にバッファ回路を挿入し，特に反転入力側の R_1 を大きくすることによって高い同相利得を得ている。

生体に電極を装着して信号を検出する場合，同じ材質の長さの等しい誘導コードを使い，電極にも同じ材質と形状のものを用いることが CMRR をよくする要（かなめ）といえる。この他，CMRR は周波数によっても異なり，周波数によってわずかな分布容量やインダクタンスの影響をうけ，一般的に周波数が高くなるほど CMRR は悪くなる。

生体電気計測に用いる増幅器が高入力インピーダンスになっているのは，つぎのような理由による。

① 生体信号伝達系の信号源インピーダンスは大きいので，入力インピーダンスを高くすることによって生体微小信号をできるだけ忠実に検出できる。図3.9において r を信号源インピーダンス，R を入力インピーダンスとすると，式(3.5)から R が大きいほど信号電圧 E をより正確に検出できる。

② 式(8.29)から，入力インピーダンスを高くするほどCMRRの同相成分の利得はより増大するので，商用交流によるハムなどの同相雑音をより多く除去できる。なお，フローティング回路は高度の電気的安全性確保のための回路であるが，機器を高インピーダンスで浮かせることで入力インピーダンスが上がり，同相雑音抑圧にも有効に働く(8.12節参照)。

8.8 ミラー効果

これまでオペアンプの外付け抵抗として純抵抗のみを扱ってきたが，抵抗以外の素子を使うともっと特長のある回路がつくれる。純抵抗にコンデンサやコイルの入った回路は，複素インピーダンス $\dot{Z}$ で表すことはすでに学んだ。図 8.31 の反転増幅器の増幅度（伝達関数）$\dot{G}(j\omega)$ は，$R_1 \to \dot{Z}_1$, $R_2 \to \dot{Z}_2$ と置き換えて

$$\dot{G}(j\omega) = -\frac{\dot{Z}_2}{\dot{Z}_1} \tag{8.30}$$

となる。

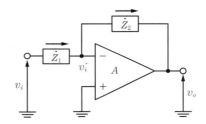

図 8.31 複素インピーダンスで表した反転増幅回路

図の反転増幅回路において，$\dot{Z}_1, \dot{Z}_2$ を流れる電流は等しいので

$$\frac{v_i - v_i'}{\dot{Z}_1} = \frac{v_i' - v_o}{\dot{Z}_2} \tag{8.31}$$

となる。

また，このオペアンプの開ループ利得を A とすると

$$v_o = -A v_i' \tag{8.32}$$

が得られる。式(8.31)および式(8.32)から，v_i' を消去して

$$v_o = -\frac{\dot{Z}_2}{\dot{Z}_2 + (1+A)\dot{Z}_1} A v_i = -\frac{\dot{Z}_2/(1+A)}{\dot{Z}_1 + \dot{Z}_2/(1+A)} A v_i$$

$$= v_i \frac{\dot{Z}_2/(1+A)}{\dot{Z}_1 + \dot{Z}_2/(1+A)} (-A) \tag{8.33}$$

と書き換えられる。式(8.33)は入力 v_i を $\dot{Z}_1$ と $\dot{Z}_2/(1+A)$ で分圧し，その電圧を $-A$ 倍する回路と等価と解釈できる。このことを表したのが**図 8.32** である。**帰還抵抗** $\dot{Z}_2$ は $\dot{Z}_2/(1+A)$ となって入力側に並列に接続されている。

すなわち，入力側から見ると，$\dot{Z}_2$ は $1/(1+A)$ に小さくなるとともに，入力電圧 v_i も同じ割合

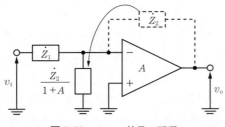

図 8.32 ミラー効果の原理

で小さくなる．しかし，再び $-A$ 倍されて式(8.30)と同じ増幅度の出力が得られる．

このように入力側から見たとき，帰還抵抗が $1/(1+A)$ 倍になることを**ミラー効果**（Miller effect）と呼んでいる．

後述の応用回路で利用する．

8.9 微 分 回 路

反転増幅回路の入力抵抗にコンデンサ C を用いると微分回路になる（**図 8.33**）．C は複素インピーダンスで表すと $1/j\omega C$ なので式(8.30)から

$$v_o = -\frac{\dot{Z}_2}{\dot{Z}_1} \cdot v_i = -j\omega CR v_i$$

となる．$j\omega$ は d/dt の作用をもつ演算子なので

$$v_o = -CR\frac{dv_i}{dt} \tag{8.34}$$

と書き換えられ，確かに入力信号 v_i の微分値に $-CR$ を乗じた電圧が出力に現れる．

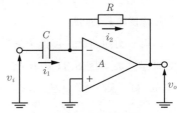

図 8.33 能動的微分回路

別解として，コンデンサを流れる電流はすべて抵抗を流れ，出力 v_o をもたらすと考えると

$$i_1 = C\frac{dv_i}{dt}$$

$$i_2 = -\frac{v_o}{R}$$

$$i_1 = i_2$$

$$\therefore \quad v_o = -CR\frac{dv_i}{dt}$$

が得られる．

オペアンプを使ったこの微分回路を**能動的微分回路**といい，C と R の受動素子のみでつくった回路は**受動的微分回路**と呼ばれる．

8.9.1　微分回路のボード線図

図 8.33 の微分回路の増幅度 $|\dot{G}|$ と利得 g は

$$\dot{G} = -j\omega CR$$

$$|\dot{G}| = \omega CR$$

$$g = 20\log|\dot{G}| = 20\log\omega CR \ [\text{dB}] \tag{8.35}$$

となる。

いま，周波数を 2 倍（octave）にすると

$$g' = 20\log 2 \cdot \omega CR = 20\log \omega CR + 6 \;\text{[dB]}$$

が得られ，微分動作はボード線図では 6 dB/oct の直線になることがわかる（**図 8.34** の直線(a)）。周波数が 2 倍になると利得も 6 dB 増大し，周波数が高いほど出力も比例して大きくなり 6 dB/oct は理想的微分特性を表す。

しかし，この回路は実用的ではない。それは生体信号には必ずノイズが混入しており，このノイズは生体信号よりも高周波成分を含むので，これを微分すると大きな出力となり SN 比を悪化させる。よって，実際の微分回路には必要な周波数以上の高周波に対しては微分を行わず，信号をカットするような回路的工夫を施す（**図 8.35**）。

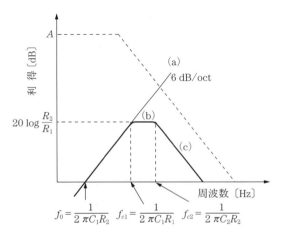

図 8.34 微分回路のボード線図

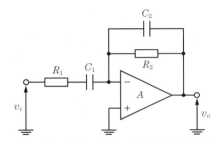

図 8.35 微分動作に上限のある修正形微分回路

まず C_1 に直列に R_1 を挿入する。すると

$$\dot{Z}_1 = R_1 + \frac{1}{j\omega C_1}, \qquad \dot{Z}_2 = R_2$$

となるので

$$\dot{G} = -\frac{\dot{Z}_2}{\dot{Z}_1} = -\frac{R_2}{R_1 + 1/j\omega C_1} = -\frac{j\omega C_1 R_2}{1 + j\omega C_1 R_1}$$

$$|\dot{G}| = \frac{\omega C_1 R_2}{\sqrt{1 + (\omega C_1 R_1)^2}}$$

が得られ，$\omega_1 C_1 R_1 = 1$ とおくと利得 g は

$$g = 20\log \frac{\omega C_1 R_2}{\sqrt{1 + (\omega/\omega_1)^2}} \;\text{[dB]} \tag{8.36}$$

となり，$\omega_1 = 2\pi f_{c1}$ を境につぎのように変わる。

① $\omega/\omega_1 \gg 1$ のとき

180   8. 演 算 増 幅 器

$$g \fallingdotseq 20 \log \frac{R_2}{R_1} \ \text{〔dB〕} \tag{8.37}$$

② $\omega/\omega_1 = 1$ のとき

$$g = 20 \log \frac{\omega C_1 R_2}{\sqrt{2}} \fallingdotseq 20 \log \frac{R_2}{R_1} \ \text{〔dB〕} - 3 \ \text{〔dB〕} \tag{8.38}$$

③ $\omega/\omega_1 \ll 1$ のとき

$$g \fallingdotseq 20 \log \left(\omega C_1 R_2 \right) \text{〔dB〕} \tag{8.39}$$

式(8.37)～(8.39)の結果から，f_{c1} より高い周波数範囲では，増幅度は R_2/R_1 で制限され，回路は単なる反転増幅器として働き，図 8.34 の直線（ b ）の特性を示す。f_{c1} より低い周波数では 6 dB/oct の直線に漸近して微分動作を行う。$f = f_{c1}$ のときは直線（ b ）より 3 dB 減衰した点となる。この利得曲線は CR 微分回路で求めたボード線図（図 7.4）と一致する。

さらに帰還抵抗 R_2 に並列に C_2 を接続したときの伝達関数 $\dot{G}$ と利得 g はつぎのようになる。

$$\dot{G} = - \frac{R_2 \ /\!/ \ (1/j\omega C_2)}{R_1 + 1/j\omega C_1} = - \frac{j\omega C_1 R_2}{(1 + j\omega C_1 R_1)(1 + j\omega C_2 R_2)}$$

$$|\dot{G}| = \frac{\omega C_1 R_2}{\sqrt{1 + (\omega C_1 R_1)^2} \sqrt{1 + (\omega C_2 R_2)^2}}$$

$\omega_1 C_1 R_1 = 1$, $\omega_2 C_2 R_2 = 1$, $\omega_1 < \omega_2$ とおくと

$$|\dot{G}| = \frac{\omega C_1 R_2}{\sqrt{1 + (\omega/\omega_1)^2} \sqrt{1 + (\omega/\omega_2)^2}} \tag{8.40}$$

$$g = 20 \log |\dot{G}| \tag{8.41}$$

が得られる。ω_2 が ω_1 から十分離れていれば $\omega_2 = 2\pi f_{c2}$ を境にして利得曲線はつぎのように変わる。

① $\omega/\omega_2 \ll 1$ のとき （$\omega/\omega_1 \gg 1$）

$$g \fallingdotseq 20 \log \frac{R_2}{R_1} \ \text{〔dB〕}$$

② $\omega/\omega_2 = 1$ のとき

$$g \fallingdotseq 20 \log \frac{R_2}{R_1} \ \text{〔dB〕} - 3 \ \text{〔dB〕}$$

③ $\omega/\omega_2 \gg 1$ のとき

$$g \fallingdotseq - 20 \log \omega C_2 R_1 \ \text{〔dB〕}$$

となる。上記の 3 式から図 8.34 のボード線図の（ b ），および（ c ）の直線が描ける。特に，$\omega/\omega_2 \gg 1$ では -6 dB/oct の減衰傾度の直線となる。

この利得特性によって f_{c2} より高域の不必要な周波数成分が減衰し，ノイズがより少ない微分出力が得られる。f_{c1} と f_{c2} を近接し過ぎると微分特性に影響が出る。図 8.34 の利得特性のように所要の周波数（f_{c1}）まで完全に微分を行い，それより高域を減衰させる微分回路を**修正形**（変形あるいは実用）**微分回路**と呼んでいる。修正形の意味は，微分を行う周波数範囲が限られ，高域まで

伸びていないということで，希望の周波数範囲の微分は理想的に行われる。

ところで，能動的微分回路の時定数はどうなるのであろうか？ 8.8節で学んだミラー効果を適用すると容易にわかる。**図 8.36**に示すように帰還抵抗 R はミラー効果によって $R/(1+A)$ となって入力部に並列に挿入されたと考えると，入力部の C，R は微分回路を形成しその時定数は $CR/(1+A)$ である。

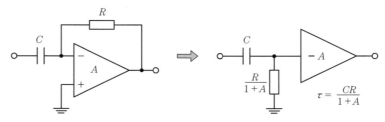

図 8.36 ミラー効果による微分回路の説明

A はふつう 10^5 以上あるのでこの時定数はきわめて小さくなり，無限小の時定数といってよいであろう。

4.5.2項の CR 微分回路で，時定数が小さいほど正しい微分値が得られることを学んだが，オペアンプを用いれば時定数を極小にできるので理想的微分回路が容易に実現できる。受動的回路ではこのようなよい精度は得られない。

例えば，図 8.36 のミラー効果と同じように，C と R で非常に小さな時定数の微分回路をつくり，その出力をできるだけ大きく増幅するような回路を設計しても，ノイズが多くて能動的微分回路と同じ結果は得られない。その理由は，能動的微分回路では R が閉ループ回路に含まれているからである。

8.9.2 血圧用微分器の設計

ヒトの各部位から観察される血圧波形の中では左室圧波形の微分値が最も大きくなるので，これを対象に設計し他の血圧波形にも互用できるようにする。正常では左室の収縮期圧（最大血圧）は 130 mmHg 前後で，その最大微分値（max dP/dt，P は pressure の略）は 1 000〜1 500 mmHg/s である（**図 8.37**）。

したがって，微分出力は入力電圧の約 10 倍に拡大されるので，このままでは出力が電源電圧で飽和する恐れがあり，出力電圧を 1/10 に減衰させる必要がある。

一方，微分器の出力は式(8.36)から

$$v_o = - \underbrace{C_1 R_2}_{1/10 \ \times \ 10} \frac{dv_i}{dt} \tag{8.42}$$

で与えられるので，図 8.35 の微分回路において $C_1 R_2$ の時定数を 0.1 s に決めれば出力電圧はほぼ入力電圧程度になり，飽和の心配はなくなる。微分値は v_o を $-C_1 R_2$ で除して求める。

つぎに，$C_1 R_2 = 0.1$ s に従って C_1，R_2 の値を決める。R_2 はドリフトなどの関係から小さい値とし，C_1 は入手可能な範囲でなるべく大きな容量を選ぶ。$C_1 = 1\,\mu\text{F}$，$R_2 = 100\,\text{k}\Omega$ が適当であ

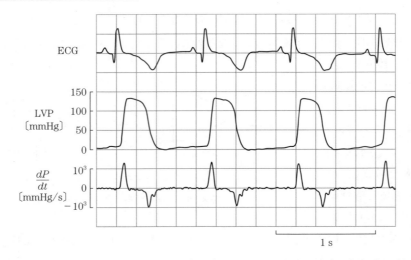

（上から，心電図（ECG），左室圧波形（LVP），およびその微分波形（dP/dt）を示す）

図 8.37 左室圧波形とその微分波形

ろう。また，左室圧波形に含まれる周波数を DC から約 50 Hz とすると，$f_{C1} = 100$ Hz，$f_{C2} = 1$ kHz にすれば十分であろう。

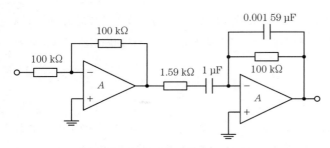

図 8.38 血圧用微分器の実用回路

よって，C_2，R_1 は

$$C_2 = \frac{1}{2\pi R_2 f_{C2}} = 0.00159\,\mu\mathrm{F}$$

$$R_1 = \frac{1}{2\pi C_1 f_{C1}} = 1.59\,\mathrm{k\Omega}$$

と算出される。以上をまとめると，**図 8.38** の回路になる。入力段の反転増幅器は，微分回路単独の出力が入力と逆相（反転）になるので正相に戻すために前置しておく。この微分器の利得特性を**図 8.39** に示す。

微分特性は，周波数が高くなるにつれて理想的微分特性から解離してくる。解離の度合いを式(8.35)に対する式(8.41)の相対誤差として求めると**表 8.4** になる。50 Hz までの相対誤差は約 3% 以下なので，この微分器は仕様を満足しているといえる。

図 8.37 に実際の記録波形を示す。左室圧波形（LVP）の立上りの

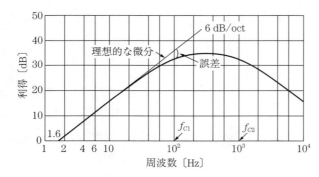

図 8.39 血圧用微分器の利得特性

表 8.4 微分器の相対誤差

f 〔Hz〕		10	20	30	50	70	100
相対誤差〔%〕	血圧用微分器	−0.274	−0.783	−1.48	−3.27	−5.33	−5.71
	時定数 3 ms の CR 微分器	−1.73	−6.43	−13.0	−27.2	−39.6	−53.1

dP/dt はおよそ 1 300 mmHg/s を示し，拡張期の立下りにも約 −1 000 mmHg/s の negative max dP/dt が記録されている．前者は収縮能の，後者は拡張能のよさを表す指標と大まかに説明されている．

論文などで，「微分を時定数何 ms で行った」という記述を散見するが，これは場合によっては精度の悪い微分を行ったことを宣言しているようなものである．表 8.4 に，時定数 3 ms の CR 微分回路の誤差をオペアンプを使った微分器の誤差と比較して示した．時定数 3 ms では血圧の正しい微分値は得られない．微分処理には図 8.38 のような能動的微分器を使用し，論文には「生体信号は能動的微分器を用いて，遮断周波数 100 Hz で微分した」といった内容を記述するのが正しい．

8.10 積 分 回 路

図 8.40 のように反転増幅器の帰還抵抗をコンデンサに置き換えると積分器が得られる．出力電圧は

$$v_o = -\frac{\dot{Z}_2}{\dot{Z}_1} v_i = -\frac{1/j\omega C_2}{R_1} v_i = -\frac{1}{j\omega C_2 R_1} v_i$$

となるが，$1/j\omega$ は積分の作用をする演算子であるから上式はつぎのように変形できる．

$$v_o = -\frac{1}{C_2 R_1} \int v_i \, dt$$

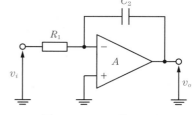

図 8.40 ミラー積分回路

別解として，理想的オペアンプでは入力抵抗を流れる電流 v_i/R_1 がそのまま帰還抵抗，この回路ではコンデンサに蓄えられて出力電圧となるので

$$v_o = -\frac{1}{C_2} \int \frac{v_i}{R_1} \, dt = -\frac{1}{C_2 R_1} \int v_i \, dt \tag{8.43}$$

が導かれる．積分値は v_o に $-C_2 R_1$ を乗じて求める．

積分回路の増幅度と利得は

$$\dot{G} = -\frac{1}{j\omega C_2 R_1}$$

$$|\dot{G}| = \frac{1}{\omega C_2 R_1} \tag{8.44}$$

$$g = 20 \log |\dot{G}| = -20 \log (\omega C_2 R_1) \text{〔dB〕} \tag{8.45}$$

である．式 (8.45) において利得は周波数を 2 倍にするごとに 6 dB ずつ減衰するので，ボード線図

上で積分動作は $-6\,\mathrm{dB/oct}$ の直線となる（**図 8.41**）。横軸（0 dB）との交点の周波数 f_2 は

$$f_2 = \frac{1}{2\pi C_2 R_1} \tag{8.46}$$

である。図を見ると，周波数の低いところの利得はオペアンプの開ループ利得 A で制限される。この折点の周波数 f_1 は，積分器の利得（式 (8.42)）が A と等しいとおいてつぎのように求まる。

$$A = \frac{1}{\omega C_2 R_1} = \frac{1}{2\pi f_1 C_2 R_1}$$

$$\therefore\ f_1 = \frac{1}{2\pi C_2 R_1 A} \tag{8.47}$$

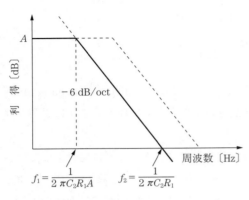

図 8.41 積分回路のボード線図

積分をつづけると，オペアンプの出力はいずれ電源電圧で飽和してしまう。実際の積分回路は**図 8.42** のようにリセットスイッチ S_2 とホールドスイッチ S_1 がついている。S_1 ON，S_2 OFF 状態のこの回路に $v_i = V$ の直流電圧を加えると出力は

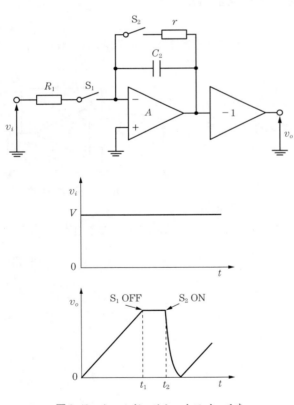

図 8.42 ホールド，リセットスイッチを備えた微分回路

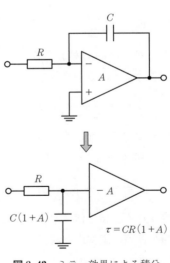

図 8.43 ミラー効果による積分回路の説明

上向きの直線で上昇する。t_1 で S_1 を開く（OFF にする）と，出力は $v_o(t_1)$ の値が保持（ホールド）されるので素早く読みとる（後段の反転回路は積分回路の逆相出力を正相に戻す）。

つぎに，時刻 t_2 で S_2 を閉じる（ON にする）とコンデンサ C_2 の電荷は $C_2 r$ の時定数で放電され，出力は急速に 0 になる（r は小抵抗なので時定数は非常に短い）。再び S_1 を閉じて積分動作を行い，ホールドしてその値を読みとることを繰り返す。

積分回路の C は図 8.43 に示すように入力側から見ると，ミラー効果によって $C(1+A)$ と $(1+A)$ 倍に大きくなり，見掛け上，積分時定数が非常に大きくなる。4.5.3 項で学んだように，積分回路では時定数が大きいほど直線性のよい積分波形が得られる。これを **ミラー積分回路** という。

積分回路やローパスフィルタは直流を通過帯域にもつため，ゼロ点ドリフトやオフセットが少ないオペアンプを選ぶことが肝要である。

8.11 発振回路

図 8.9（a）に示すように，増幅回路に正帰還をかけると，入力信号を与えなくても回路の共振周波数に等しい周波数の電圧（電流）が増幅され，出力信号として得られる。このような状態を発振といい，この回路を発振回路と呼ぶ。

8.11.1 LC 発振回路

L と C の共振回路を用いた発振回路を，LC 発振回路という。図 8.44 はトランジスタを使った同調型 LC 発振回路と呼ばれ，エミッタ接地増幅回路，LC 共振回路および正帰還回路から構成される。この図ではバイアス回路は除いてある。エミッタ接地回路では，ベースの入力電圧とコレクタの出力電圧は逆相になる（位相が 180°反転する）。LC 共振回路にはいろいろな周波数を含んだ電流が流れ込むが，次式に示す共振周波数 f_0 に一致した電流のみが増幅されて共振回路の両端に現れる（3.6 節参照）。

$$f_0 = \frac{1}{2\pi\sqrt{L_1 C}} \,[\text{Hz}] \qquad (8.48)$$

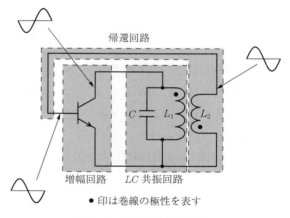

図 8.44　同調型 LC 発振回路

変成器の 2 次側（L_2）に誘導される電圧のうち位相が 180°反転した電圧をベースに帰還させて加えると，ベース-コレクタ間は逆位相の関係にあるので，帰還電圧と最初にベースに加わった電圧との位相関係は同相となり，その入力は増幅されて出力となり，その出力が再び帰還されて入力となるような正帰還が繰り返されて安定した発振が持続する。

8.11.2 水晶発振回路

水晶の結晶は圧電素子の性質をもっているので，機械的圧力を加えると電気を生じ，電圧を加えると水晶は変形する。結晶を一定の方向に切りだした板は**水晶振動子**と呼ばれ，特定の周波数範囲でのみコイルのように動作するので，この周波数と等しくなるように電圧を加えると共振が起こり，発振回路を構成することができる。

水晶振動子は，**図 8.45**(a)の図記号に示すように水晶片を2枚の電極で挟みこれを保持器に収めたもので，その電気的等価回路は図(b)のように表される。水晶振動子は周波数が低いときは図(c)に示すようにコンデンサ（容量性）として動作する。周波数を上げていくと共振周波数 f_0 が現れ，f_0 を超えるとコイル（誘導性）として振る舞い，その大きさは f_a で極大となる。

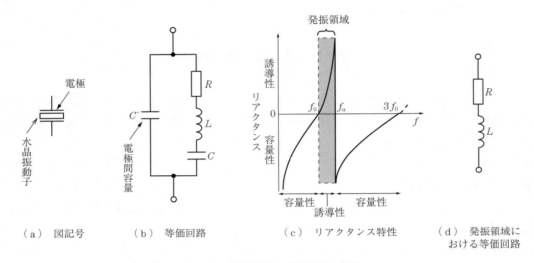

図 8.45 水晶振動子の等価回路と特性

水晶振動子が発振する周波数は f_0 から f_a の狭い範囲に限られ，この範囲以外の容量性リアクタンスの範囲では発振しない。f_0 から f_a の周波数帯域は発振領域と呼ばれ，この領域における等価回路は図(d)で表され，インピーダンスは誘導性となるので水晶振動子はコイルとして働く。発振領域は非常に狭いので精度の高い発振が可能で，奇数倍の高次周波数でも振動することができる。よって，水晶発振回路は通信器やテレビの搬送波発生回路，あるいは時間の標準として時計にも使用される。

水晶発振回路の例を**図 8.46**(a)に示す。水晶振動子がトランジスタのコレクタとベース間に接続されていて，ピアス形水晶発振回路と呼ばれる。コレクタにつながった同調回路の容量（C_2）を変化させて水晶振動子の発振周波数と同調をとると，安定度（Q）の高い発振回路が得られる。

この回路の発振状態では同調回路が容量性リアクタンスとして調整されるため，等価回路は図(b)のようになる（バイアスは省略）。ωL が $1/\omega C$ より大きい場合の各部の電圧と電流の位相関係を，$\dot{I}_0$ を基準に図示したのが図(c)である。$\dot{V}_0$ は $\dot{I}_0$ に対して位相が 90° 進む。$\dot{V}_1$ は $\dot{I}_0$ に対して位相が 90° 遅れる。$\dot{V}_0$ と $\dot{V}_1$ のベクトル和が $\dot{V}_2$ であるので，$\dot{V}_1$ と $\dot{V}_2$ の位相差は 180° になる。

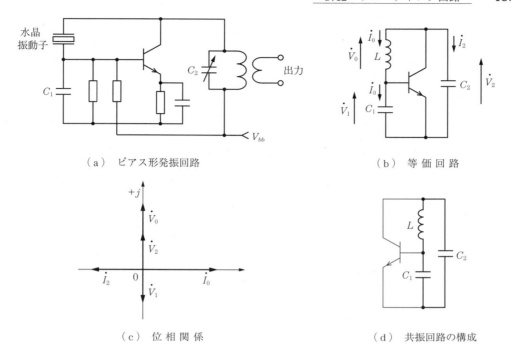

図 8.46 水晶発振回路の一例と位相関係

　結局，コレクタの出力電圧は逆相（180°の位相差）で入力側にベース電圧として帰還されるが，ベース-コレクタ間は逆位相の関係にあるので，帰還電圧と最初にベースに加わった電圧との位相関係は同相となり，発振が持続することになる。

　図(b)の等価回路を図(d)のように書き換えると，LC 共振回路を構成している L，C_1，C_2 の関係がよくわかる。C_1 と C_2 を直列接続した合成静電容量は $C_1 C_2 / (C_1 + C_2)$ であるので，この回路の発振周波数 f は次式のようになる。

$$f = \frac{1}{2\pi\sqrt{LC_1 C_2/(C_1+C_2)}} \ [\mathrm{Hz}] \tag{8.49}$$

8.12　フローティング回路

　心臓に直接 100 μA あるいは体表から 100 mA の漏れ電流が流れると，心室細動が誘発され電撃を引き起こす危険がある。このため，身体に電極などを接続して使用する医用電気機器では，電撃に対する安全確保のために漏れ電流について厳しい許容値が設けられている。フローティング回路は，あらゆる場面に対応して，外部から流入する電流を阻止する手段として採用されている。

8.12.1　ディジタル心電計の回路構成とその動作

　図 8.47 は，ディジタル心電計のブロック図の一例である。前置増幅器は，各誘導の心電図波形

188   8. 演算増幅器

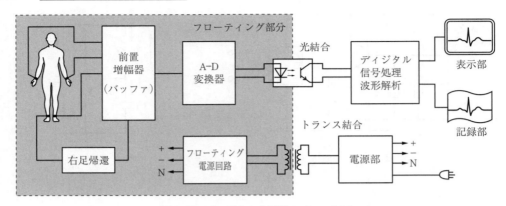

図 8.47　ディジタル心電計のブロック図

を同位相で取り込んで増幅後 A-D 変換器に送る。ディジタル化された信号は信号処理部に送られ，演算や波形解析などの処理が行われ表示・記録がなされる。この際にディジタル信号は，図に示すように光結合（フォトカプラ）により大地から絶縁された状態で後段に送られる。このように，被検者を接地から分離する方式を**フローティング**（floating）**方式**という。フローティングは信号だけでは不十分で電源も絶縁する必要があり，これにはトランス結合（絶縁抵抗：数～数十 pF）が用いられる。信号と電源が絶縁された図のアミかけの領域が，フローティング回路を構成する。

図 8.48 は，標準 12 誘導法のフローティング入力部を示す。大地から絶縁されたフローティング部分は，30～50 pF の浮遊容量で電気的にふわふわと浮いている状態にあり，人が被検者の側を歩くだけで動揺する。フローティング回路は大地から絶縁されて基準点を失ったので，これに代わり得る基準電位（中性点）をつくる必要がある。例えば，高度 1 万 m を飛ぶ飛行機では機体が一つの基準電位，すなわち大地の役割を果たし，各種搭載電子機器のシャーシーはすべて機体に接続されている。

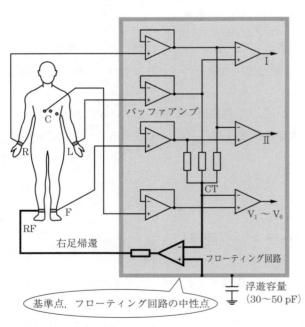

図 8.48　標準 12 誘導法のフローティング入力部

ウィルソン（Wilson）の**中心電極**（CT）は心起電力がほとんど及ばない基準 0 電位（不関点）とみなされており，胸部単極誘導（V_1～V_6）は中心電極を不関電極にとって誘導している。そこでフローティング回路においても，基準電位として中心電極の電位を採用している。具体的には，

図のフローティング回路の最下段に示す差動増幅器（反転増幅回路）がその役割を果たす。

差動増幅器の反転入力端子（−）は中心電極と，非反転入力端子（＋）は基板（外枠部分）の中性点と接続し，出力端子は被験者の右足とつながっている。このように身体を介して負帰還がかかっていると，差動増幅器は反転，非反転入力端子間の差動電位が0になるように（イマジナリーショート）動作する。その結果，フローティング回路の中性点の電位は中心電極のそれと等しく（同電位に）なる。右足からは入力端子間に生じる差動電位の正，負によって電流を注入したり引き出したりするので，この回路を**右足帰還**あるいは**右足ドライブ**（drive）と呼ぶ。

図 8.49 は，ディジタル心電計において第Ⅰ誘導波形を検出した際の各部の電位変化の一例を示す。フローティング回路の基準電位の変化は，下段の大きく揺れる実線波形に現れている。右足帰還の処理を行っても，フローティング回路の基準電位そのものは大地に対して依然動揺していることに注意する。

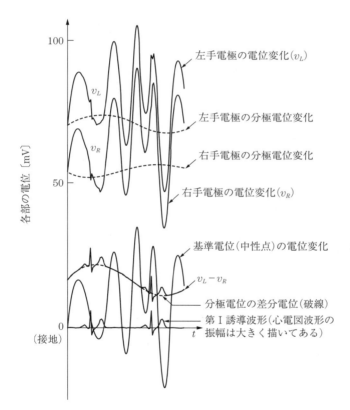

図 8.49 ディジタル心電計において第Ⅰ誘導波形を検出した際の各部の電位変化

電極を身体に装着すると，皮膚と電極の界面に分極電位が発生する。左右の手電極の分極電位は体動などで変動し，図上段の破線波形のような電位変動を呈する。けっきょく心電図信号は基準電位に分極電位が加算された波形に重畳することになり，図上段に左手電極の電位変化（v_L），右手電極の電位変化（v_R）として示してある（心電図波形の振幅は5倍前後大きく描いてある）。第Ⅰ誘導波形を求めるために（$v_L - v_R$）の差分処理を行うと基準電位は消失し，分極電位の差分電位

（図下段の破線）に重畳した心電図波形が現れる。この差分電位には直流成分が含まれているが，遮断周波数 0.05 Hz（時定数 3.2 s）の HPF でカットされ，0 mV を基線にもつ第 I 誘導波形が現れる。

　ハムなどの外来雑音（同相信号）は中心電極の電位，すなわち基準電位に変動を及ぼすが，標準 12 誘導のいずれの誘導も差分処理を行うので，その際に外来雑音の影響は除かれる。よって，右足帰還は同相利得を改善する役割も果たしている。

8.12.2　フローティング回路における同相信号の抑制

　心電計のように入力部がフローティングされている回路では，入力端子と大地の間は浮遊容量で電気的にふわふわと浮いている状態にあるために，入力端子の電位は定まらない。したがって，8.7.1 同相信号除去比の項で説明した方法では差動利得や同相利得（したがって，同相信号除去比，CMRR）を実測することはできない。そこで，心電計の JIS では外来雑音の影響をいかに軽減できるかを図 8.50 の試験回路で行い，その性能を「同相信号の抑制」の用語で定義している。

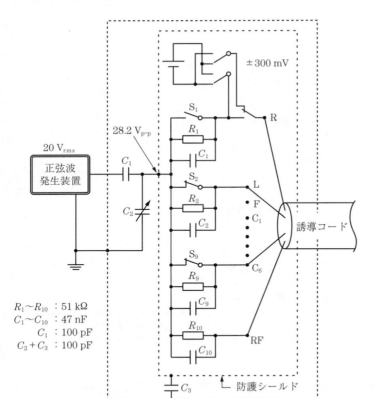

・R，L，F，C_1〜C_6，RF はリード線の識別記号を表す。
・51 kΩ と 47 nF の並列回路は電極と皮膚間のインピーダンスを模擬する。

図 8.50　同相信号の抑制の試験回路

　まず，誘導コードのリード線を防護シールドで被い，外来雑音が誘導されないように前処置を行う。この防護シールドに正弦波発生装置から 20 V_{rms}，周波数 50/60 Hz の試験信号を C_1 を介して加え，S_1 を開，他のスイッチを閉として誘導を切り換えながら振れを記録する。

あらかじめ C_2 の容量を調節して，$C_2 + C_3$ の合成容量が $C_1 = 100\,\text{pF}$ と等しくなるようにセットしてあるので，防護シールドには試験信号が 1/2 に分圧されて加わる。$20\,\text{V}_{\text{rms}}$ のピークピーク値は $20 \times \sqrt{2} \times 2 = 56.4\,\text{V}_{\text{p-p}}$ であるので，防護シールドの信号は $28.2\,\text{V}_{\text{p-p}}$ を示す。この信号が入力されたとき，JIS では記録波形の振れは標準感度で $10\,\text{mm}_{\text{p-p}}$（$1\,\text{mV}$）以下でなければならないと定められている。ここで，S_1 を開放して測定するのは，検査時に電極接触インピーダンスの不平衡成分が存在することを模擬している。また，R（右手）誘導に直列に挿入された $300\,\text{mV}$ のオフセット電圧は分極電圧を模擬するもので，極性を替えて試験を繰り返す。

同相信号除去比に相当する値を計算すると，記録波形の振幅が $10\,\text{mm}_{\text{p-p}}$ の場合，
$$20\log\{(10\,\text{mm}/1\,\text{mV})/(10\,\text{mm}/28.2\,\text{V})\} = 20\log(28.2 \times 10^3) = 89\,\text{dB}（相当）$$
が得られる。市販の心電計の同相信号除去比は $100\,\text{dB}$（相当）を超えている。

8.12.3 ディジタル脳波計のフローティング回路

図 8.51 は脳波計におけるフローティング回路の中性点作成方法を示す。基準電位として 10/20 電極法の C_3 と C_4 電極間の平均値をとり，これと中性点との差動電位が 0 になるように，被検者の鼻根部に装着した**ニュートラル電極**（中性電極，電極 Z）に帰還をかける。この頭頸部を介した負帰還回路によって，中性点の電位は C_3 と C_4 電極間の平均値と等しくなる。

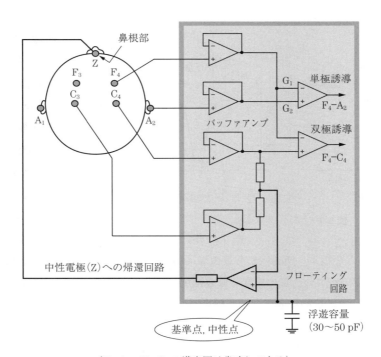

（F_3-A_1，F_3-C_3 の導出図は省略してある）

図 8.51　脳波計におけるフローティング回路の中性点作成方法

9 能動フィルタ

オペアンプと C, R で構成されたフィルタを**能動（的）フィルタ**（active filter）という。能動フィルタは L, C, R の受動素子のみで構成される**受動（的）フィルタ**（passive filter）に比べ小形で，急峻な特性が得られる。

フィルタは所望の周波数だけを通過（伝送）させ，それ以外の周波数を遮断（減衰）させるのが目的である。通過させる周波数の範囲を**通過域**，それ以外を**遮断域**（減衰域）と呼ぶ。また，通過域の幅を**帯域幅**という。通過域の範囲によってつぎのようなフィルタが存在する（**図 9.1**）。

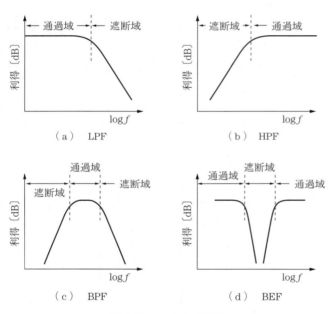

図 9.1 フィルタの種類

(a) **低域通過フィルタ**（low-pass filter, **LPF**）

(b) **高域通過フィルタ**（high-pass filter, **HPF**）

(c) **帯域通過フィルタ**（band-pass filter, **BPF**）

(d) **帯域遮断フィルタ**（band-elimination filter, **BEF**）

通過と遮断の境界の周波数を**遮断周波数**と呼び，ふつう通過域に比べて 3 dB 低下した点を指す。通過域から遮断域に移行するところの傾きが急峻なほどフィルタとしての性能（切れ味）がよい。この傾きを**減衰傾度**（ロールオフ，roll-off ともいう），あるいはスロープと呼ぶ。これを定量的に表すには，遮断域内で周波数が 2 倍（octave）になると利得（増幅度）がいくら変化するかで表現する。

図 9.2 において，周波数が f_k から $2f_k$ に増加したとき，利得が $-\alpha$〔dB〕変化すれば減衰の傾度は $-\alpha$〔dB/oct〕である（利得の代わりに減衰量をとって，$+\alpha$〔dB/oct〕のように表す減衰量表示法もあるがふつうは使われない）。2 倍の代わりに 10 倍（decade）の周波数変化（f_i から

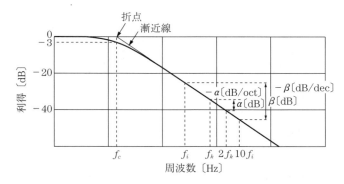

図 9.2 減衰傾度の表し方

$10 f_i$) に対する利得差が $-\beta$ [dB] であった場合，これを $-\beta$ [dB/dec] と表してもよい．

9.1 最大平坦形低域通過フィルタ

C と R で構成される LPF の伝達関数 $\dot{G}$，増幅度 $|\dot{G}|$ および位相角 $\angle \dot{G}$ については，7.2.2 項ですでに学んだが，次式のようになる．

$$\dot{G}(j\omega) = \frac{v_o}{v_i} = \frac{1/j\omega C}{R + 1/j\omega C} = \frac{1}{1 + j\omega CR}$$

$$|\dot{G}| = \frac{1}{\sqrt{1 + (\omega CR)^2}}$$

$$\angle \dot{G} = -\tan^{-1} \omega CR$$

ここで，$\omega_c CR = 1$ とおき，さらに $\omega/\omega_c = x$ とすると

$$\dot{G}(j\omega) = \frac{1}{1 + j\omega/\omega_c} = \frac{1}{1 + jx} \tag{9.1}$$

$$|\dot{G}| = \frac{1}{\sqrt{1 + x^2}} \tag{9.2}$$

$$\angle \dot{G} = -\tan^{-1} x \tag{9.3}$$

と書ける．この LPF のボード線図を**図 9.3** に再掲する．

式 (9.1) において，$x \ll 1$ の範囲では $|\dot{G}|$ はほとんど 1 なので信号はそのまま伝達（通過）され，通過域を示す．$x \gg 1$ では x^2 は 1 よりさらに大きくなるので $|\dot{G}|$ は $1/x$ に漸近し，遮断域となる．減衰傾度は -6 dB/oct である．$x = 1$ を境に通過域と遮断域に大きく分かれる．$x = 1$，すなわち $f_c = 1/2\pi CR$ のとき $|\dot{G}| = 1/\sqrt{2} = -3$ dB となり，利得が通過域から 3 dB 減衰する．あるいは通過域に比べて振幅比が $1/\sqrt{2} = 0.707$ になる．

この f_c（遮断周波数）は，$|\dot{G}|^2 = v_o^2/v_i^2 = 1/2$（式 (1.30)）からわかるように電力が半分になる周波数でもあるので，**電力半値周波数**と呼ばれることもある．位相角は $x = 1$ で $-45°$，$x \gg 1$ では $-90°$ に漸近するので，出力信号は入力信号に比べ遅れる．

LPF の増幅度は一般的に

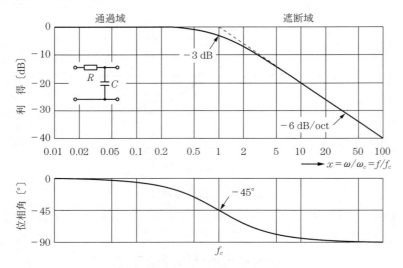

図 9.3 1次の LPF のボード線図

$$|\dot{G}(jx)| = \frac{1}{\sqrt{1+x^{2n}}} \quad (n=1,\ 2,\ 3,\ \cdots) \tag{9.4}$$

で与えられ，周波数の十分大きい遮断域では

$$|\dot{G}| \fallingdotseq \frac{1}{x^n} \tag{9.5}$$

となるので，減衰傾度は $-6n$〔dB/oct〕と表せる．n が増すほど減衰傾度はより急峻となり理想的フィルタ特性に近づく．このようなフィルタを **n 次の最大平坦形**，または**バターワース**（Butterworth）**形**という．最大平坦というのは通過域の特性が波打ったりしないで平らであることを意味するが，これについては次項で説明する．

9.1.1 2次低域通過フィルタ

2次の最大平坦形 LPF は**図 9.4** の回路で実現できる．各部の電圧，電流を図のように決めると，キルヒホッフの法則に従ってつぎの式が得られる．

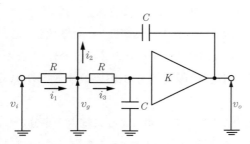

図 9.4 2次の最大平坦形 LPF の回路図

$$v_i = Ri_1 + v_g \quad ①$$
$$i_1 = i_2 + i_3 \quad ②$$
$$i_2 = (v_g - v_o)j\omega C \quad ③$$
$$i_3 = \left(v_g \cdot \frac{R}{R+1/j\omega C}\right)/R = \frac{v_g}{R+1/j\omega C} \quad ④$$
$$v_o = v_g \cdot \frac{1/j\omega C}{R+1/j\omega C} \cdot K = \frac{Kv_g}{1+j\omega CR} \quad ⑤$$

以上の式から，$i_1 \sim i_3$，v_g を消去し，v_o/v_i を導き出す方針で，根気よく解いていく．

9.1 最大平坦形低域通過フィルタ 195

まず，式②を式①に代入してi_1を消去する。

$$v_i = R(i_2 + i_3) + v_g$$

上式にi_2, i_3の式を代入する。

$$v_i = R\left\{(v_g - v_o)j\omega C + \frac{v_g}{R + 1/j\omega C}\right\} + v_g$$

$$= v_g\left(1 + j\omega CR + \frac{j\omega CR}{1 + j\omega CR}\right) - j\omega CR v_o$$

上式に式⑤のv_gを代入する。

$$v_g = \frac{1 + j\omega CR}{K} v_o$$

$$v_i = \frac{(1 + j\omega CR)^2 + j\omega CR}{K} v_o - j\omega CR v_o$$

$$= \frac{1 + j\omega(3 - K)CR - (\omega CR)^2}{K} v_o$$

よって

$$\dot{G}(j\omega) = \frac{v_o}{v_i} = \frac{K}{1 + j\omega(3 - K)CR - (\omega CR)^2} \tag{9.6}$$

が得られる。$\omega_c CR = 1$, $\omega/\omega_c = x$とおくと

$$\dot{G}(j\omega) = \frac{K}{1 + j(\omega/\omega_c)(3 - K) - (\omega/\omega_c)^2} \tag{9.7}$$

$$\dot{G}(jx) = \frac{K}{1 + j(3 - K)x - x^2} \tag{9.8}$$

が導ける。

式(9.8)が最大平坦形になるためのK値を計算する。そのために式(9.8)をつぎのように書き換える。

$$\dot{G}(jx) = K\frac{1}{1 + j\,2\,\zeta x - x^2} = K \cdot \dot{G'}(jx)$$

$$\dot{G'}(jx) = \frac{1}{1 + j\,2\,\zeta x - x^2} \tag{9.9}$$

$$\zeta = \frac{3 - K}{2} \quad (\zeta\text{は正で，ゼータと読む})$$

$\dot{G'}(jx)$の式は2次要素の伝達関数の標準形と呼ばれるもので振動現象を扱うときにも使われる。$\dot{G'}$の増幅度と位相角は

$$|\dot{G'}| = \frac{1}{\sqrt{(1 - x^2)^2 + (2\,\zeta x)^2}} \tag{9.10}$$

$$\angle \dot{G'} = -\tan^{-1}\frac{2\,\zeta x}{1 - x^2} \quad (x > 1)$$

$$\angle \dot{G'} = -\tan^{-1}\frac{2\,\zeta x}{1 - x^2} - 180° \quad (1 < x \leqq 10) \tag{9.11}$$

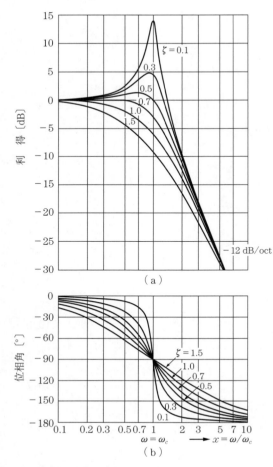

図 9.5 2次 LPF のボード線図（$\zeta = 0.7$ のとき最大平坦形となる）

となる。

$|\dot{G}'|$ のボード線図を**図 9.5** に示す。

$|\dot{G}'|$ は，大まかに $x = 1$ を境に通過域と遮断域に分かれる。遮断域では周波数が高くなるにつれて $-12\,\mathrm{dB/oct}$ の傾斜に漸近する。

位相角は $x \ll 1$ では $0°$ に，$x \gg 1$ では $-180°$ に漸近する。$x = 1(\omega = \omega_c)$ では出力信号は入力信号より $90°$ 遅れる。ζ が小さいと $x = 1$ の近傍で位相が急変し，ζ が大きくなるにつれて変化がなだらかになる。

ζ が小さい範囲では $|\dot{G}'|$ の微分値が 0 になる

$$x = \sqrt{1 - 2\zeta^2} \tag{9.12}$$

のところで最大値

$$\frac{1}{2\zeta\sqrt{1 - \zeta^2}} \tag{9.13}$$

の高さの峰をつくって遮断域に移行する。ζ が大きくなるにつれて峰の高さが徐々に低くなることから，ζ は**減衰係数（制動係数）**といわれる。

いま，最大値が 1 になる ζ の値を式(9.13)から求めると，それは $|\dot{G}'|$ の利得特性が最大平坦形となる条件を与える。よって

$$\zeta = \frac{1}{\sqrt{2}} = 0.707,\quad K = 3 - \sqrt{2} \tag{9.14}$$

が得られる。

式(9.14)を式(9.8)に代入すると

$$\dot{G} = \frac{3 - \sqrt{2}}{1 + j\sqrt{2}x - x^2} \tag{9.15}$$

が得られ，2次 LPF の増幅度と位相角は

$$|\dot{G}| = \frac{3 - \sqrt{2}}{\sqrt{(1 - x^2)^2 + 2x^2}} = \frac{3 - \sqrt{2}}{\sqrt{1 + x^4}}$$

$$= \frac{3 - \sqrt{2}}{\sqrt{1 + x^{2 \cdot 2}}} \tag{9.16}$$

$$\angle \dot{G} = -\tan^{-1} \frac{\sqrt{2}x}{1-x^2} \qquad (9.17)$$

で与えられる。

このLPFは，式(9.4)で$n=2$とおいた式と一致し，この面からも確かに2次の最大平坦形のLPFとなることが証明される。

図9.4の回路のアンプの増幅度Kは，正相で1.59（$=3-\sqrt{2}$）倍必要であるが，これは図9.6に示すような非反転増幅回路を用いて実現できる。

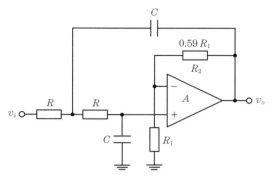

図9.6 図9.4の回路で$K=1.59$を実現するための非反転増幅回路

9.1.2 3次低域通過フィルタ

2次のLPFの後段にC, R素子で構成した1次のLPFを縦続接続すると，3次の最大平坦形LPFが得られる。これを証明しよう。

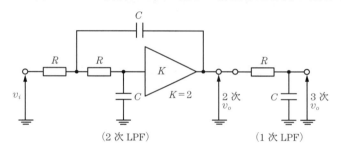

図9.7 3次の最大平坦形LPFの回路図

図9.7に示すように後段の1次LPFに前段と同じ定数のC, R素子を用いると，後段の伝達関数は

$$\frac{1/j\omega C}{R + 1/j\omega C} = \frac{1}{1+j\omega CR}$$

である。

前段の2次LPFの出力インピーダンスは十分小さい値なので，全体の伝達関数は前段と後段のそれぞれの伝達関数の掛け算で得られる。前段の伝達関数は，式(9.6)であるので

$$\dot{G}(j\omega) = \frac{v_o}{v_i} = \frac{K}{1 + j\omega(3-K)CR - (\omega CR)^2} \cdot \frac{1}{1 + j\omega CR}$$

となる。$\omega_c CR = 1$，$\omega/\omega_c = f/f_c = x$とおくと

$$\dot{G}(jx) = \frac{K}{\{1 + j(3-K)x - x^2\}(1+jx)} \qquad (9.18)$$

となる。ここで，$K=2$とおくと

$$\dot{G} = \frac{2}{(1+jx-x^2)(1+jx)} = \frac{2}{(1-2x^2) + j(2x-x^3)} \qquad (9.19)$$

$$|\dot{G}| = \left|\frac{v_o}{v_i}\right| = \frac{2}{\sqrt{(1-2x^2)^2 + (2x-x^3)^2}} = \frac{2}{\sqrt{1+x^6}}$$

$$= \frac{2}{\sqrt{1+x^{2\cdot 3}}} \qquad (9.20)$$

$$\angle \dot{G} = -\tan^{-1}\frac{2x-x^3}{1-2x^2} \qquad (9.21)$$

が導ける。

式(9.20)は確かに式(9.4)の $n=3$ と合致し，この回路が3次の最大平坦形のLPFであることがわかる。増幅度が2倍の増幅器は図9.6の回路において $R_1 = R_2$ とすればよい。

図9.8に1次，2次および3次の最大平坦形LPFのボード線図をまとめて示す。いずれも遮断周波数 f_c を1に正規化して表してある。

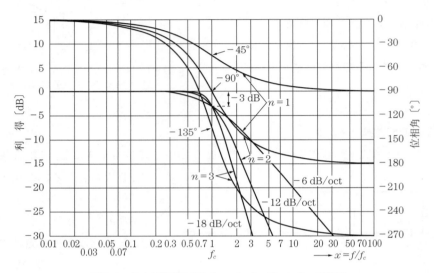

図9.8 最大平坦形LPF ($n=1, 2, 3$) のボード線図

利得特性をみると，いずれのフィルタも f_c の点で3dB減衰し，高域ではそれぞれ，$-6\,\mathrm{dB/oct}$ ($n=1$)，$-12\,\mathrm{dB/oct}$ ($n=2$)，$-18\,\mathrm{dB/oct}$ ($n=3$) の減衰傾度を示し，次数が大きくなるほど減衰の勾配がより急峻となる。位相特性については，f_c の点でそれぞれ出力信号は入力信号に対して $45°$ ($n=1$)，$90°$ ($n=2$) および $135°$ ($n=3$) 遅れ，周波数が高くなるにつれてそれぞれ $-90°$，$-180°$ および $-270°$ に漸近する。

9.2 最大平坦形高域通過フィルタ

1次のLPFの C と R を入れ替えると**図9.9**のボード線図をもつHPFになることはすでに学んだ。この回路の伝達関数は

$$\dot{G}(j\omega) = \frac{R}{1/j\omega C + R} = \frac{j\omega CR}{1 + j\omega CR}$$

で表されるが，$\omega_c CR = 1$，$\omega/\omega_c = f/f_c = x$，$f_c = 1/2\pi CR$ とおくと

$$\dot{G}(jx) = \frac{v_o}{v_i} = \frac{j\omega/\omega_c}{1 + j\omega/\omega_c} = \frac{jx}{1 + jx} = \frac{1}{1 + 1/jx} \tag{9.22}$$

$$|\dot{G}| = \frac{x}{\sqrt{1 + x^2}} = \frac{1}{\sqrt{1 + x^{-2}}} \tag{9.23}$$

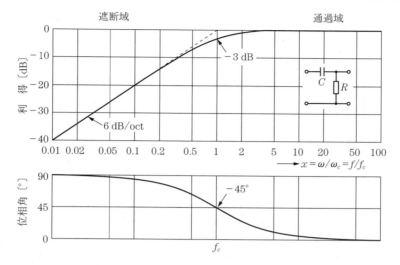

図 9.9 1 次の HPF のボード線図

$$\angle \dot{G} = \tan^{-1}\frac{1}{x} \qquad (9.24)$$

が得られる．

LPF と HPF の伝達関数，すなわち式(9.1)と式(9.22)を比べると，式(9.1)の jx を $1/jx$ に置き換えると式(9.22)が得られ，同様に式(9.22)の $1/jx$ を jx に置き換えると式(9.1)が得られる．したがって，2次，3次の HPF の伝達関数は，これと対応する LPF の伝達関数の式中の jx を $1/jx$ に置き換えることから導出できる．

① 2 次の最大平坦形 HPF の伝達関数

式(9.15)の $-x^2$ を $(jx)^2$ とおいて jx を $1/jx$ に置き換えると

$$\dot{G}(jx) = \frac{(3-\sqrt{2})x^2}{x^2 - j\sqrt{2}x - 1} = \frac{(3-\sqrt{2})x^2}{(x^2-1) - j\sqrt{2}x} \qquad (9.25)$$

$$|\dot{G}| = \frac{(3-\sqrt{2})x^2}{\sqrt{x^4+1}} = \frac{(3-\sqrt{2})}{\sqrt{1+x^{-4}}} \qquad (9.26)$$

$$\angle \dot{G} = \tan^{-1}\left(\frac{\sqrt{2}x}{x^2-1}\right) \qquad (9.27)$$

② 3 次の最大平坦形 HPF の伝達関数

$$\dot{G}(jx) = \frac{j2x^3}{(x^2-jx-1)(jx+1)} = \frac{j2x^3}{(2x^2-1) + jx(x^2-2)} \qquad (9.28)$$

$$|\dot{G}| = \frac{2x^3}{\sqrt{x^6+1}} = \frac{2}{\sqrt{1+x^{-6}}} \qquad (9.29)$$

$$\angle \dot{G} = \tan^{-1}\left\{\frac{2x^2-1}{x(x^2-2)}\right\} \qquad (9.30)$$

以上の1次～3次の HPF のボード線図は，図9.8の座標軸はそのままで $x=1$ を軸として左右

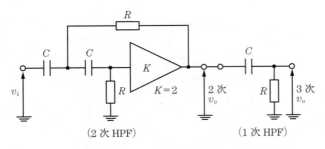

図9.10 2次，3次の最大平坦形 HPF の回路図

の曲線を入れ替えたものになる。傾きは $+6n$ 〔dB/oct〕となる。

図 9.10 に 2 次および 3 次の HPF の回路図を示す。この回路は 2 次，3 次の LPF の回路図の C と R を入れ替えたものにすぎない。

9.3 インディシャル応答

これまでフィルタの特性を周波数領域の利得特性や位相特性をもとにして解析してきた。しかし，実際の生体計測で観測される 1 次情報は時間の関数である。そこでフィルタに階段関数を入力したら時間領域では，どんな応答波形が観測されるかを調べてみよう。つまり観測画面の横軸を周波数から時間にかえてみる。

さて，式(9.9)の x を ω/ω_c に戻すと

$$\dot{G}(j\omega) = \frac{1}{1 + j2\zeta(\omega/\omega_c) - (\omega/\omega_c)^2}$$
$$= \frac{\omega_c^2}{(j\omega)^2 + j\omega \cdot 2\zeta\omega_c + \omega_c^2} \tag{9.31}$$

となる。

式(9.31)は $j\omega$ 表示の伝達関数なので，この式からはこの系の定常状態の応答しか求められない。過渡応答を求める場合は，**ラプラス変換**を用いるのが常套手段である。

ラプラス変換は，まず伝達関数の $j\omega$ を s に置き換えて式を s 関数に変換する。つぎに s の領域で代数計算から解を求め，それをラプラス逆変換の公式表に当てはめて時間変数の領域に戻す手順で処理される。ラプラス変換を適用すると，過渡応答をまったく機械的に，かつ容易に解くことが可能で，回路解析には $j\omega$ 法と並んで欠かせない手法である。ぜひ，他書でマスターされたい。

式(9.31)の $j\omega$ を s で置換すると，2次要素（2次 LPF）の標準形の伝達関数が得られる。

$$G(s) = \frac{\omega_c^2}{s^2 + 2\zeta\omega_c s + \omega_c^2} \tag{9.32}$$

このような伝達関数をもつ系に，大きさが 1 の階段関数を加えたときの過渡応答を**インディシャル応答**と呼んでいる。これはラプラス変換ではつぎのように記述される。

$$v(t) = \mathcal{L}^{-1}\{G(s) \cdot U(s)\} = \mathcal{L}^{-1}\left\{\frac{\omega_c^2}{s^2 + 2\zeta\omega_c s + \omega_c^2} \cdot \frac{1}{s}\right\} \tag{9.33}$$

$U(s)$ は単位階段関数 $u(t)$ の s 関数，$\mathcal{L}^{-1}$ はラプラス逆変換の記号である。この結果はつぎのようになることが知られている（ε は自然対数の底である）。

① $\zeta > 1$ のとき
$$v(t) = 1 + \frac{\zeta - \sqrt{\zeta^2 - 1}}{2\sqrt{\zeta^2 - 1}} \varepsilon^{-(\zeta + \sqrt{\zeta^2 - 1})\omega_c t} - \frac{\zeta + \sqrt{\zeta^2 - 1}}{2\sqrt{\zeta^2 - 1}} \varepsilon^{-(\zeta - \sqrt{\zeta^2 - 1})\omega_c t} \quad (9.34)$$

② $\zeta = 1$ のとき
$$v(t) = 1 - (1 + \omega_c t)\varepsilon^{-\omega_c t} \quad (9.35)$$

③ $0 < \zeta < 1$ のとき
$$v(t) = 1 - \frac{\varepsilon^{-\zeta \omega_c t}}{\sqrt{1 - \zeta^2}} \sin\left(\omega_c \sqrt{1 - \zeta^2} \cdot t + \tan^{-1} \frac{\sqrt{1 - \zeta^2}}{\zeta}\right) \quad (9.36)$$

ここで，$\zeta = 0.7$ と $\zeta = 1.0$ の $v(t)$ の式を示しておこう。
$$v(t)|_{\zeta = 0.7} = 1 - 1.40\, \varepsilon^{-0.7\omega_c t} \sin(0.714\,\omega_c t + 0.795)$$
$$v(t)|_{\zeta = 1.0} = 1 - (1 + \omega_c t)\, \varepsilon^{-\omega_c t}$$

他の ζ についても計算を行い，$\omega_c t$ を横軸にとって図示すると $v(t)$ は**図 9.11** のようになる。ζ が 1 より小さい場合は $v(t)$ は振動的となり，その値がより小さいほど大きなオーバシュートとリンギングが起こる。この状態を**不足制動**という。ζ が大きいほど振動は減少するので，ζ が**減衰係数**と呼ばれる理由になっている。

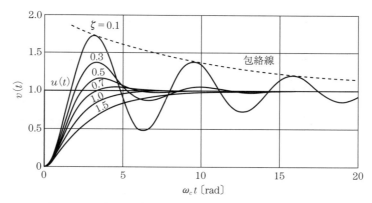

図 9.11 2次 LPF（2次要素標準形）のインディシャル応答

時間が十分経過したときはいずれも 1 に近づく。最大平坦形の ζ は $1/\sqrt{2}$ $(= 0.707)$ で，ボード線図の利得特性（図 9.8）の通過域が平坦であったが，図 9.11 の時間領域表示における $\zeta = 0.7$ の $v(t)$ 波形を見ると少しオーバシュートを呈している。しかし，実際の階段関数は直角状に立ち上がることはない（いくらか傾斜している）ので実波形のオーバシュートは軽減される。

$\zeta = 1$ のとき，式(9.35)を微分して傾きを求めると
$$\frac{dv(t)}{dt} = \frac{\omega_c^2 t}{\varepsilon^{\omega_c t}} > 0$$

が成立し，$v(t)$ は増加関数となる。よって $v(t)$ は，行き過ぎずに最も早く 1 に到達する。時間領域で最も平坦にするには，この図からは $\zeta = 1$ にすればよいことがわかる。これを**臨界状態（臨界制動）**という。$\zeta > 1$ では非振動的となり**過制動**と呼ばれる。

このように伝達関数の特性はボード線図からのみでなく，インディシャル応答についても検討する必要があり，周波数領域と時間領域の両方の応答を勘案してフィルタの定数を決定することが肝要である。

MEノート 28

観血式血圧測定法

1. 測定系の伝達特性

心臓カテーテル検査などで用いられる観血式血圧測定法の基本構成は，**図9.12**のように生理食塩液（生食液）で満たされた**カテーテル（管）**と**圧力センサ**からなる。カテーテルの開放端を心室や血管内に開くと圧力変化は導管系を伝搬して圧力センサの受圧膜に伝えられる。カテーテル先端の圧力を $P(t)$，導管系の容積変化量を $V(t)$ とするとつぎの運動方程式が成り立つ。

$$P(t) = m\frac{d^2V}{dt^2} + r_m\frac{dV}{dt} + k_m V \tag{9.37}$$

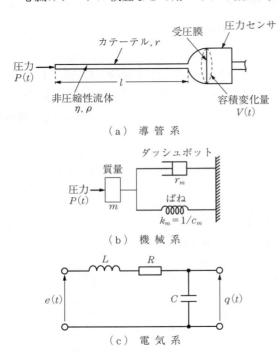

(a) 導管系
(b) 機械系
(c) 電気系

図9.12 導管系のモデル図と機械系および電気系へのアナロジー

m は導管内の全液体の質量（$m = \rho l/\pi r^2$，ρ は生食液の密度，l，r はカテーテルの長さと半径），r_m は粘性抵抗（$8\eta l/\pi r^4$，η は生食液の粘性係数）である。また，k_m はカテーテルと受圧膜の体積弾性率でコンプライアンス c_m の逆数である（$k_m = 1/c_m$）。

この導管系を電気系に**アナロジー**する。表2.7を参考にすると

$$P(t) \longleftrightarrow e(t) \quad \frac{dV}{dt} \longleftrightarrow \frac{dq}{dt} = i \quad r_m \longleftrightarrow R$$

$$V(t) \longleftrightarrow q(t) \quad m \longleftrightarrow L \quad k_m(=1/c_m) \longleftrightarrow \frac{1}{C}$$

の対応があるので，式(9.37)はつぎのように類推される。

$$e(t) = L\frac{d^2q}{dt^2} + R\frac{dq}{dt} + \frac{1}{C}q \tag{9.38}$$

式(9.37)や式(9.38)で記述される微分方程式にラプラス変換を施すと，一般的につぎのように表される。

$$F(s) = as^2Y(s) + bsY(s) + cY(s) = (as^2 + bs + c)\cdot Y(s) \tag{9.39}$$

ここで，式(9.37)～(9.39)の3式を並べて書くと

制動を左右する

$$\left.\begin{array}{l} m\,\dfrac{d^2V}{dt^2} + r_m\,\dfrac{dV}{dt} + k_m\,V = P(t) \\[2mm] L\,\dfrac{d^2q}{dt^2} + R\,\dfrac{dq}{dt} + \dfrac{1}{C}\,q = e(t) \\[2mm] a\,s^2Y(s) + b\,sY(s) + c\,Y(s) = F(s) \end{array}\right\} \tag{9.40}$$

固有周波数を決める

のようになり，対応関係がより明瞭になる。

式(9.40)において，$P(t)$，$e(t)$ はじょう乱関数（入力），$V(t)$，$q(t)$ がそれぞれの解（出力）になるので，$V(t)/P(t)$，$q(t)/e(t)$ をラプラス変換したものは伝達関数 $G(s)$ となる。よって，式(9.39)の $G(s)$ は

$$G(s) = \frac{Y(s)}{F(s)} = \frac{1}{as^2 + bs + c} \tag{9.41}$$

で表される。幸い，式(9.41)については2次要素の標準形としてすでに解析してあるので，式(9.32)から

$$\frac{1}{as^2 + bs + c} = \frac{c/a}{s^2 + (b/a)s + (c/a)}\cdot\frac{1}{c}$$

$$= \frac{\omega_c{}^2}{s^2 + 2\,\zeta\omega_c s + \omega_c{}^2}\cdot\frac{1}{c} \tag{9.42}$$

の関係が得られる。よって，式(9.40)の各式の係数の対応から式(9.43)が誘導される。

$$\omega_c = 2\pi f_c = \sqrt{\frac{c}{a}} = \sqrt{\frac{k_m}{m}} = \frac{1}{\sqrt{LC}} \tag{9.43}$$

ω_c や f_c はフィルタの遮断周波数であるが，**図9.13**(a)で見られるように f_c の近傍では ζ が小さくなるほど利得が高まり共振峰が現れる。したがって，機械系や LCR 回路では f_c を**固有周波数**や**共振周波数** f_0 と呼んでいる。よって

$$f_0 = \frac{\sqrt{k_m}}{2\,\pi\sqrt{m}} = \frac{1}{2\,\pi\sqrt{LC}} \ \ (\mathrm{Hz}) \tag{9.44}$$

が得られる。

ζ についてもつぎの関係が導ける。

$$\zeta = \frac{b}{2\,\omega_c a} = \frac{b}{2\sqrt{ac}} = \frac{r_m}{2\sqrt{mk_m}} = \frac{R}{2}\sqrt{\frac{C}{L}} \tag{9.45}$$

ζ は減衰係数であるが，機械系では共振峰の高さを低くする働きをするので制動係数とも呼ばれる（図(b)参照）。

位相角の周波数特性は図9.5(b)のように $\omega = \omega_c$ では $-90°$，ω_c より周波数が高くなる

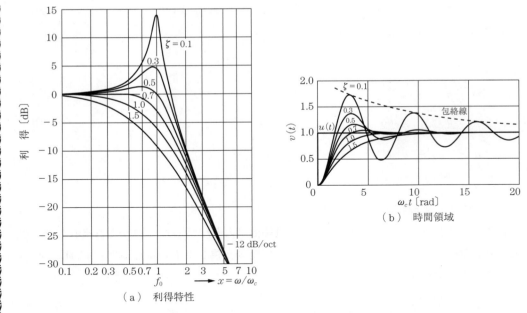

図 9.13 導管系（2次LPF）の利得特性とインディシャル応答

ほど－180°に漸近する遅れ位相を示す。したがって，カテーテル先端に正弦波の圧振動を加えたとき，固有周波数では出力信号波は入力信号波に比べて 90°（1/4 周期）遅れて振動することになる。さらに圧振動の周波数が高くなると，遅れ位相は 180°に漸近する。

図 9.13(a) に示すように導管系の伝達特性は固有周波数 f_0 と制動係数 ζ によって表現できる。f_0 は式(9.44)から一般式（式(9.40)）の左辺の第1項の係数（m, L, a）と定数項（$k_m, 1/C, c$）で決定されることがわかる。$m(L)$ や $k_m(1/C)$ は異なるエネルギー蓄積要素であって，受動素子のみの系の共振や振動現象には複数の蓄積要素の存在が必要不可欠であることは，すでに 3.5 節の共振回路で説明した。また，ζ は式(9.40)の第2項の係数の大小で決まり，制動の強さを左右することもわかる。

式(9.40)は異種の系の状態を記述する微分方程式で記号は異なるが，各系の f_0 と ζ が共通の，しかもすっきりした式で表現できることに注目されたい。

2. 導管系の特性試験

図 9.13(b) のインディシャル応答と式(9.36)をよく見ると，振動波形は π の整数倍ごとに極大値と極小値をとりながら，次式の包絡線で減衰することがわかる。

$$\frac{\varepsilon^{-\zeta \omega_c t}}{\sqrt{1-\zeta^2}}$$

いま，**図 9.14**(a) に示すように半周期ごとに t_k に対する t_{k+1} の振幅の比 α を計算すると

$$\alpha = \frac{\varepsilon^{-\zeta \omega_c t_{k+1}}}{\sqrt{1-\zeta^2}} \Big/ \frac{\varepsilon^{-\zeta \omega_c t_k}}{\sqrt{1-\zeta^2}} = \varepsilon^{-\zeta \omega_c (t_{k+1} - t_k)}$$

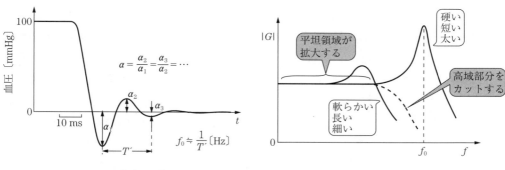

(a) f_0, ζ の測定法　　　　(b) 動特性の改善法

図 9.14 導管系の f_0 と ζ の測定法と，動特性の改善法

となる。

一方，式(9.36)中の正弦波の角周波数から

$$t_{k+1} - t_k = \frac{\pi}{\omega_c \sqrt{1-\zeta^2}} \quad (半周期)$$

が得られるので，けっきょく α は式(9.46)となる。

$$\alpha = \varepsilon^{-\frac{\zeta}{\sqrt{1-\zeta^2}}\pi}, \quad \therefore \quad \zeta = \sqrt{\frac{(\ln \alpha)^2}{\pi^2 + (\ln \alpha)^2}} \tag{9.46}$$

また，振動波形の山と山，あるいは谷と谷の時間を T' とすると

$$f_0 = \frac{1}{\sqrt{1-\zeta^2}} \frac{1}{T'} \, [\text{Hz}] \tag{9.47}$$

の関係が成り立つ。ζ が十分小さいときは

$$f_0 \fallingdotseq \frac{1}{T'} \, [\text{Hz}] \tag{9.48}$$

としても実用上問題はない。

ζ や f_0 を具体的に求めるには，カテーテルの先端に圧力（100〜200 mmHg）を加え，記録器を高速で走行させながら圧を大気圧に瞬時に戻すと図9.14のようなステップ応答波形が記録されるので，この波形から理論式に従って計算する。図の記録波形から α を求めると，$\alpha = 0.38$ が得られるので，この値を式(9.46)に代入すると

　　$\zeta = 0.30$

となる。この値は血圧計測には小さ過ぎ，$\zeta = 0.7$ 前後が適切とされる。また，記録波形から仮の周期を計算すると $T' = 22$ ms になるので，この値と $\zeta = 0.30$ を式(9.47)に代入すると

　　$f_0 = 47.6$ Hz

が得られる。

以上の手順で測定系の f_0 と ζ を知ることができる。血圧波形を忠実に観測記録するには，

図9.14(b)のように f_0 を血圧波形に含まれる周波数（DC〜約30 Hz）の上限より十分大きくとり，利得曲線上で平坦な範囲を伸ばせばよい。そして最終的に高域の不要な周波数範囲は電気回路によってカットすればよい。それには，式(9.44)から m を小さく，すなわちカテーテルを短く，太くし，k_m を大きくすることである。k_m を大きくする具体的方法は，受圧膜の小さな高感度の圧力センサと硬いカテーテルを用い，流体内に気泡の混入を防ぐことである。

図 9.15 に適正な測定系で得られた左室圧波形（LVP）と，微小気泡が導管系に混入して導管系の f_0 が低くなり，左室圧の立上りや立下りの周波数で共振現象を生じ，振動が見られる波形を示した。正しい圧波形を得るには，導管系をヘパリン加生食液でときどき洗い流すことが必要である。この処置を flushing と呼んでいる。

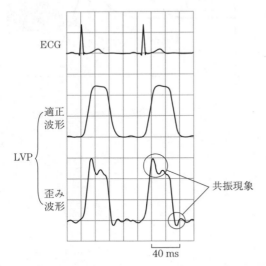

図 9.15　適正な測定系による左室圧波形（中段）と flushing 不良で共振を伴う圧波形（下段）。上段は心電図波形

ME ノート 29

除細動器の出力

コンデンサに充電された電気エネルギーを数 ms のごく短時間に心臓を中心に放電し，心室細動などの不整脈を治療する方法を電気的除細動法といい，ME ノート 7 ですでに説明した。放電は従来はコイル L を通じて行われる単相性出力波形であったが，現在市販されている機器はすべて 2 相性の出力波形を採用している。

1. 単相性出力波形

図 9.16 に示すように，コンデンサ C の蓄積エネルギーはコイル L，コイルの純抵抗 r を通って生体の胸郭インピーダンス R で消費される。したがって，放電時は LCR 直列回路の 2 次要素の標準形として記述され，そのインディシャル応答についても 9.3 節で学んだ。製品に使用さ

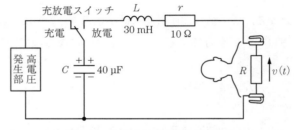

図 9.16　単相式除細動器の出力回路

れている数値例として，$C = 40\,\mu\mathrm{F}$，$L = 30\,\mathrm{mH}$，$r = 10\,\Omega$ を採用し，出力エネルギーを 300 J に設定した場合に，胸郭インピーダンスの変化によって出力電圧波形がどのように変化するかを計算し，図 **9.17** に示した。（導出過程については本書旧版の p. 245，ME ノート 28 を参照されたい）

① $R = 100\,\Omega$（過制動）
$$v(t) = 4\,440\,(\varepsilon^{-0.243\,t} - \varepsilon^{-3.42\,t})\ \mathrm{V} \tag{9.49}$$

② $R = 45\,\Omega$（臨界制動）
$$v(t) = 6\,330\,t \cdot \varepsilon^{-0.913\,t}\ \mathrm{V} \tag{9.50}$$

③ $R = 25\,\Omega$（不足制動）
$$v(t) = 5\,030\,\varepsilon^{-0.583\,t} \sin 0.702\,t\ \mathrm{V} \tag{9.51}$$

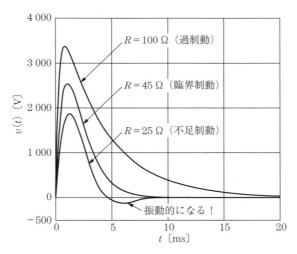

図 9.17　出力エネルギーを 300 J に設定し，負荷抵抗を変えたときの出力電圧波形 $v(t)$

除細動器の標準負荷抵抗（50 Ω）に近い 45 Ω では電圧波形は臨界制動を示すが，それより小さい負荷抵抗では振動的な波形になることがわかる。

2. 2 相性出力波形

図 **9.18**(a) は 2 相式除細動器の出力回路で，コンデンサ C に充電されたエネルギーを 2 相性波形として出力する。2 相性波形の生成は出力部の **H ブリッジ回路**で行われる。H ブリッジ回路は，4 個の半導体スイッチ（$S_1 \sim S_4$）が負荷抵抗 R を中央にして H 字状に配置される。2 相性波形第 1 相の立ち上がりと漸減曲線は S_1 と S_4 を ON（図(b)上段），第 2 相の立下りと漸減曲線は S_2 と S_3 を ON（図(b)下段）にすることで得られる。

電極どうしを接触した状態で放電を行うと，過大電流が流れ出力回路が破損する。これを防ぐために，実際の回路には数 mH のインダクタと 10 Ω 前後の抵抗が保護回路として，出力回路に直列に挿入してある。

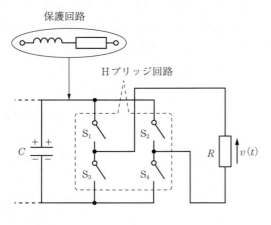
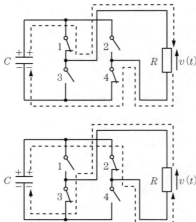

(a) 出力回路　　　　　　　(b) Hブリッジ回路内の電流の流れ方

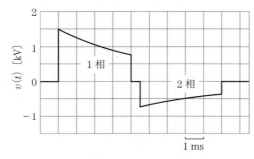

(c) 出力電圧波形

図9.18 2相式除細動器の出力回路

出力エネルギー W は，各相の初期電圧を V，パルス幅を T とおくと次式から算出できる（保護回路のインダクタンスは無視する）。

$$W = \int_0^T \frac{v^2(t)dt}{R} = \frac{V^2}{R}\int_0^T \varepsilon^{-\frac{2t}{C(R+r)}}dt = \frac{V^2}{R}\left[-\frac{C(R+r)}{2}\varepsilon^{-\frac{2t}{C(R+r)}}\right]_0^T$$

$$= \frac{C(R+r)V^2}{2R}\left(1 - \varepsilon^{-\frac{2T}{C(R+r)}}\right) \tag{9.52}$$

ここで，$C = 100\,\mu\mathrm{F}$，$R = 50\,\Omega$，$r = 10\,\Omega$，$V = 1.5\,\mathrm{kV}$，$T = 4\,\mathrm{ms}$ を上式に代入すると，1相目の出力エネルギー W_1 が求まる。

$$W_1 = \frac{6\times 10^{-3} \cdot 1.5^2 \times 10^6}{100}\left(1 - \varepsilon^{-\frac{8\times 10^{-3}}{6\times 10^{-3}}}\right) = 99.4\,\mathrm{J}$$

2相目の出力 W_2 は，$V = -0.75\,\mathrm{kV}$，$T = 4.5\,\mathrm{ms}$ を式(9.52)に代入して $W_2 = 26.2\,\mathrm{J}$ が得られるので，$W = W_1 + W_2 = 99.4 + 26.2 = 126\,\mathrm{J}$ となる。

9.4 帯域遮断フィルタ

9.4.1 伝達関数とボード線図

信号を遮断する帯域幅の狭いもの，つまり特定の周波数成分だけ阻止するフィルタを**帯域遮断フィルタ**（ノッチフィルタ，BEF）と呼ぶ。図 9.19 は BEF の基本回路である。はしご形の部分は左右対称の T 字形の CR 回路を並列に接続しているので**並列 T 形回路**（**para-T 回路**あるいは **twin-T 回路**）と呼ばれる。まず，この並列 T 形回路の伝達特性を調べる。

図の回路にキルヒホッフの法則を適用するとつぎの式が得られる。

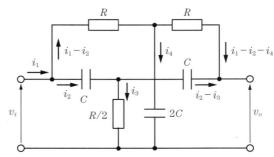

図 9.19 並列 T 形回路（BEF の基本回路）

$$v_i = \frac{1}{j\omega C} i_2 + \frac{R}{2} i_3 \qquad ①$$

$$v_i = R(i_1 - i_2) + \frac{1}{j\omega 2C} i_4 \qquad ②$$

$$v_i = R(i_1 - i_2) + R(i_1 - i_2 - i_4) + v_o = 2R(i_1 - i_2) - R i_4 + v_o \qquad ③$$

$$\frac{R}{2} i_3 = \frac{1}{j\omega C}(i_2 - i_3) + v_o \qquad ④$$

$$(i_1 - i_2 - i_4) + (i_2 - i_3) = 0$$
$$\therefore\ i_1 = i_3 + i_4 \qquad ⑤$$

まず，$i_1 \sim i_4$ を求めそれらを式⑤に代入する方針で辛抱強く解いていく。式①および式④から i_2, i_3 が求まる。

$$i_2 = j\omega C \left\{ v_i - \frac{j\omega C R (v_i + v_o)}{2(1 + j\omega C R)} \right\} \qquad ⑥$$

$$i_3 = \frac{j\omega C(v_i + v_o)}{1 + j\omega C R} \qquad ⑦$$

式②および式③から

$$i_4 = \frac{j\omega C(v_i + v_o)}{1 + j\omega C R}$$

$$\therefore\ i_3 = i_4 \qquad ⑧$$

を得る。式③に式⑤および式⑧を代入すると

$$v_i = 3R i_3 - 2R i_2 + v_o \qquad ⑨$$

を得る。式⑨に式⑥および式⑦を代入してまとめると，伝達特性 $\dot{T}(j\omega)$ が得られる。

$$\dot{T}(j\omega) = \frac{v_o}{v_i} = \frac{(j\omega CR)^2 + 1}{(j\omega CR)^2 + 4j\omega CR + 1} \tag{9.53}$$

ここで，中心周波数を ω_0 とし，$\omega_0 CR = 1$, $x = \omega/\omega_0$, $f_0 = 1/2\pi CR$ とおくと

$$\dot{T}(j\omega) = \frac{(j\omega/\omega_0)^2 + 1}{(j\omega/\omega_0)^2 + 4j\omega/\omega_0 + 1} \tag{9.54}$$

$$\dot{T}(jx) = \frac{1-x^2}{1-x^2 + j4x} \tag{9.55}$$

となる。

よって，$\dot{T}(j\omega)$ の増幅度，利得，位相角は式(9.56)で与えられ，図9.21のボード線図の中の $k=0$ の特性となる。

$$\left.\begin{array}{l} |\dot{T}(jx)| = \dfrac{|1-x^2|}{\sqrt{(1-x^2)^2 + 16x^2}} \\ g = 20\log|\dot{T}(j\omega)| \text{〔dB〕} \\ \angle \dot{T}(jx) = -\tan^{-1}\dfrac{4x}{1-x^2} \end{array}\right\} \tag{9.56}$$

$|\dot{T}(jx)|$ の式から増幅度が3dB低下する正規化周波数 x_L, x_H ($x_L < x_H$) を求めると

$$\frac{|1-x^2|}{\sqrt{(1-x^2)^2 + 16x^2}} = \frac{1}{\sqrt{2}}$$

$$x > 1 \text{ から } x = \sqrt{5} + 2 = x_H$$

$$x < 1 \text{ から } x = \sqrt{5} - 2 = x_L$$

が得られる。よって，帯域幅 B は

$$B = x_H - x_L = 4 \tag{9.57}$$

となる。利得曲線の谷の鋭さを示す Q は

$$Q = \frac{f_0}{B} = \frac{1}{4} = 0.25 \tag{9.58}$$

となる。

実際の回路では，谷の部分をもう少し鋭くしたほうがよいので，並列T型回路のアース端子を図9.20のようにバッファ回路の出力を分圧した点に接続する。これによって谷の肩が持ち上げられ，結果的に Q を大きくできる。

いま，出力の分圧比を k とすると，図の回路について次式が成り立つ。

$$(v_i' - kv_o')\dot{T}(jx) + kv_o' = v_o'$$

$$\therefore \frac{v_o'}{v_i'} = \frac{\dot{T}(jx)}{1 + k\{\dot{T}(jx) - 1\}}$$

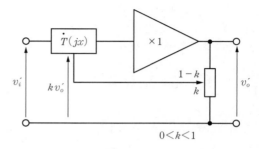

図9.20　帰還型ノッチフィルタ

上式の $\dot{T}(jx)$ に式(9.55)を代入すると，帰還型の伝達関数は

$$\dot{T}'(jx) = \frac{v_o'}{v_i'} = \frac{1-x^2}{1-x^2 + j\,4\,x(1-k)} \tag{9.59}$$

となる。したがって

$$|\dot{T}'(jx)| = \frac{|1-x^2|}{\sqrt{(1-x^2)^2 + 16\,x^2(1-k)^2}} \tag{9.60}$$

$$\angle \dot{T}'(jx) = -\tan^{-1}\frac{4\,x(1-k)}{(1-x^2)} \tag{9.61}$$

となる。帯域幅 B は $|\dot{T}'|$ が $1/\sqrt{2}$（$= -3\,\mathrm{dB}$）になる周波数の帯域から

$$B = 4(1-k)$$

が求まる。よって

$$Q = \frac{f_0}{B} = \frac{1}{4(1-k)} \tag{9.62}$$

k の値を 0 から 1 の範囲で変えてボード線図を描くと**図 9.21** となる。k を大きくするにつれ谷の幅（帯域幅）は狭くなり，Q は大きくなってフィルタリングの切れ味がよくなる。

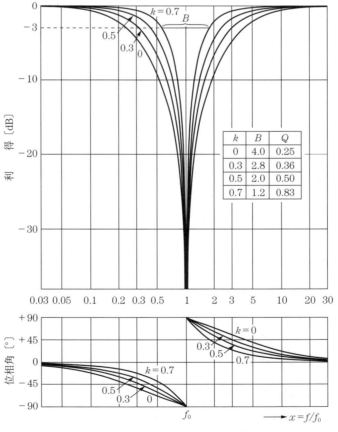

図 9.21 ノッチフィルタのボード線図

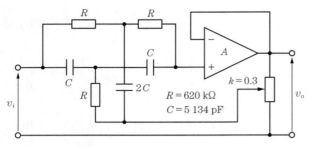

図 9.22 ハム除去用 50 Hz ノッチフィルタ

図 9.22 は，50 Hz のハムを除去するためのノッチフィルタの実用回路を示す。$k=0.3$ とし FET 入力形オペアンプを使用している。50 Hz における利得は抵抗やコンデンサのバラツキから -40 dB 前後になる。ME 機器に付属しているハム除去用のアナログフィルタは，ほとんどこの回路を採用している。

50 Hz を中心にその前後の周波数も減衰するため，当然心電図などの観測波形にひずみが生じる（最新のディジタル心電計ではひずみはほとんど生じないが，ポリグラフの心電計ユニットを使用するときは注意が必要である）。

9.4.2 ノッチフィルタのインディシャル応答

ハムフィルタのインディシャル応答を求めよう。式 (9.59) の x を ω/ω_0 とおき，さらに $j\omega$ を s に変換すると

$$T(s) = \frac{s^2 + \omega_0^2}{s^2 + 4(1-k)\omega_0 s + \omega_0^2} \tag{9.63}$$

となる。ラプラス変換によってインディシャル応答を求めるとつぎのようになる。

$$v(t) = \mathcal{L}^{-1}\left\{\frac{s^2 + \omega_0^2}{s^2 + 4(1-k)\omega_0 s + \omega_0^2} \cdot \frac{1}{s}\right\}$$

① $0 \leq k < 0.5$ のとき

ラプラス逆変換表から，$s^2 + 4(1-k)\omega_0 s + \omega_0^2 = 0$ の 2 根を α, β とすると

$$v(t) = 1 - \frac{\omega_0^2 + \alpha^2}{\omega_0^2 - \alpha^2} \varepsilon^{\alpha t} - \frac{\omega_0^2 + \beta^2}{\omega_0^2 - \beta^2} \varepsilon^{\beta t} \tag{9.64}$$

$$v(t)|_{k=0} = 1 - 1.15(\varepsilon^{-0.268\omega_0 t} - \varepsilon^{-3.73\omega_0 t})$$

$$v(t)|_{k=0.3} = 1 + 1.43(\varepsilon^{-2.38\omega_0 t} - \varepsilon^{-0.420\omega_0 t})$$

② $k = 0.5$ のとき

$$v(t) = 1 - 2\omega_0 t \varepsilon^{-\omega_0 t} \tag{9.65}$$

③ $0.5 < k < 1$ のとき

式 (9.63) を，$T(s) = (s^2 + \alpha_0)/\{(s+\alpha)^2 + \beta^2\}$ とおくと

$$v(t) = \frac{\alpha_0}{\alpha^2 + \beta^2} - \frac{\varepsilon^{-\alpha t} \sin \beta t}{\beta}\sqrt{\frac{4\alpha^2\beta^2 + (\alpha^2 - \beta^2 + \alpha_0)^2}{\alpha^2 + \beta^2}} \tag{9.66}$$

$$v(t)|_{k=0.7} = 1 - 1.60\varepsilon^{-0.60\omega_0 t}\sin 0.80\omega_0 t$$

で表される。

$\omega_0 t$ を横軸にとっていろいろな k の値に対する応答を描くと，図 9.23 が得られる。$0.5 < k < 1$

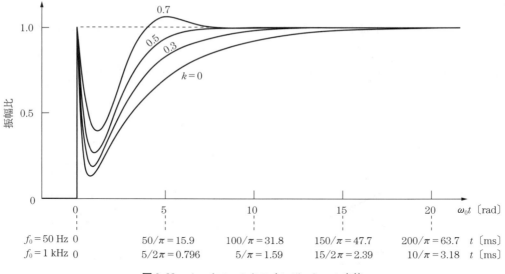

図 9.23 ノッチフィルタのインディシャル応答

では応答波形にリンギングが現れ，$k = 0.5$ のとき臨界的となる。

例えば**図 9.24**(a)に示すような 1 mV の単一方形波形がどのようなひずみを受けるか調べよう。方形波形は $+1$ mV の直角波と，t_d (= 200 ms) だけ遅れた -1 mV の直角波に分解できる。したがって，$+1$ mV と -1 mV のおのおのについてインディシャル応答を求め両者を重ね合わせれば，ひずみを解明できる。

図(b)の応答波形は，$k = 0.3$ のノッチフィルタについて式(9.64)に従って出力の値を計算し，横軸を圧縮して作図してある。校正波形の立上りにノッチの現れることが理論的にも裏づけられる。立下りについても同様に解析でき対称的なノッチが認められる。実際の波形は，回路の周波数特性によってさらに修飾される。

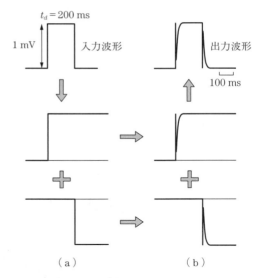

図 9.24 単一方形波形が 50 Hz 用ハムフィルタからうけるひずみの解析 ((a)は直角波への分解とそれらのインディシャル応答，(b)は二つの応答の重ね合わせと $k = 0.3$ についての応答波形)

9.5 帯域通過フィルタ

9.5.1 伝達関数とボード線図

BPF は狭い周波数帯域の信号を通過させるフィルタで，BEF の特性を利用して設計する。**図**

9.25 はその基本回路である。

この回路は帰還回路に並列 T 形 BEF を挿入し，その中心周波数 ω_0 では負帰還がかからなくしている。すると，ω_0 ではオペアンプの増幅度は開ループ利得に一致し，出力は電源電圧で飽和する。ω_0 から十分離れた周波数では増幅度は 1 となる。しかしこの特性では実用にならないので，実際は図 9.26 の回路が使われる。

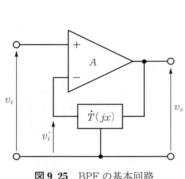

図 9.25　BPF の基本回路

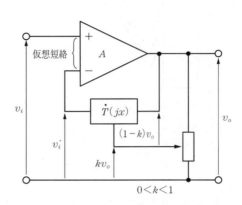

図 9.26　図 9.25 の回路を改良した基本的 BPF 回路

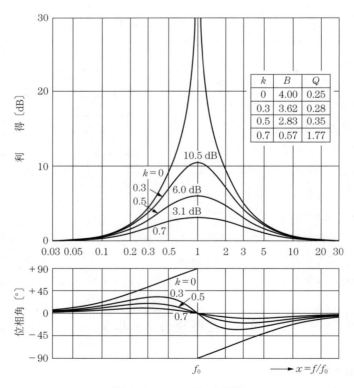

k	B	Q
0	4.00	0.25
0.3	3.62	0.28
0.5	2.83	0.35
0.7	0.57	1.77

図 9.27　BPF のボード線図

並列 T 形回路は左右対称なので，入出力が逆になっても同じ伝達関数が使える。図 9.26 の回路においてつぎの式が成り立つ。

$$v_i = v_i' = (1 - k)v_o\dot{T}(jx) + kv_o$$

$$\therefore \quad \frac{v_o}{v_i} = \frac{1}{(1 - k)\dot{T}(jx) + k} \tag{9.67}$$

式 (9.67) の $\dot{T}(jx)$ に式 (9.55) を代入し，この回路の伝達関数を改めて $\dot{T}(jx)$ とおくと

$$\dot{T}(jx) = \frac{1 - x^2 + j\,4\,x}{1 - x^2 + j\,4\,kx} \tag{9.68}$$

となる。よって

$$|\dot{T}(jx)| = \frac{\sqrt{(1 - x^2)^2 + (4\,x)^2}}{\sqrt{(1 - x^2)^2 + (4\,kx)^2}} \tag{9.69}$$

$$\angle\,\dot{T}(jx) = \tan^{-1}\frac{4\,(1 - k)\,x(1 - x^2)}{(1 - x^2)^2 + 16\,kx^2} \tag{9.70}$$

となる。帯域幅 B と先鋭度 Q は

$$B = 4\sqrt{1 - 2\,k^2} \tag{9.71}$$

$$Q = \frac{f_0}{B} = \frac{1}{4\sqrt{1 - 2\,k^2}} \tag{9.72}$$

が導かれる。この BPF のボード線図を**図 9.27** に示す。

9.5.2 帯域通過フィルタのインディシャル応答

式 (9.68) の x を ω/ω_0 とおき，さらに $j\omega$ を s に変換すると

$$T(s) = \frac{s^2 + 4\,\omega_0 s + \omega_0^2}{s^2 + 4\,k\omega_0 s + \omega_0^2} \tag{9.73}$$

が得られる。ラプラス変換によってインディシャル応答を求める。

$$v(t) = \mathcal{L}^{-1}\left\{\frac{s^2 + 4\,\omega_0 s + \omega_0^2}{s^2 + 4\,k\omega_0 s + \omega_0^2}\cdot\frac{1}{s}\right\}$$

① $0 \leqq k < 0.5$ のとき

$$v(t)|_{k=0} = 1 + 4\sin\omega_0 t$$

$$v(t)|_{k=0.3} = 1 + 3.50\,\varepsilon^{-0.60\omega_0 t}\sin 0.80\,\omega_0 t$$

② $k = 0.5$ のとき

$$v(t) = 1 + 2\,\omega_0 t\varepsilon^{-\omega_0 t} \tag{9.74}$$

③ $0.5 < k < 1$ のとき

$s^2 + 4\,k\omega_0 s + \omega_0^2 = 0$ の 2 根を α，β とすると

$$v(t) = 1 - \frac{\omega_0^2 + 4\,\omega_0\alpha + \alpha^2}{\omega_0^2 - \alpha^2}\,\varepsilon^{\alpha t} - \frac{\omega_0^2 + 4\,\omega_0\beta + \beta^2}{\omega_0^2 - \beta^2}\,\varepsilon^{\beta t} \tag{9.75}$$

$$v(t)|_{k=0.7} = 1 + 0.612\,\varepsilon^{-0.420\omega_0 t} - 0.612\,\varepsilon^{-2.38\omega_0 t}$$

となる。図 9.28 に BPF のインディシャル応答を示す。$k=0$ のとき応答波形は正弦波を示し，$k=0.3$ ではリンギングが見られる。$k=0.5$ では臨界的になる。インディシャル応答で多少リンギングが認められても，実際に理想的直角波が入力されることはないので，少しは許容できる。具体的には個々の計測回路について trial and error で k の値を決めることになる。この BPF は搬送波（あるいは carrier amp. の出力信号）から目的の信号を抽出するときによく用いられる。

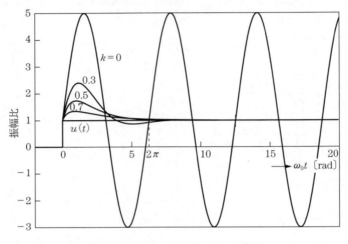

図 9.28　BPF のインディシャル応答

⑩ 変調と復調

　音声や心電図などの信号（情報）を無線で遠くまで伝送するには，中波ラジオ（531～1 602 kHz）や FM ラジオ（76～90 MHz）のような高周波電流（電圧）に音声などの信号を乗せる必要があり，この操作を**変調**という。音声や心電図など低周波の信号をそのまま電波として伝送することができないのは，静かな池の水面に棒を立て上下に棒を振動させたとき，振動数が低い（低周波）とさざ波は立たないが，振動数を高めていく（高周波）と棒を中心にさざ波が起き，周りに広がっていくことから類推できるであろう。

　音声のような信号電流を**信号波**といい，この信号波を乗せる高周波を**搬送波**という。信号波によって変調された搬送波を**被変調波**という。変調の操作は**図 10.1**（a）のように，搬送波発生器，信号増幅器，変調器で構成される電気回路で行われ，送信アンテナから空間を使って伝送される（光ファイバや金属線などの伝送路が用いられる場合もある）。

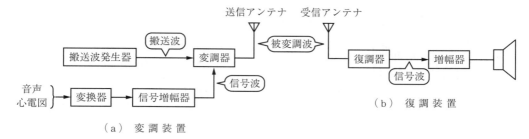

図 10.1　変調装置と復調装置の構成図

　受信アンテナに入ってくる信号は被変調波であるから，そのまま増幅してもなにも聞こえない。被変調波から搬送波を取り除き元の信号波に戻すことを，**復調**または**検波**と呼ぶ（図（b））。

10.1　変　　　調

　変調方式は，アナログ信号を変調するアナログ変調とディジタル信号を変調するディジタル変調に大別され，さらにそれぞれ搬送波の種類によって正弦波変調とパルス変調に区別される。**表 10.1**に代表的な変調方式を示したが，ここではアナログの正弦波変調について説明する。

表10.1 変調方式の分類

		アナログ変調	ディジタル変調
正弦波変調		振幅変調 AM : amplitude modulation	振幅偏移変調 ASK : amplitude shift keying
		周波数変調 FM : frequency modulation	周波数変位変調 FSK : frequency shift keying
		位相変調 PM : phase modulation	位相偏移変調 PSK : phase shift keying
パルス変調		パルス振幅変調 PAM : pulse amplitude modulation	パルス符号変調 PCM : pulse code modulation
		パルス幅変調 PWM : pulse width modulation	
		パルス位置変調 PPM : pulse position modulation	

10.1.1 振幅変調

振幅変調は，**図10.2**のように搬送波の振幅を信号波の振幅に応じて変化させる方式で，搬送波の振幅 (amplitude) を変調 (modulation) するので，頭文字をとって **AM** と呼び，その被変調波を AM 波という。被変調波の振幅の先端をつないでできる曲線は信号波の形と相似になっており，**包絡線**という。

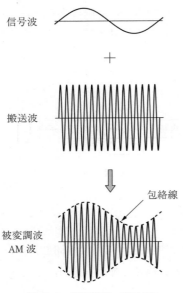

図10.2 振幅変調の概念図

搬送波の振幅を信号波の振幅に応じて変化させる振幅変調回路にはいろいろな回路があるが，ここではベース変調回路の原理（バイアスは省略）を**図10.3**に示す。図の回路では信号波 v_s と搬送波 v_c が合成されてベース入力電圧 v_{be} となる。一方，ベース-エミッタ間に加えるバイアス電圧 V_{BE} とベース電流 I_B の静特性，すなわち I_B-V_{BE} 入力特性曲線において，v_{be} の動作点を図に示すようにカットオフ点にとると，ベース電流 i_b は v_{be} を整流した信号になる。この i_b はさらに I_B-I_C 入力特性曲線に従って増幅され，信号波に応じて変化するコレクタ電流 i_c が得られる。ここで，コレクタ回路の LC 共振回路を搬送波の周波数で共振させておくと，2次コイルには振幅変調された AM 波が現れる。

搬送波の振幅を一定とすると，被変調波の振幅は信号波の振幅が小さいと浅くなり，振幅の大きい信号波では深くなる。この変調の度合いを**変調度**といい，量記号を m で表す。**図10.4**(a)のように，被変調波の最大振幅を A，最小振幅を B とすると，変調度 m は次式で表される。

$$m = \frac{A-B}{A+B} = \frac{\text{信号波の振幅}}{\text{搬送波の振幅}} \tag{10.1}$$

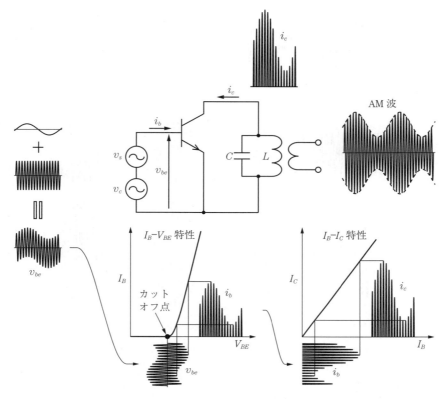

図10.3 ベース変調回路の原理図

m の値は通常は 1 未満になり，$m=0$ では無変調，$m=1$ のときを完全変調，$m>1$ の場合を過変調と呼ぶ（図(b)）。過変調では被変調波に含まれる信号波が元の波形と違った波形になり，復調したときにひずみが生じる。

ここで，AM 波の瞬時式を求めよう。信号波 v_s と搬送波 v_c の瞬時式は，それぞれの振幅（最大値）および周波数を V_s，V_c および f_s，f_c とおくと次式で表される。

$$v_s = V_s \sin 2\pi f_s t = V_s \sin \omega_s t \tag{10.2}$$

$$v_c = V_c \sin 2\pi f_c t = V_c \sin \omega_c t \tag{10.3}$$

AM 波の振幅 V_m は，搬送波の振幅 V_c を信号波 v_s の変化に対応して変化させることから

$$V_m = V_c + V_s \sin 2\pi f_s t \tag{10.4}$$

となる。AM 波の周波数は搬送波と同じ周波数 f_c であるから，瞬時式 v_m は次式で表される。

$$v_m = (V_c + V_s \sin 2\pi f_s t) \sin 2\pi f_c t = V_c \left(1 + \frac{V_s}{V_c} \sin 2\pi f_s t\right) \sin 2\pi f_c t \tag{10.5}$$

ここで V_s/V_c は変調度を表すので上式に m を代入すると

$$v_m = V_c (1 + m \sin 2\pi f_s t) \sin 2\pi f_c t \tag{10.6}$$

が得られる。

220   10. 変調と復調

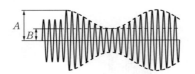

$$m = \frac{A-B}{A+B} = \frac{\text{信号波の振幅}}{\text{搬送波の振幅}}$$

（a）変調度 m の算出式

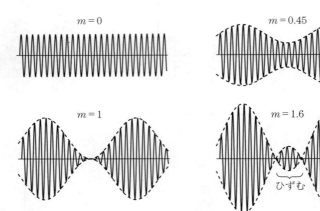

（b）変調度による AM 波の変化

図 10.4　変調度 m の算出式と m の値の違いによる AM 波の変化

式 (10.6) を三角関数の公式 $\sin\alpha \sin\beta = \frac{1}{2}\cos(\alpha-\beta) - \frac{1}{2}\cos(\alpha+\beta)$ を用いて整理すると

$$v_m = V_c(1 + m\sin 2\pi f_s t)\sin 2\pi f_c t = V_c \sin 2\pi f_c t + mV_c \sin 2\pi f_s t \sin 2\pi f_c t$$
$$= V_c \sin 2\pi f_c t + \frac{mV_c}{2}\cos 2\pi(f_c - f_s)t - \frac{mV_c}{2}\cos 2\pi(f_c + f_s)t \quad (10.7)$$

となり，v_m は f_c, $(f_c - f_s)$, $(f_c + f_s)$ の 3 種類の周波数成分を含んでいることがわかる。$(f_c + f_s)$ は搬送波周波数 f_c より f_s だけ高い周波数を含む成分で，その大きさが $mV_c/2$ あり**上側波**と呼ばれる。$mV_c/2$ は式 (10.1) から $V_s/2$ に相当する。$(f_c - f_s)$ は f_c より f_s だけ低い成分で上側波と同じ大きさをもち，**下側波**という。これらの周波数成分は，**図 10.5**（a）に示すように 3 種類の線スペクトルで表される。

信号波が単一の周波数ではなく，例えば 20 Hz～20 kHz の幅をもつときの周波数スペクトルは，図（b）のように搬送波の上下に信号波と同じ幅をもつ連続スペクトルが現れ，それぞれ**上側波帯**，**下側波帯**という。側波帯の幅は信号波の周波数帯域で決まり，帯域幅が広い信号を伝送しようとすると f_c を中心に広い帯域を伝送することになる。上側波帯の上限から下側波帯の下限にまでわたる周波数の幅を**占有周波数帯域幅**といい，図（b）では 40 kHz になる。

被変調波の中で伝送したい情報は上・下側波帯の中に含まれているので，どちらか片方だけを用いて伝送しても情報は伝わる。これを単側波帯通信方式あるいは SSB（single side band）方式と呼ぶ。

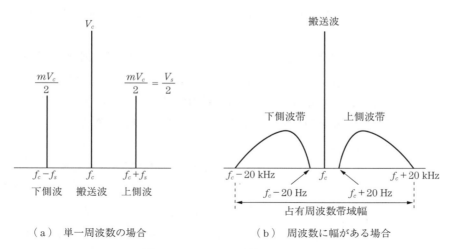

（a）単一周波数の場合　　（b）周波数に幅がある場合

図 10.5　AM 波の周波数スペクトル

10.1.2　周 波 数 変 調

周波数変調は，図 10.6 のように信号波の振幅に比例して搬送波の瞬時周波数を変化させる変調方式で，搬送波の周波数（frequency）を変調（M）するので，頭文字をとって **FM** と呼び，その被変調波を FM 波という。AM 波との違いは，FM 波は被変調波の振幅は同じままで，搬送波周波数を変化させて情報を伝送する点にある。

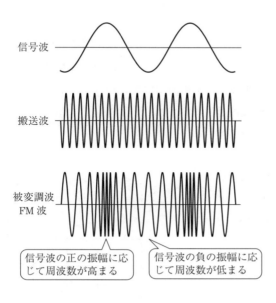

図 10.6　周波数変調の概念図

信号波の振幅が正の方向のあるとき，FM 波の周波数は搬送波の周波数より高くなっており，正の振幅が最大値のとき FM 波の周波数は最も高くなる。信号波の振幅が負の方向にあるときは，FM 波の周波数は搬送波の周波数より低くなり，負の振幅が最大のとき FM 波の周波数は最も低

くなる。信号波の周波数の変動はFM波の周波数偏移の速さに現れる。FM波はAM波に比べ雑音に強く，良質の伝送が可能である。

未変調の搬送波の周波数と変調されたときの搬送波の周波数との差を，**周波数偏移**という。

周波数偏移 ＝ (変調された搬送波の周波数) － (未変調の搬送波の周波数)

信号波の振幅が最大のときの周波数偏移を**最大周波数偏移**という。例えば，82.5 MHz の搬送波を信号波の振幅に応じて ± 75 kHz だけ周波数変調したとき，FM波の周波数は 82.575 MHz から 82.425 MHz まで変化する。このとき，± 75 kHz が最大周波数偏移に当たる。

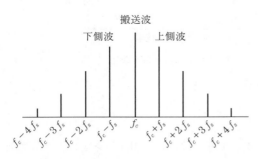

図 10.7 FM波の周波数スペクトル

任意の一定の周波数を変調したとき，AM波の周波数スペクトル（図 10.5）では搬送波を中心に上・下側波が生じるだけであるが，FM波では信号波の周波数の間隔で無数の側波が現われるので，側波帯の幅はAM波に比べると非常に広くなる（**図 10.7**）。

AM波の変調度に対応して，FM波では**変調指数** m_f をつぎのように定義する。例えば，信号波の周波数が 10 kHz，最大周波数偏移が 50 kHz のとき $m_f = 5 (= 50/10)$ となる。m_f が大きくなるにつれて側波の数は多くなる。

$$m_f = \frac{最大周波数偏移}{信号波の周波数} \tag{10.8}$$

FM波の周波数スペクトルは，図 10.7 に示すように上・下側波の振幅は中心から離れるほど小さくなっていく（エネルギーも小さくなっていく）ので，f_c より離れた周波数は無視できる。そこで，FM波の占有周波数帯域幅，すなわち帯域幅を実用的には次式から求める。

$$帯域幅 = 2(最大周波数偏移 + 信号周波数) \tag{10.9}$$

例えば，最大周波数偏移が 50 kHz，信号周波数が 10 kHz であるときの帯域幅は，120 (= 2 × 60) kHz になる。FM波はAM波に比べ広い帯域幅を必要とするので，FMラジオ（76〜90 MHz）では，AMラジオ（531〜1 602 kHz）に比べて超短波（VHF）の高い周波数帯を使用している。

周波数変調回路には，搬送波の周波数を信号波で直接変化させる直接FM方式と，位相変調を利用する間接FM方式（後出）があるが，ここでは直接FM方式の原理を説明する。**図 10.8** は

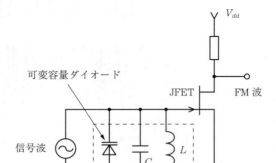

図 10.8 直接FM方式の回路構成

LC 共振回路を含む発振回路の一部で，信号波の大きさに応じて L や C の値を変化させれば FM 波が得られる。C の変化をもたらす代表的な素子として，図のような可変容量ダイオード（6.7.4項参照）あるいはコンデンサマイクロホンが用いられる。

コンデンサマイクロホンは平行な 2 枚の金属板を近接させた構造の空気コンデンサで，振動に応じて電極間の距離が変わるため，音声信号に比例した静電容量の変化が得られる。音声を変換器を介さずに直接容量の変化に変えることができる。図 10.8 の可変容量ダイオードに信号波の電圧を加えるとダイオードの容量が変化して，共振回路の共振周波数が変化し FM 波が得られる。破線部分は電圧制御発振器（voltage controlled oscillator，VCO）と呼ばれる。

10.1.3 位相変調

位相変調は，信号波の振幅に応じて搬送波の位相を変化させる方式で，搬送波の位相（phase）を変調（M）するので，頭文字をとって **PM** と呼び，その被変調波を PM 波という。**図 10.9**（a）に示すように 80 MHz（実線）の搬送波の位相を θ だけ進めると，この波の周波数は 82.5 MHz（破線）に変化する。このように位相の変化は周波数の変化を招き，両者はたがいに関連し合っていることがわかる。図（b）に PM 波を示す。信号波 v_s が上向きの方向（v_s を微分した信号波では振幅が正の方向）にあるとき，PM 波の周波数は搬送波の周波数より高く（密に）なり，v_s が下向きの方向（v_s の微分波形では振幅が負の方向）にあるときは，PM 波の周波数は搬送波の周波数より低く（疎に）なる。

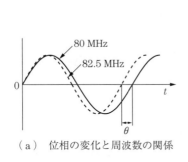

（a）位相の変化と周波数の関係

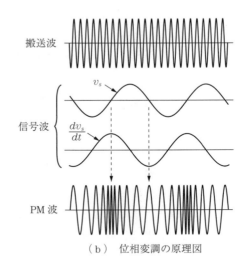

（b）位相変調の原理図

図 10.9 位相変調の概念図

図 10.10（a）は，FM 波と PM 波の関係を見るために，両波を同じ時間軸に描いたものである。FM 波は，信号波 $v_s (= \sin \omega t)$ が正のとき被変調波の周波数が密になり，v_s が負のときは疎になる。一方，PM 波は v_s の微分波形（$\cos \omega t$）が正のとき被変調波が密になり，負のときは疎になる。したがって，信号波を微分して周波数変調すると PM 波が得られ，信号波を積分して位相変

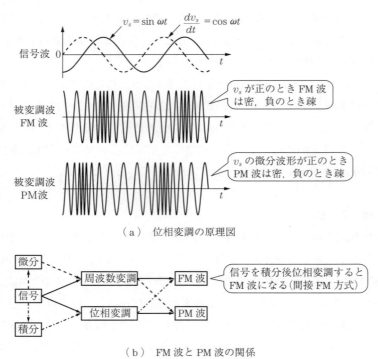

(a) 位相変調の原理図

(b) FM波とPM波の関係

図 10.10　FM波とPM波の関係

調すると FM 波がつくられることになり，これが間接 FM 方式の原理である（図(b)）。

10.2　復　　　調

　復調には，被変調波の種類によって **AM 復調**，**FM 復調**，および **PM 復調** があるが，AM 復調と FM 復調について説明する。

10.2.1　AM　復　調

　図 10.11 は，AM 波から信号を取り出す復調回路の回路構成を示す。まず，LC 並列共振回路の C_1 の値を調節して，さまざまな周波数の無線電波の中から目的の AM 波を選択する。この AM 波をダイオード D を用いた整流回路に通すと，負荷 R の両端には AM 波の正の部分だけが整流（あるいは検波）されて現れる。このとき R には平滑コンデンサ C_2 が接続されているので，整流と同時にコンデンサの充電・放電が繰り返され，出力波形は搬送波成分がなくなって，信号成分と直流成分をもった滑らかな波形（包絡線）が得られる。続いて結合コンデンサ C_3 によって直流成分を除去すれば，出力には信号波だけが得られ AM 波の復調が完成する。整流・平滑回路の動作については 5.3 節をもう一度見ておこう。

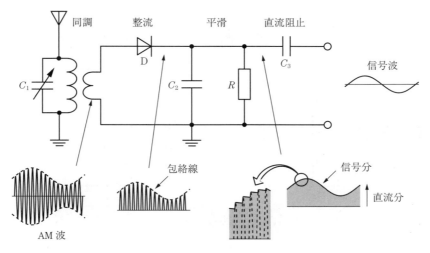

図 10.11 AM 復調の回路構成

10.2.2 FM 復調

FM 波を復調するには，周波数偏移の形で含まれている信号波を抽出して元の信号に戻せばよい。周波数の変化を弁別し電圧の変化に直す動作を**周波数弁別**という。したがって，**図 10.12** のように FM 波を一度 AM 波に変換し，その出力を AM 復調することによって信号波を取り出せる。代表的な回路として，周波数弁別回路（フォスター・シーレ回路）と比検波回路がある。前者の動作原理を**図 10.13** に示す。

図 10.12 FM 復調の概念図

周波数弁別回路は 2 個の LC 共振回路が上下に重なった形になっていて，それぞれの共振周波数を LC_1 回路では搬送周波数 f_c より高めに（$f_1 = 1/2\pi\sqrt{LC_1}$），LC_2 回路では f_c よりも低めに調節してある（$f_2 = 1/2\pi\sqrt{LC_2}$）。入力信号となる FM 波の電圧は抵抗 R で 2 分割されて共振回路に入る。共振回路では周波数の違いに応じてその振幅が変化するので，周波数偏移の大きさが振幅の変化に置き換えられ，v_1 と v_2 の波形のように周波数の高低で振幅がちょうど逆になってでてくる。ここで FM 波は AM 波に変換されたことになる。

AM 波はダイオードと C, R で構成される AM 波復調回路（図 10.11 参照）に加えられ，整流と平滑が行われ（包絡線検波）v_3 と v_4 の波形が得られる。出力電圧は v_3 と v_4 の和になるので，直流分が相殺されて図のように信号成分の倍の信号波 v_o が取り出せる。

10. 変調と復調

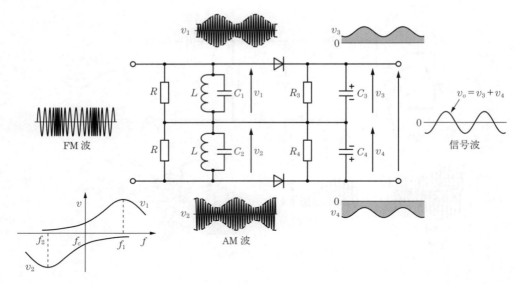

図 10.13　周波数弁別回路

分布定数回路

11.1 集中定数と分布定数

電波は光と同じように毎秒 3×10^8 m の速度で伝搬する電磁波の一種で，電気振動に伴って生じる電界と磁界は進行方向に垂直に変化し，横波として周囲に伝搬する．ラジオやテレビ放送などで使用される電波（搬送波）の波長と**アンテナ**や受信機の幾何学的寸法（回路長）を比較すると**表 11.1** のようになる．

表 11.1 波長と回路長の関係

名　称	略称	周波数帯	波　長	機　器	回路長	集中/分布の別
中　波	MF	0.3～3 MHz	0.1～1 km	中波ラジオ	十数 cm 以下	集中定数
超短波	VHF	30～300 MHz	1～10 m	FM ラジオ VHF テレビ	受信機　約 0.5 m	集中定数
					給電線　数 m 以上	分布定数
極超短波	UHF	300～3 000 MHz	0.1～1 m	UHF テレビ 医用テレメータ 携帯電話	同　上	分布定数

　ラジオの電波はアンテナで捕えられて高調波電流となるが，その波長は回路長の数十倍以上あるので，電圧あるいは電流は回路内で同時性を保ちながら変化する．したがって，回路内の R, L, C はすべて 1 点に集中していると考えても支障はない．
　このような系を**集中定数回路**と呼ぶ．ラジオの裏ぶたをとってみると多種多様のコンデンサや抵抗などが，プリント基板上に目もくらむばかりに実装されているが，多数の素子が基板上に分布している状態を，形態面から分布定数回路とみなしては間違いとなる．これまで説明してきた回路はすべて集中定数回路である．
　VHF テレビのチャネル 1 の音声周波数は，95.75 MHz で波長は 3.1 m である．この波長は受信機の回路長に対して比較的大きく，一応，集中定数とみなせる．
　一方，アンテナで捕えた電波を受信機まで給電（伝送）する**同軸ケーブル（フィーダ）** の全長は数 m 以上あり，アンテナで誘起された高調波電流が受信機まで到達するのに 1 周期以上の時間を要する．したがって，回路内で電圧あるいは電流の同時性が失われ，この系の回路解析は電流の伝搬時間を考慮しなければならない．このような系を**分布定数回路**という．UHF テレビや**医用テレメータ**（420～450 MHz）の電波は**マイクロ波**（デシメートル波）と呼ばれ，回路は分布定数とし

て扱われる。

このように，系の大きさ（回路長）が扱っている高周波電流の波長の数十％より大きい場合は分布定数回路，逆に回路長が波長に比べて十分小さい場合は集中定数回路となる。あくまでも系の大きさと波長の相対的大きさで決まる。

図 11.1 はケーブルの一端に正弦波を加えて各部の電圧を同一時刻に測定して表したものである。これからわかるように，分布定数回路では電圧（あるいは電流）は位置によって大きさが異なり，さらに時間によっても変動する。ある速さで図の左方から右方に空間を伝わっていく波動ともいえる。

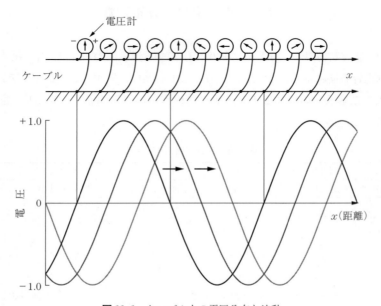

図 11.1 ケーブル上の電圧分布と波動

よって，分布定数回路では，電圧や電流を表記するのに時間と距離の二つのパラメータが必要である。集中定数回路では時間のみのパラメータで十分である。したがって，分布定数回路では x の時点の電圧変化は式(11.1)で表される。

$$v(t, x) = v\left(t - \frac{x}{c}\right) \tag{11.1}$$

c は波形が回路の中を伝わる速さである。

11.2　特性インピーダンス

同軸ケーブルや TV 用リボンフィーダは**給電線**と呼ばれ，絶縁された 2 本の電線（線路）でできており，電線には抵抗 R と，電線中を流れる電流が周囲に磁力線を発生し，電流の変化を阻止することによる自己インダクタンス L が存在する（**図 11.2**）。また，絶縁された電線間には静電容

量 C があり，漏れ電流を招く漏れコンダクタンス G が分布している．よって，ケーブル（伝送線路）は

$$\left.\begin{array}{l} 直列インピーダンス, Z = R + j\omega L \\ 並列アドミタンス, Y = G + j\omega C \end{array}\right\} \quad (11.2)$$

が，一様に分布した図の回路で表される．

ケーブルが無限につづく場合，いかなる場所でも電圧，電流の比は

$$Z_c = \sqrt{\frac{Z}{Y}} = \sqrt{\frac{R + j\omega L}{G + j\omega C}} \; [\Omega] \quad (11.3)$$

になることが知られている．この Z_c をケーブルの**特性インピーダンス**（characteristic impedance）と呼ぶ．

一般的に，$R \ll \omega L$，$G \ll \omega C$ なので式(11.3)は

$$Z_c = \sqrt{\frac{L}{C}} \; [\Omega] \quad (11.4)$$

と表せる．

特性インピーダンスは2線間の間隔，線の太さ，絶縁体の誘電率などによって異なり

　　平行2線式フィーダ（リボンフィーダ）：300 Ω

　　同軸ケーブル：50 Ω，75 Ω

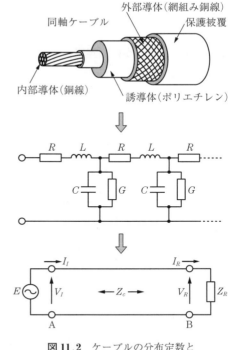

図 11.2　ケーブルの分布定数と特性インピーダンス

が一般的である．これらのケーブルは適当な長さで遮断しても，断端からみたインピーダンスは長さに関係なくつねに特性インピーダンスに等しい．

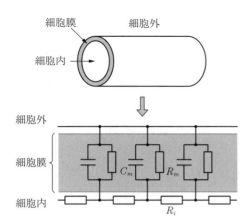

図 11.3　神経線維や筋線維のケーブルモデル

特性インピーダンスが異なる場合は，ケーブル間あるいはケーブルと受信機の間に整合器や変成器を挿入してインピーダンスマッチングをとればよい．

神経線維や筋線維は，絶縁性の高い細胞膜で覆われた円柱体とみなせるのでケーブルにアナロジーできる．しかし，生体組織の透磁率は真空のそれと近く，生体は非磁性体として扱えるので，ケーブルの静電容量と抵抗のみを考えればよい．

図 11.3 はその等価回路である．C_m，R_m，R_i はそれぞれ，単位長の膜容量，膜抵抗，細胞内抵抗である．

11.3 反射係数

図11.4(a)のように，無限に長い分布定数回路の点 x より遠い部分を切り離した有限のケーブ

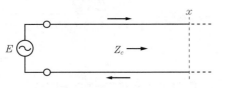

(a) 無限長ケーブルの特性インピーダンス Z_c

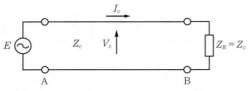

(b) 有限長ケーブルのインピーダンス整合

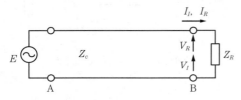

(c) 有限長ケーブルのインピーダンス不整合

図11.4 ケーブルの特性インピーダンスと整合

ルの終端に，特性インピーダンス Z_c と同じ値の抵抗 Z_R を接続しても，電圧，電流に変化はない。電圧波と電流波は右方に同じ位相を保ちながら進行し，2線上の局所の電流は方向がたがいに反対でかつ対称に流れる。進行波のエネルギーは無損失のケーブルでは，途中で減衰することなく終端抵抗 $Z_R(=Z_c)$ にすべて吸収される（図(b)）。実際のケーブルには L と C のみではなく R や漏れ電流，絶縁体の誘電損失があるため，電圧や電流は指数関数的に減少する。

一方，終端抵抗が特性インピーダンスと異なる場合，すなわち**ミスマッチング**の状態では進行波のエネルギーは終端抵抗ですべて消費されないで，残ったエネルギーが反射波として逆行（左行）し進行波と重なることになる（図(c)）。**反射波**も**進行波**の一種なので，負荷に向う進行波を**入射波**と呼ぶ。

実際の分布定数回路で測定される電圧や電流は，入射波と反射波が合成されたものである。ここで，終端抵抗の大小と反射の強さの関係を調べてみる。

図(c)において点Bに到達した電圧波（入射波）を V_I，同時に点Bから点Aに進む反射波を V_R とし，V_I，V_R に対応する電流波をそれぞれ I_I，I_R とすると

$$I_I = \frac{V_I}{Z_c}, \quad I_R = -\frac{V_R}{Z_c} \tag{11.5}$$

となる。

一方，点Bにキルヒホッフの第二法則を適用すると

$$V_I + V_R = Z_R(I_I + I_R) \tag{11.6}$$

が得られ，入射波に対する反射波の比をとると

$$R_f = \frac{V_R}{V_I} = \frac{Z_R - Z_c}{Z_R + Z_c} \tag{11.7}$$

が得られる。R_f を**反射係数**と呼ぶ。

$Z_R = Z_c$, すなわちインピーダンス整合を行うと $R_f = 0$ となり反射は生じない. $Z_R \neq Z_c$ では反射が起こり, $Z_R > Z_c$ のときは入射波と同極性の, $Z_R < Z_c$ では逆極性の電圧波が反射する. 盲端すなわち $Z_R = \infty$ の場合は入射波はそのままの大きさで反射され, 入射波に重畳することになる.

一方, 電流の反射係数は

$$\frac{I_R}{I_I} = -\frac{Z_R - Z_c}{Z_R + Z_c} = -R_f \tag{11.8}$$

となる. 電圧の反射係数と大きさが同じで符号が反対である.

分布定数回路の電圧と電流の具体例を示したのが, **図 11.5** である. ケーブルの特性インピーダンス Z_c を 50 Ω, 交流電源の実効値 E を 100 V, 終端抵抗 Z_R を 50 Ω と 100 Ω とする. 図(a)は特性インピーダンスで終端した場合で, マッチングしているので右方向に進む電流に反射波は生じない. したがって, ケーブルの線路を流れる電流 I_c は, $I_c = 100/50 = 2$ A である.

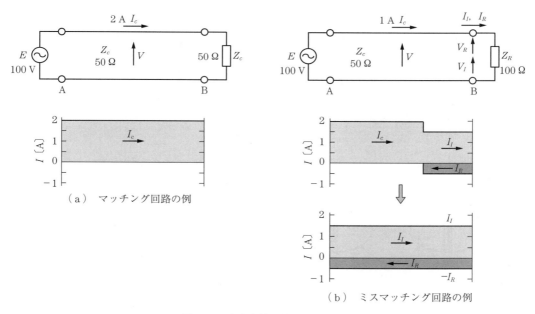

図 11.5 分布定数回路の電圧と電流

図(b)は, 終端抵抗が Z_c と異なる 100 Ω でミスマッチングした場合である. 進行波が右端に到達するまでは Z_R は無関係なので $I_c = 2$ A が流れているが, 進行波が右端に到達すると反射波が発生し反射電流 I_R が左方向に流れだす. 入射電流を I_I とすると, 式(11.8)から反射係数は $R_f = I_R/I_I = -(100-50)/(100+50) = -1/3$ となる. $I_c = I_I - I_R$ であるので $I_I = 1.5$ A, $I_R = -0.5$ A が得られる. 十分時間が経過すると $I = I_I + I_R = 1.5 - 0.5 = 1$ A の電流が流れることになり, $V = 1$ A × 100 Ω = 100 V が導かれる.

心臓から拍出される血液は, 血管壁をこぶ状に拡張させながら脈波 (進行波) として末梢に伝搬

していき，血管分岐部で一部が反射波として逆行し，進行波と重なって血圧波形が成り立っている。分布定数回路としての血管やインピーダンスミスマッチングによる脈波の反射に関しては，本書の旧版や拙著（エッセンシャル解剖・生理学，学研メディカル秀潤社（2012））を参照されたい。

11.4　電磁波（電波）の放射と伝搬

図 11.6(a)に示すように，導体線の下から上に向かって電流を流すと，アンペールの右ねじの法則（「電磁気の基礎」2.4節参照）によって磁界が発生し，電流（電界）の変化に応じて磁界も変化する。一方，磁界が変化するとレンツの法則（同じく2.5節参照）によってその変化を妨げる（打ち消す）方向に，誘導起電力（電界）が発生する。したがって，電界が変化すると磁界が発生し，その磁界の変化は新たな電界の変化をもたらし，さらに電界の変化は磁界の変化を引き起こす（図(b)）。

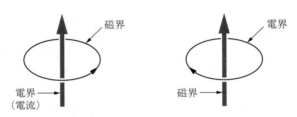

（a）　電界と磁界の発生

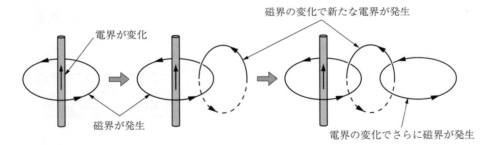

（b）　電界と磁界の連鎖的発生

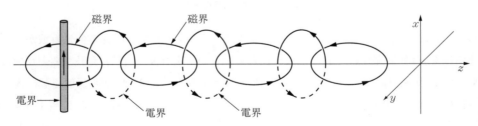

（c）　電界と磁界の伝搬

（電界の変化と磁界の変化は常に伴って発生し，隣から隣へと伝搬して電磁波をつくる）

図 11.6　電磁波の発生

このように電界の変化と磁界の変化は常に伴って発生し，隣から隣へと連鎖的に起こり，図(c)のように空間をつぎつぎに伝わっていく（伝搬する）。これが**電磁波**である。電磁波は変化する電界をきっかけに発生するので，直流のような一定の電流からは生じない。図では一方向に進む電磁波だけを描いているが，実際は導体線の周りに放射状に広がっていく。

電界の輪や磁界の輪を高周波交流のように周期的に変化する電源に置き換えると，電磁波は，**図 11.7** のように振動的に変化する電界と磁界が進む波として模式的に表される。電界と磁界の方向はともに伝搬方向に直角な平面内にあり，その強さが周期的に変動する横波である。電界と磁界の振動方向はたがいに直角で，電磁波の進行方向は電界の方向から磁界の方向に右ねじを回すとき，ねじの進む方向に一致する。

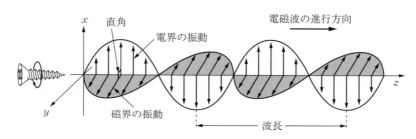

図 11.7 電磁波の伝搬

電磁波は波長の長短により性質が異なり，波長の短い順につぎのように分類される。

　　　ガンマ線，　X 線，　紫外線，　光線（可視光），　赤外線，　電波

電磁波は媒質中を $1/\sqrt{\varepsilon\mu}$ の速度で伝搬する。真空中の電磁波の速さ c は，真空の誘電率と透磁率をそれぞれ ε_0 と μ_0 とすると

$$c = \frac{1}{\sqrt{\varepsilon_0 \mu_0}} \doteqdot \frac{1}{\sqrt{1/36\pi \times 10^{-9} \times 4\pi \times 10^{-7}}} \text{ m/s} = 3 \times 10^8 \text{ m/s} \tag{11.9}$$

となる。媒質中の速度は真空中よりも小さくなり，その度合いは媒質によって異なる。

電磁波が発生するとき，アンテナに近接した場所（近傍界）では電界が変化して磁界が発生するが，その強さはアンテナの種類やアンテナからの距離によってまちまちである。この近傍界を**誘導電磁界**と呼ぶ（**図 11.8**）。誘導電磁界はアンテナ近傍で非常に強く，アンテナから遠ざかると電界

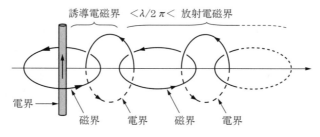

図 11.8 誘導電磁界と放射電磁界

と磁界はその距離の2乗や3乗に逆比例して急速に減衰する。アンテナから波長（λ）の$1/2\pi$（≒0.16）倍以上離れると，次第に電界と磁界は連携して隣から隣へと伝搬していく。この遠方界を**放射電磁界**という。

11.5　電磁波の送受信

　静かな池の水面に棒を差し込み上下に振動させると，棒を中心に波が発生し同心円状に広がっていく。上下の振動を激しくすると波の振動数は増し，波長は短くなる。このように振動する棒が波を発生させるように，空間に電磁波を効率よく放射し伝搬させる目的でつくられたのがアンテナである。空間に電波を効率よく放射するアンテナは，同時に電波をよく吸収するアンテナでもあり，アンテナの電波の放射（送信）と吸収（受信）は同じ働きによる。アンテナは分布定数回路（同軸ケーブル）の負荷抵抗と考えられ，アンテナ側から見たインピーダンスと特性インピーダンスはマッチングしている。

　電磁波の進行する空間にアンテナの一種である導体線をおくと，電磁波の電界が振動する向きと大きさに応じて電流が流れる（**図 11.9**）。電磁波が進行するにつれてアンテナを通過する電界は時間的に変化するが，それらの周期的な振動の向きと大きさを電波として吸収することができる。

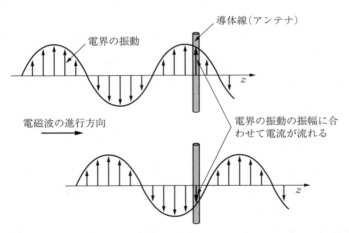

図 11.9　受信アンテナによる電磁波の吸収（磁界は省略してある）

　一方，導体に電流が流れると必ず電磁波が放射され送信アンテナとなる。しかし，**図 11.10**（a）のように2本の導体線の間隔が小さく平行していると，導体線を流れる反対方向の電流から放射される電磁波はたがいに打ち消されるので，電波は放射されない。しかし，間隔が大きくなると打ち消すことができなくなり，放射される電波は多くなる。さらに，2本の導線を180°まで拡げて1本の導体線にすると打ち消しがなくなり，強い電波が放射される。これが**半波長ダイポールアンテナ**（図(b)である。入力インピーダンスは約73Ωである。

　半波長ダイポールアンテナの働きは，弦が振動する様子から類推できる。図(b)のように弦の両

11.5 電磁波の送受信　235

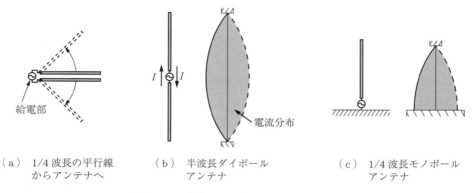

（a） 1/4波長の平行線　　（b） 半波長ダイポール　　（c） 1/4波長モノポール
　　　からアンテナへ　　　　　アンテナ　　　　　　　　アンテナ

図 11.10　代表的な送受信アンテナの原理

端を固定し，弦の一部に振動を与えると，両端は固定しているから節となり，中央の給電部が腹となって左右に振動する定在波が生じる（これを共振という）。弦の振動と同じように，アンテナの長さが電波の半波長の場合には，アンテナの端に向かう電流と端で反射した電流の合成電流が電流分布をつくるので，アンテナの中心では上下に強い電流が，端では電流が0となる電流分布を呈する。

半波長ダイポールの一方の導線を広い面積をもつ導体板（グラウンド板と称し，自動車のボンネットなどを利用する）と置き換えて接地した形にしたものを，**1/4波長モノポールアンテナ**という（図11.10(c)）。インピーダンスは約30Ωである。

図11.11(a)に，**医用テレメータ**で使用されているアンテナを示す。電波法では，420〜450 MHzの周波数帯域が医療用に割り当てられ，その波長λは0.667〜0.714 mである。

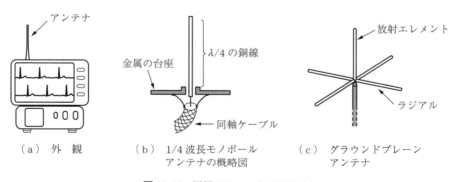

（a） 外　観　　　　　（b） 1/4波長モノポール　　（c） グラウンドプレーン
　　　　　　　　　　　　　　アンテナの概略図　　　　　アンテナ

図 11.11　医用テレメータのアンテナ

図のアンテナの垂直部分は$\lambda/4$（約17 cm）のしなやかな鋼線でつくられ，同軸ケーブルの内部導体に接続されている（図(b)）。ケーブルの外部導体はアンテナの金属製の台座につながれ，$\lambda/4$の放射エレメントと台座の間の空間に電波が放射される。金属の台座を大地面とみなすと，このアンテナは1/4波長モノポールアンテナといえる。

図(c)はグラウンドプレーンアンテナ（ground plane antenna）で，$\lambda/4$の放射（垂直）エレメ

236   11. 分 布 定 数 回 路

ントに直角に，ラジアルと呼ばれる 4 本のエレメントが四方に張られている。ラジアルは $\lambda/4$ の長さをもち大地の代わりの働きをする。放射エレメントだけを切り離した棒状のものがホイップ（whip）アンテナで，端末の取り付け部分が本体の基台や筐体あるいはプリント基板のグラウンドパターンにつながっており，これらが擬似的な大地の役割を果たす。ホイップアンテナに伸縮性をもたせたものは，ロッド（rod）アンテナと呼ばれる。

　病院の建物の構造により心電図モニタの受信感度がよくない場合は，廊下や病室の天井にホイップアンテナなどを設置して，弱い電波を増強する対策がなされる。この電波増幅装置のことを**ブースタ**（booster）と呼ぶ。

索　引

【あ】

アッテネータ	150
圧力センサ	18, 202
アドミタンス	61
アナロジー	202
アノード	121
アンペア	1

【い】

位　相	25, 149
位相角	149
位相曲線	151
位相特性	149
1/4 波長モノポールアンテナ	235
イマジナリーショート	164
医用テレメータ	227, 235
インディシャル応答	92, 200
インバータ	127
インピーダンス角	60
インピーダンス整合	81
インピーダンス変換器	167

【え】

エミッタ	136
エミッタ接地	139
エミッタ電流	136
演算増幅器	156

【お】

オイラーの式	55
オクターブ	152
オシレーション法	91
オフセット	169
オペアンプ	156
オームの法則	6
温熱療法	30

【か】

階段状関数	108
回転ベクトル	22, 63
開ループ利得	159, 161
回路図	3
回路を閉じる	4
回路を開く	4

可逆性ショック	163
角周波数	22
角速度	22
重ね合わせの定理	74
過制動	201
下側波	220
下側波帯	220
カソード	121
片持ちばり	18
活性状態	142
活性領域	139
カテーテル	202
可動コイル形	19
過渡応答	92
過渡現象	92
過渡状態	92
可変抵抗	31
冠状動脈	140
カンチレバー	18

【き】

帰　還	160
帰還回路	160
帰還増幅回路	160
帰還抵抗	177
帰還率	160
起　点	54
起電力	4, 10
逆　相	26
逆相入力端子	158
逆方向	121, 135
逆方向抵抗	121
逆方向電圧	121
逆方向電流	121
キャパシタ	34
キャパシタンス	34
給電線	228
共　振	84
共振周波数	85, 203
強度因子	61
極興奮の法則	143
極座標表示	55
虚　軸	55
極超短波療法	29
鋸歯状波	22, 115

虚　部	55
キルヒホッフの第一法則	13
キルヒホッフの第二法則	13
キルヒホッフの法則	12
金属皮膜抵抗	31
筋ポンプ	123

【く】

矩形波	22
クランプ回路	129
クロナキシー	82
加え合わせ点	160

【け】

計装用増幅器	173
ゲイン	149
ゲイン曲線	151
ゲート	144
減衰器	150
減衰係数	196, 201
減衰傾度	153, 192
検　波	217
検流計	17

【こ】

高域遮断周波数	154
高域通過フィルタ	101, 152, 192
高周波電気療法	29
合成インピーダンス	62
合成抵抗	8
合成複素インピーダンス	60
降伏電圧	122
交流増幅器	119
交流電圧	22
交流電流	22
固定（形）コンデンサ	35
固定抵抗	31
固有周波数	85, 203
コレクタ	136
コレクタ電流	136
コンダクタンス	7, 61
コンデンサ	34
コンバータ	127
コンプライアンス	7

238　　索　　　　　引

【さ】

最大周波数偏移	222
最大値	23
細胞内電位	11
サ　グ	100
鎖交磁束数	41
鎖交磁束の連続性	93
サセプタンス	61
差動演算増幅器	173
差動増幅器	156, 158, 173
差動利得	159, 175
サーミスタ	33
三角波	115
酸素消費量	16

【し】

時間領域表示	99
磁気エネルギー	47
磁気シールド	71
磁気シールドルーム	47
自己インダクタンス	41
仕事率	14
自己誘導	41
実効値	27
実　軸	55
実　部	55
時定数	93
遮断域	192
遮断周波数	100, 152, 192
遮断状態	141
遮断領域	139
周　期	23, 115
修正形微分回路	180
集積回路	145
集中定数回路	227
終　点	54
自由電子	133
周波数	24, 115
周波数スペクトル	99
周波数伝達関数	148
周波数特性	149
周波数偏移	222
周波数弁別	225
周波数領域表示	99
受動素子	30
受動的微分回路	178
受動（的）フィルタ	192
ジュール熱	15, 16
瞬時電力	48
純抵抗	60
順方向	121, 135

順方向電圧	121
順方向電流	121
上限クリップ回路	129
少数キャリヤ	134
上側波	220
上側波帯	220
商用交流電源	22
商用周波数	24
じょう乱関数	203
枝　路	13
真空管	136
進行波	230
信号波	217
真性半導体	133
進相コンデンサ	69
心臓電気刺激装置	143
心臓ペースメーカ	142
心拍出量	140
振　幅	23
振幅特性	149
振幅比	148

【す】

水晶振動子	186
スカラ	54
スターリングの法則	141

【せ】

正帰還	160
正弦波	22
整　合	81
正相入力端子	158
静電エネルギー	39
静電シールド	70
静電容量	34
制動係数	196
静特性	125, 138
整流作用	121
積分回路	108
接続点	13
絶対値	55
節　点	13
セメントモールド抵抗	31
零位法	17
尖鋭度	86
線形回路	75
尖頭値	29
占有周波数帯域幅	220

【そ】

相互インダクタンス	43
相互誘導作用	43

ソース	144
ソリッド抵抗	31

【た】

ダイアフラム	18
帯域遮断フィルタ	192, 209
帯域通過フィルタ	192
帯域幅	192
ダイオード	121
対称方形波	115
対地インピーダンス	70
多数キャリヤ	134
立上り時間	100
ダッシュポット	113
単安定マルチバイブレータ	143
端子電圧	10
単振動	22
炭素皮膜抵抗	31
短波療法	29

【ち】

中心電極	188
注　入	135
超短波療法	29
超伝導量子干渉素子	47
直並列回路	62
直　流	21
直流増幅回路	156
直流増幅器	112, 119
直列共振回路	85
直列接続	8
直角座標表示	55

【つ】

通過域	192
ツェナー電圧	131
強さ–時間曲線	82

【て】

低域遮断周波数	154
低域通過フィルタ	153, 192
定格電流	31
定格電力	31
ディケード	95, 152
抵　抗	6, 60
——の温度係数	31
抵抗温度計	31
抵抗率	30
低周波電気療法	29
定電圧源	78
定電圧刺激	80
定電圧ダイオード	130

| 索 引 | 239 |

Column 1

定電流源	79
定電流刺激	80
デシベル	149
テスタ	5
テブナンの定理	76
デューティ比	115
電　圧	2
電圧計	5
電圧降下	6
電圧制御素子	136
電圧増幅度	138
電　位	2
電位差	2
電　界	2
電界効果トランジスタ	144
電荷保存則	93
電気抵抗	3
電気的等価回路	11
電気メス	30
電気容量	34
電　源	4
電子素子	30
電磁波	233
電磁誘導	41
伝導電流	134
電　場	2
電　流	1
電流計	4
電流制御素子	136
電流増幅率	137
電　力	14
電力半値周波数	193
電力量	15

【と】

等価回路	10
等価電圧源	78
等価電圧源回路	77
等価電流源	79
動作抵抗	121
同軸ケーブル	227
透磁率	42
導　線	3
同　相	26
同相信号除去比	175
同相利得	175
銅　損	44
導　体	133
導電率	31
動特性	125
特殊抵抗	31
特性インピーダンス	229

Column 2

トラップ回路	90
トランス	43
ドリフト	158,169
トリマコンデンサ	36
トリマ抵抗	33
ドレイン	144

【な】

内部インピーダンス	77
内部抵抗	10

【に】

二乗平方根	27
入射波	230
入力オフセット電圧	169
入力オフセット電流	169
ニュートラル電極	191

【ね】

熱の仕事当量	15

【の】

能動素子	30,140
能動的微分回路	178
能動（的）フィルタ	192
のこぎり波	115
ノッチフィルタ	209
ノートンの定理	77

【は】

バイアス電圧	136
バイアス電源	136
バイポーラトランジスタ	135
倍率器	20
バターワース	194
バーチャルグラウンド	164
バーチャルショート	164
発　振	160,185
バッファ回路	167
ハ　ム	70
バリコン	36
パルス	115
パルス幅	115
半固定抵抗	33
反射係数	230
反射波	230
搬送波	217
反転増幅回路	170
反転増幅器	163,164
反転入力端子	158
半導体	133
半波長ダイポールアンテナ	234

Column 3

【ひ】

引出し点	160
ひずみ抵抗素子	33
非正弦波交流	22
非線形回路	75
皮相電力	54
非対称方形波	115
比抵抗	30
非鉄金属	134
非反転増幅器	166
非反転入力端子	158
微分回路	106,154
被変調波	217

【ふ】

フィーダ	227
フォークトモデル	114
負　荷	3
不可逆性ショック	163
負荷線	139
負帰還	160
複素インピーダンス	58
複素数	55
復　調	217
不純物半導体	133
ブースタ	236
不足制動	201
浮遊容量	70
フーリエ解析	117
ブリッジ回路	17
ブレークダウン	122
フローティング方式	188
プローブ	45
分布定数回路	227
分流器	19

【へ】

閉回路	4,13
平滑回路	126
平均値	27
平衡条件式	17
平衡電位	11
閉鎖循環系	7
平　流	21
閉ループ	13
閉ループ利得	161
並列 T 形回路	209
並列共振回路	88
並列接続	8
ベクトル	54
ベクトルインピーダンス	58

ベース	136	マイクロ波メス	30	ユニポーラトランジスタ	144
ベース接地回路	140	マイクロ波療法	29	**【よ】**	
ベース電流	136	マクスウェルモデル	113	容量因子	61
変圧器	43	膜抵抗	11	容量性リアクタンス	51
偏角	55	膜電位	11,75	4端子回路網	148
変成器	43	マッチング	81	**【ら】**	
変調	217	**【み】**		ラプラス変換	200
変調指数	222	右足帰還	189	ランプ関数	105
変調度	218	右足ドライブ	189	**【り】**	
弁別比	175	ミスマッチング	230	リアクタンス	51,60
【ほ】		脈流	21	力率	53
ホイートストンブリッジ回路	17	ミラー効果	178	力率改善	68
方形波	22	ミラー積分回路	185	利得	149
放射電磁界	234	**【む】**		利得曲線	151
放電	49	無効電力	54	利得特性	149
包絡線	218	**【ゆ】**		リニアIC	156
ほうろう抵抗	31	有効電力	54	リプル百分率	127
飽和状態	142	誘電加温	72	リミッタ回路	129
飽和領域	139	誘電損失	71	臨界状態	201
ボード線図	149	誘電損失角	72	臨界制動	201
ホメオスターシス	163	誘電率	35	**【る】**	
ボリウム	33	誘導加温	73	ループゲイン	162
ボルテージフォロワ回路	167	誘導性リアクタンス	52		
【ま】		誘導電磁界	233		
マイクロ波	227				

【A～F】		**【H～N】**		**【P～W】**	
AM	218	HPF	101,192	para-T回路	209
AM復調	224	Hブリッジ回路	41,207	PM	223
BEF	192	IC	145	PM復調	224
BPF	192	$j\omega$法	60	pnp形	135
CdSセル	33	LC発振回路	185	pn接合	135
CMRR	175	LPF	192	p形半導体	134
Faraday cage	71	MOS形FET	144	Q値	86
FET	136	npn形	135	sin波	22
FM復調	224	n形半導体	133	twin-T回路	209
		n次の最大平坦形	194	Windkessel理論	104

―― 著者略歴 ――

1966年 慶應義塾大学医学部卒業
1971年 東京電機大学工学部第二部電子工学科卒業
1978年 医学博士（慶應義塾大学）
1990年 東海大学教授
2009年 東海大学名誉教授

新版　医・生物学系のための電気・電子回路
Electrical and Electronic Circuits for Medical and
Biological Engineering (New Edition)

　　　　　　　　　　　　　　　　Ⓒ Muneyuki Horikawa　1997, 2016

1997年 7 月15日　初版第 1 刷発行　　　　　　　　　★
2014年 3 月20日　初版第11刷発行
2016年11月30日　新版第 1 刷発行
2018年 6 月10日　新版第 2 刷発行

検印省略

著　者　　堀　川　宗　之
　　　　　　ほり　かわ　むね　ゆき
発　行　者　株式会社　コ　ロ　ナ　社
　　　　　　代　表　者　牛　来　真　也
印　刷　所　三美印刷株式会社
製　本　所　有限会社　愛千製本所

112-0011　東京都文京区千石4-46-10
発 行 所　株式会社　コ　ロ　ナ　社
CORONA PUBLISHING CO., LTD.
Tokyo Japan
振替 00140-8-14844・電話(03)3941-3131(代)
ホームページ　http://www.coronasha.co.jp

ISBN 978-4-339-00887-6　C3054　Printed in Japan　　　　（高橋）

〈出版者著作権管理機構　委託出版物〉
本書の無断複製は著作権法上での例外を除き禁じられています。複製される場合は，そのつど事前に，
出版者著作権管理機構（電話 03-3513-6969，FAX 03-3513-6979，e-mail: info@jcopy.or.jp）の許諾を
得てください。

本書のコピー，スキャン，デジタル化等の無断複製・転載は著作権法上での例外を除き禁じられています。
購入者以外の第三者による本書の電子データ化及び電子書籍化は，いかなる場合も認めていません。
落丁・乱丁はお取替えいたします。

電気・電子系教科書シリーズ

（各巻A5判）

■編集委員長　高橋　寛
■幹　　　事　湯田幸八
■編集委員　江間　敏・竹下鉄夫・多田泰芳
　　　　　　中澤達夫・西山明彦

配本順	書名	著者	頁	本体
1.（16回）	電気基礎	柴田尚志・皆田新芳 共著	252	3000円
2.（14回）	電磁気学	多田泰芳・柴田尚志 共著	304	3600円
3.（21回）	電気回路Ⅰ	柴田尚志 著	248	3000円
4.（3回）	電気回路Ⅱ	遠藤勲・鈴木靖 共編	208	2600円
5.（27回）	電気・電子計測工学	吉澤昌純・降矢典雄・福田和子・吉村拓巳・高西和巳彦 共著	222	2800円
6.（8回）	制御工学	下西二鎮・奥平鎮正・青木立幸・西堀俊幸 共著	216	2600円
7.（18回）	ディジタル制御		202	2500円
8.（25回）	ロボット工学	白水俊次 著	240	3000円
9.（1回）	電子工学基礎	中澤達夫・藤原勝幸 共著	174	2200円
10.（6回）	半導体工学	渡辺英夫 著	160	2000円
11.（15回）	電気・電子材料	中澤・押田・森田・須田原 共著	208	2500円
12.（13回）	電子回路	土田英一・伊若吉二 共著	238	2800円
13.（2回）	ディジタル回路	伊海澤賀・若吉室下山 共著	240	2800円
14.（11回）	情報リテラシー入門		176	2200円
15.（19回）	C++プログラミング入門	湯田幸八 著	256	2800円
16.（22回）	マイクロコンピュータ制御 プログラミング入門	柚賀正光・千代谷慶 共著	244	3000円
17.（17回）	計算機システム（改訂版）	春日健・舘泉雄治 共著	240	2800円
18.（10回）	アルゴリズムとデータ構造	湯田幸八・伊原充博 共著	252	3000円
19.（7回）	電気機器工学	前田勉・新谷邦弘 共著	222	2700円
20.（9回）	パワーエレクトロニクス	江間敏・高橋勲 共著	202	2500円
21.（28回）	電力工学（改訂版）	江甲斐隆章・三木機 共著	296	3000円
22.（5回）	情報理論	吉川英夫・竹下鉄夫 共著	216	2600円
23.（26回）	通信工学	吉川英夫・竹下豊克 共著	198	2500円
24.（24回）	電波工学	松田正幸・宮田原久 共著	238	2800円
25.（23回）	情報通信システム（改訂版）	岡桑裕史・南植月夫 共著	206	2500円
26.（20回）	高電圧工学	植松孝・箕原史志 共著	216	2800円

定価は本体価格+税です。
定価は変更されることがありますのでご了承下さい。

図書目録進呈◆

電子・通信・情報の基礎コース

コロナ社創立80周年記念出版
〔創立1927年〕

（各巻A5判）

■編集・企画世話人　大石進一

			頁	本体
1.	数 値 解 析	大 石 進 一著		
2.	基 礎 と し て の 回 路	西 哲 生著	256	3400円
3.	情 報 理 論	松 嶋 敏 泰著		
4.	信 号 と 処 理 （上）	石 井 六 哉著	192	2400円
5.	信 号 と 処 理 （下）	石 井 六 哉著	200	2500円
6.	情 報 通 信 の 基 礎	中 川 正 雄 / 大 槻 知 明 共著		
7.	電子・通信・情報のための 量 子 力 学	堀 裕 和著	254	3200円

専修学校教科書シリーズ

（各巻A5判，欠番は品切です）

編集委員会編
—— 全国工業専門学校協会推薦 ——

配本順				頁	本体
1.（3回）	電 気 回 路 （1） —直流・交流回路編—	早 川・松 下 / 茂 木 共著		252	2300円
2.（6回）	電 気 回 路 （2） —回路網・過渡現象編—	阿 部・柏 谷 / 亀 田・中 場 共著		242	2400円
3.（2回）	電 子 回 路 （1） —アナログ編—	赤 羽・岩 崎 / 川 戸・牧 共著		248	2400円
4.（8回）	電 子 回 路 （2） —ディジタル編—	中 村 次 男著		248	2500円
5.（5回）	電 磁 気 学	折笠・鈴木・中場 / 宮腰・森崎 共著		224	2400円
6.（1回）	電 子 計 測	浅 野・岡 本 / 久米川・山 下 共著		248	2500円
7.（7回）	電 子 ・ 電 気 材 料	香 田・津 田 / 中 場・松 下 共著		236	2400円
8.（4回）	自 動 制 御	牛渡・田中・早川 / 板東・細田 共著		228	2200円

定価は本体価格＋税です。
定価は変更されることがありますのでご了承下さい。

図書目録進呈◆

ME教科書シリーズ

（各巻B5判，欠番は品切です）

■日本生体医工学会編
■編纂委員長　佐藤俊輔
■編纂委員　稲田　紘・金井　寬・神谷　瞭・北畠　顕・楠岡英雄
　　　　　　戸川達男・鳥脇純一郎・野瀬善明・半田康延

	配本順			頁	本体
A-1	（2回）	生体用センサと計測装置	山越・戸川共著	256	4000円
A-3	（23回）	生体電気計測	山本尚武 中村隆夫共著	158	3000円
B-1	（3回）	心臓力学とエナジェティクス	菅・高木・後藤・砂川編著	216	3500円
B-2	（4回）	呼吸と代謝	小野功一著	134	2300円
B-3	（10回）	冠循環のバイオメカニクス	梶谷文彦編著	222	3600円
B-4	（11回）	身体運動のバイオメカニクス	石田・廣川・宮崎 阿江・林共著	218	3400円
B-5	（12回）	心不全のバイオメカニクス	北畠・堀編著	184	2900円
B-6	（13回）	生体細胞・組織のリモデリングの バイオメカニクス	林・安達・宮崎共著	210	3500円
B-7	（14回）	血液のレオロジーと血流	菅原・前田共著	150	2500円
B-8	（20回）	循環系のバイオメカニクス	神谷　瞭編著	204	3500円
C-3	（18回）	生体リズムとゆらぎ ―モデルが明らかにするもの―	中尾・山本共著	180	3000円
D-1	（6回）	核医学イメージング	楠岡・西村監修 藤林・田口・天野共著	182	2800円
D-2	（8回）	X線イメージング	飯沼・舘野編著	244	3800円
D-3	（9回）	超音波	千原國宏著	174	2700円
D-4	（19回）	画像情報処理（I） ―解析・認識編―	鳥脇純一郎編著 長谷川・清水・平野共著	150	2600円
D-5	（22回）	画像情報処理（II） ―表示・グラフィックス編―	鳥脇純一郎編著 平野・森共著	160	3000円
E-1	（1回）	バイオマテリアル	中林・石原・岩崎共著	192	2900円
E-3	（15回）	人工臓器（II） ―代謝系人工臓器―	酒井清孝編著	200	3200円
F-2	（21回）	臨床工学(CE)と ME機器・システムの安全	渡辺　敏編著	240	3900円

以下続刊

A	生体用マイクロセンサ	江刺正喜編著	C-4 脳磁気とME	上野照剛編著
D-6	MRI・MRS	松田・楠岡編著	E-2 人工臓器（I） ―呼吸・循環系の人工臓器―	井街・仁田編著
F	地域保険・医療・福祉情報システム	稲田　紘編著	F 医学・医療における情報処理とその技術	田中　博編著
F	病院情報システム	石原　謙著		

定価は本体価格＋税です。
定価は変更されることがありますのでご了承下さい。

図書目録進呈◆

再生医療の基礎シリーズ
―生医学と工学の接点―

（各巻B5判）

コロナ社創立80周年記念出版
〔創立1927年〕

- ■編集幹事　赤池敏宏・浅島　誠
- ■編集委員　関口清俊・田畑泰彦・仲野　徹

配本順			頁	本体
1.（2回）	再生医療のための**発生生物学**	浅島　誠編著	280	**4300円**
2.（4回）	再生医療のための**細胞生物学**	関口清俊編著	228	**3600円**
3.（1回）	再生医療のための**分子生物学**	仲野　徹編	270	**4000円**
4.（5回）	再生医療のためのバイオエンジニアリング	赤池敏宏編著	244	**3900円**
5.（3回）	再生医療のためのバイオマテリアル	田畑泰彦編著	272	**4200円**

バイオマテリアルシリーズ

（各巻A5判）

			頁	本体
1.	**金属バイオマテリアル**	塙　隆夫 米山隆之 共著	168	**2400円**
2.	**ポリマーバイオマテリアル** ―先端医療のための分子設計―	石原一彦著	154	**2400円**
3.	**セラミックバイオマテリアル** 尾坂明義・石川邦夫・大槻主税 井奥洪二・中村美穂・上高原理暢　共著	岡崎正之 山下仁大 編著	210	**3200円**

定価は本体価格+税です。
定価は変更されることがありますのでご了承下さい。

‖‖‖‖‖‖‖‖‖‖‖‖‖‖‖‖‖‖‖‖‖‖‖‖　図書目録進呈◆

臨床工学シリーズ

（各巻A5判，欠番は品切です）

- ■監　　　修　日本生体医工学会
- ■編集委員代表　金井　寛
- ■編集委員　伊藤寛志・太田和夫・小野哲章・斎藤正男・都築正和

配本順			頁	本体
1.（10回）	医 学 概 論（改訂版）	江 部　　充他著	220	2800円
5.（1回）	応 用 数 学	西 村 千 秋著	238	2700円
6.（14回）	医 用 工 学 概 論	嶋 津 秀 昭他著	240	3000円
7.（6回）	情 報 工 学	鈴 木 良 次他著	268	3200円
8.（2回）	医 用 電 気 工 学	金 井　　寛他著	254	2800円
9.（11回）	改訂 医 用 電 子 工 学	松 尾 正 之他著	288	3300円
11.（13回）	医 用 機 械 工 学	馬 渕 清 資著	152	2200円
12.（12回）	医 用 材 料 工 学	堀 内　　孝 共著 村 林　　俊	192	2500円
13.（15回）	生 体 計 測 学	金 井　　寛他著	268	3500円
20.（9回）	電 気・電 子 工 学 実 習	南 谷 晴 之著	180	2400円

以 下 続 刊

4. 基 礎 医 学 Ⅲ	玉置 憲一他著	10. 生 体 物 性	椎名　毅他著
14. 医 用 機 器 学 概 論	小野 哲章他著	15. 生体機能代行装置学Ⅰ	都築 正和他著
16. 生体機能代行装置学Ⅱ	太田 和夫他著	17. 医 用 治 療 機 器 学	斎藤 正男他著
18. 臨 床 医 学 総 論 Ⅰ	岡島 光治他著	21. システム・情報処理実習	佐藤 俊輔他著
22. 医用機器安全管理学	小野 哲章他著		

ヘルスプロフェッショナルのための テクニカルサポートシリーズ

（各巻B5判）

- ■編集委員長　星宮　望
- ■編集委員　髙橋　誠・徳永恵子

配本順			頁	本体
1.	ナチュラルサイエンス（CD-ROM付）	高 橋　　誠 但 野　　茂 共著 和 田 龍 彦 有 田 清三郎		
2.	情 報 機 器 学	高 橋　　誠 永 田　　啓 共著		
3.（3回）	在宅療養のQOLとサポートシステム	徳 永 恵 子編著	164	2600円
4.（1回）	医 用 機 器 Ⅰ	田 村 俊 世 山 越 憲 一 共著 村 上　　肇	176	2700円
5.（2回）	医 用 機 器 Ⅱ	山 形　　仁編著	176	2700円

定価は本体価格+税です。
定価は変更されることがありますのでご了承下さい。

‖‖‖‖‖‖‖‖‖‖‖‖‖‖‖　図書目録進呈◆